工业和信息化普通高等教育
"十三五"规划教材立项项目

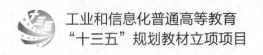

微软 **Excel** 致用系列

EXCEL EXAMPLES COURSE OF DATA PROCESSING AND ANALYSIS

Excel 数据处理与分析实例教程（第2版）

+ 郑小玲 主编
+ 赵丹亚 副主编

人民邮电出版社

北京

图书在版编目（CIP）数据

Excel数据处理与分析实例教程 / 郑小玲主编. -- 2版. -- 北京：人民邮电出版社，2016.10（2020.12重印）
微软Excel致用系列
ISBN 978-7-115-43015-1

Ⅰ．①E… Ⅱ．①郑… Ⅲ．①表处理软件－教材 Ⅳ．①TP391.13

中国版本图书馆CIP数据核字(2016)第186151号

内 容 提 要

本书基于 Windows 7 + Office 2010 平台编写，由应用基础篇、数据处理篇、数据分析篇和应用拓展篇 4 篇共 13 章组成。其中，应用基础篇（第 1 章～第 5 章）主要介绍 Excel 的基本功能和基本操作，包括 Excel 基础、建立工作表、编辑工作表、美化工作表和打印工作表；数据处理篇（第 6 章～第 8 章）主要介绍使用公式和函数实现数据处理的方法，以及直观显示数据的方法，包括使用公式计算数据、应用函数计算数据和利用图表显示数据；数据分析篇（第 9 章～第 11 章）主要介绍 Excel 数据管理、数据分析方面的基本功能和分析方法，包括管理数据、透视数据和分析数据；应用拓展篇（第 12 章、第 13 章）主要介绍宏和协同功能，包括设置更好的操作环境和使用 Excel 的协同功能。

本书使用简明的语言、清晰的步骤和丰富的实例，详尽介绍了 Excel 的主要功能、使用方法和操作技巧，并通过贯穿全书的 3 个经典案例介绍了 Excel 在管理、金融、统计、财务、决策等领域的数据处理与分析方面的实际应用。

本书可作为高等院校相关课程的教材或参考书，也可作为读者自学教材，还可作为社会各类学校的培训教材。

◆ 主　　编　郑小玲
　　副主编　赵丹亚
　　责任编辑　武恩玉
　　执行编辑　赵　月
　　责任印制　沈　蓉　彭志环
◆ 人民邮电出版社出版发行　　北京市丰台区成寿寺路 11 号
　　邮编　100164　电子邮件　315@ptpress.com.cn
　　网址　http://www.ptpress.com.cn
　　北京鑫正大印刷有限公司印刷
◆ 开本：787×1092　1/16
　　印张：17.75　　　　　　　2016 年 10 月第 2 版
　　字数：476 千字　　　　　2020 年 12 月北京第 9 次印刷

定价：45.00 元

读者服务热线：(010)81055256　印装质量热线：(010)81055316
反盗版热线：(010)81055315

Preface

Excel 是 Microsoft Office 软件包中重要的应用软件之一，是一个功能强大、技术先进、使用方便的电子数据表软件。通过它，用户可以进行数据计算、数据管理、数据分析等各种处理。Excel 采用表格的形式对数据进行组织和处理，直观方便，符合人们日常工作的习惯。Excel 预先定义了数学、财务、统计、查找和引用等各种类别的计算函数，可以通过灵活的计算公式完成各种复杂的计算和分析；Excel 提供了形如柱形图、条形图、折线图、散点图、饼图等多种类型的统计图表，可以直观地展示数据的各方面指标和特性；Excel 还提供了数据透视表、模拟运算表、规划求解、回归分析等多种数据分析与辅助决策工具，可以高效地完成各种统计分析、辅助决策的工作。所有这一切使得 Excel 成为当今最受欢迎的应用软件之一。

目前，很多学校开设了 Excel 相关课程。为了使学生更好地理解 Excel 的相关知识和理论，掌握 Excel 的实际应用和操作技巧，特别是为了帮助学生应用 Excel 更加高效地完成与本专业相关的数据处理与数据分析工作，编者编写了本书。

本书通过 3 个经典案例从不同的方面反映 Excel 的主要应用。"工资管理"主要侧重工作表的建立与计算，通过实现第 1 章、第 2 章、第 6 章和第 7 章中应用实例部分介绍的操作，完成工资表建立、数据输入和计算；"档案管理"主要侧重工作表建立和管理，通过实现第 1 章、第 3 章、第 4 章、第 5 章和第 9 章中应用实例部分介绍的操作，完成人事档案表的建立、编辑、美化、排序、查询和打印输出；"销售管理"主要侧重公式计算、函数应用、数据分析和界面设置，通过实现第 6 章、第 7 章、第 8 章、第 9 章、第 10 章和第 12 章中应用实例部分介绍的操作，实现销售业绩的计算、销售情况的分析和显示，并完成有关销售管理用户界面的创建。

本书主要基于计算机软件的更新换代，将有关平台和应用程序升级到 Windows 7 和 Office 2010。同时，根据教学过程中反馈的意见对内容和案例进行了调整和完善，对每章后的习题和实训进行了修改和补充。

本书由郑小玲组织编写。其中第 1 章、第 2 章、第 5 章、第 6 章、第 7 章、第 8 章、第 12 章、第 13 章由郑小玲编写；第 3 章、第 4 章由石新玲编写；第 9 章、第 10 章、第 11 章由赵丹亚编写；最后由郑小玲统稿。参与本书编写工作的还有邵丽、孟毅芳、刘威、卢山、张宏、赵云天、刘晓帆等。

编者

2016 年 5 月

目 录 Contents

第3篇 数据分析篇

第9章 管理数据

第10章 透视数据

第1篇 应用基础篇

Excel 基础 | 第1章

内容提要

本章主要介绍 Excel 启动与退出、Excel 操作界面以及工作簿的基本操作。重点是通过建立工资管理工作簿和档案管理工作簿，深入了解 Excel 的工作环境，掌握工作簿及共享工作簿的创建方法，掌握应用 Excel 输入大批量数据的方法。本章是学习使用 Excel 的重要基础。

主要知识点

- Excel 窗口的组成
- 工作簿的基本概念
- 工作簿的创建
- 工作簿的打开与关闭
- 工作簿的保护
- 共享工作簿的创建及应用

Excel 是 Office 办公软件中重要的组件之一，其主要功能是实现数据的输入和计算、数据的管理和分析。熟练应用 Excel 之前，用户需要先了解 Excel 的操作界面，熟悉 Excel 启动与退出方法，掌握工作簿的基本操作。

1.1 Excel 启动与退出

使用 Excel 时，首先应启动 Excel，然后才能在其工作环境下进行各种操作。当处理完成后，应将其退出，这样可以减少所占用的系统资源。

1.1.1 启动 Excel

启动 Excel 常用的方法主要有以下几种。

（1）通过 Windows 开始菜单。单击开始菜单的"开始"→"所有程序"→"Microsoft Office"→"Microsoft Office Excel 2010"。

（2）使用桌面快捷方式。如果在 Windows 桌面上创建了 Excel 的快捷方式，则双击桌面上的快捷图标，或右键单击桌面上的快捷图标，并在弹出的快捷菜单中选择"打开"命令。

（3）通过打开文档。在桌面或"资源管理器"中打开扩展名为.xls 或.xlsx 的文档，则在打开文档的同时也启动了 Excel。

1.1.2 退出 Excel

退出 Excel 主要有以下几种方法。

（1）使用"关闭"按钮。单击 Excel 窗口标题栏上的"关闭"按钮 。

（2）使用"退出"命令。在"文件"选项卡中，单击"退出"命令。

（3）使用组合键。直接按【Alt】+【F4】组合键。

（4）使用窗口控制菜单。单击 Excel 窗口标题栏上的控制菜单图标 ，在弹出的下拉菜单中选择"关闭"命令；或直接双击控制菜单图标。

1.2 Excel 操作界面

启动 Excel 后，即可进入 Excel 的操作界面，如图 1-1 所示。Excel 2010 的操作界面沿用了 Excel 2007 的功能区界面风格，将传统风格的多层菜单和工具栏以多页选项卡功能区代替。功能区以选项卡形式将各种相关功能组合在一起，使用功能区可以快速查找相关命令，从而大大方便了用户的使用。

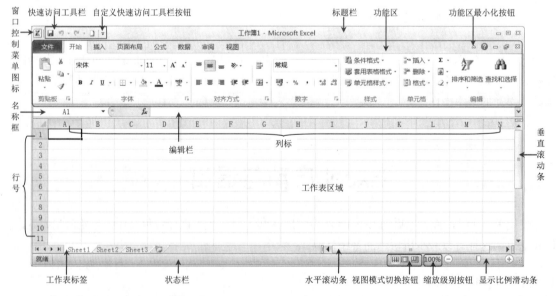

图 1-1　Excel 操作界面

Excel 的操作界面主要由标题栏、快速访问工具栏、功能区、名称框、编辑栏、工作表区域和状态栏等几个部分组成。

1.2.1　标题栏

标题栏位于窗口最上方，用于显示打开的文档名称和应用程序名称。标题栏最左端有控制菜单图标，最右端有程序窗口按钮，包括"最小化"按钮、"最大化"按钮、"还原"按钮和"关闭"按钮。单击控制菜单图标，在弹出的下拉菜单中，可以选择菜单命令执行相应的操作，如最大化、还原、最小化、关闭等。单击"最小化"按钮，可以将窗口最小化为任务栏中的一个图标；单击"最大化"按钮，可以将窗口最大化，同时该按钮变为"还原"按钮，用户单击"还原"按钮，窗口将恢复至原来的大小；单击"关闭"按钮，可以退出 Excel 应用程序。

1.2.2　快速访问工具栏

快速访问工具栏通常位于标题栏左侧，提供了"新建""保存""撤销""恢复"等命令按钮。使用它，用户可以提高使用常用命令按钮的便捷性。单击"快速访问工具栏"右侧的"自定义快速访问工具栏"按钮，弹出"自定义快速访问工具栏"下拉菜单，此时用户可以通过菜单中的命令设置需要在该工具栏上显示的图标。

快速访问工具栏也可以在功能区下方显示，操作方法是：单击"快速访问工具栏"右侧的"自定义快速访问工具栏"按钮，在弹出的下拉菜单中，选择"在功能区下方显示"命令。

1.2.3　功能区

功能区位于标题栏的下方，由一组选项卡组成，包括"文件""开始""插入""页面布局""公式""数据""审阅"和"视图"等。每个选项卡包含多个命令组，每个命令组通常都由一些功能相关的命令组成。如图 1-2 所示的"公式"选项卡中包含了"函数库""定义的名称""公式审核"和"计算"4 个命令组，而"函数库"命令组中则包含了多个插入函数的命令。

图 1-2　"公式"选项卡

除以上 8 种常规选项卡外，功能区还包含了许多附加的选项卡，这些选项卡只在进行特定操作时才会显示出来，因此也被称为"上下文选项卡"。例如，当选定图形、图表等某些类型的对象时，功能区中就会显示处理该对象的专用选项卡。图 1-3 所示为操作图表对象时所出现的"图表工具"上下文选项卡，其中包含"设计""布局"和"格式"三个子卡。

功能区所占据的空间较大，使得相应的工作表区域变小，收起功能区可以解决这一问题。收起功能区有以下几种方法。

（1）使用组合键。直接按【Ctrl】+【F1】组合键。

（2）使用"功能区最小化"按钮。单击功能区右侧的"功能区最小化"按钮。

（3）使用鼠标。用鼠标双击当前选定的选项卡标签。

对于收起的功能区，也可以使用上述3种方法将其展开。

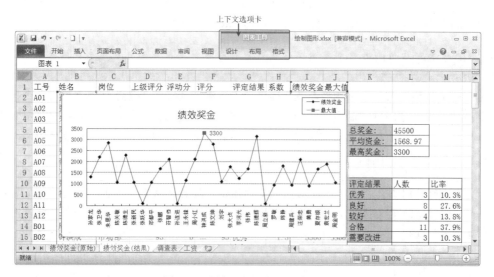

图1-3　"图表工具"上下文选项卡

1.2.4　编辑栏

编辑栏位于功能区下方，是一个长条矩形框。通常编辑栏只显示一个"插入函数"按钮，但当在单元格或编辑栏中进行输入或编辑等操作时，左侧会出现 3 个按钮。"✕"为取消按钮，单击该按钮取消输入或编辑的内容；"✔"为输入按钮，单击该按钮确认输入或编辑的内容；"ƒx"为插入函数按钮，单击该按钮，在编辑栏中会显示一个等号"="，同时弹出"插入函数"对话框，可以输入或编辑函数。

编辑栏主要用于输入或编辑数据、公式。如果选定了某一单元格，并在编辑栏中输入了数据或公式，那么就会在该单元格中显示相应的内容；如果在当前单元格或活动单元格中输入了数据或公式，那么也会在编辑栏中显示这些内容。利用编辑栏，用户可以很方便地编辑公式和较长的数据。

1.2.5　名称框

名称框位于功能区下方的左侧，用于显示或定义当前单元格地址、对象名称、区域范围以及单元格或单元格区域的名称。单击名称框，可以编辑其中的内容；单击名称框右侧的下拉箭头，可以从下拉列表中选择已定义的单元格或单元格区域名称，并可定位到该名称对应的单元格或单元格区域；在名称框内输入单元格地址或名称，可以快速定位到相应的单元格或单元格区域。

1.2.6 工作表区域

工作表区域由行号、列标、单元格、工作表标签、水平滚动条和垂直滚动条等部分组成。工作表标签代表着工作簿中的每一张工作表，一个工作簿中可以包含多张工作表，并且每张工作表的名称都会显示在标签上。默认情况下，每个新建的工作簿中只包含 3 张工作表，默认的工作表名分别为"Sheet1""Sheet2""Sheet3"等。

1.2.7 状态栏

状态栏位于 Excel 应用程序窗口的最下方。状态栏左侧主要用于显示一些操作进程中的信息。如未进行任何操作时，显示"就绪"信息；输入数据时，显示"输入"信息；编辑数据时，显示"编辑"信息；快速统计数据时，显示快速统计的结果。状态栏右侧包含视图模式切换按钮、缩放级别按钮和显示比例滑动条。

1.3
工作簿基本操作

工作簿的基本操作包括工作簿的创建、打开、保存、共享、保护和关闭等。

1.3.1 认识工作簿

工作簿是一个 Excel 文件，Excel 2010 文件扩展名为.xlsx，主要用于计算和存储数据。在一个工作簿中可以管理多种类型的数据，并将数据存储在一个表格中，该表格称为工作表。默认情况下，每个新建的工作簿包含 3 张工作表，如果希望改变默认的工作表数，可按以下步骤进行设置。

步骤 1：打开"Excel 选项"对话框。单击"文件"→"选项"命令，系统弹出"Excel 选项"对话框，然后选定对话框左侧的"常规"选项。

步骤 2：设置新工作簿内的工作表数。在"新建工作簿时"区域中的"包含的工作表数"右侧微调框中输入工作表数，如图 1-4 所示，然后单击"确定"按钮。

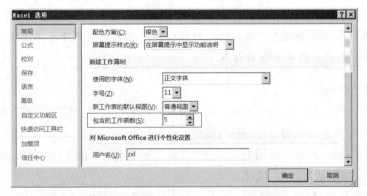

图 1-4 新工作簿内工作表数的设置结果

1.3.2　创建工作簿

通常情况下，在 Excel 中新建一个空白工作簿，可以采用以下几种方法。

（1）启动 Excel 应用程序时，系统会自动创建一个新的工作簿。

（2）使用"新建"命令。单击"文件"→"新建"命令，在右侧窗格中单击"空白工作簿"→"创建"。

（3）使用"快速访问工具栏"。单击"快速访问工具栏"上的"新建"按钮 。

1.3.3　保存工作簿

在新建工作簿中输入数据后，需要将其保存起来，便于今后使用。保存工作簿可以采用以下几种方法。

1. 初次保存工作簿

如果初次保存新建的工作簿，其操作步骤如下。

步骤 1：打开"另存为"对话框。单击"文件"→"保存"命令，系统弹出"另存为"对话框。

步骤 2：设置保存位置及文件名。在对话框中，选择存放文件的位置；在"文件名"文本框中输入文件名，然后单击"保存"按钮。

此外，用户也可以直接单击"快速访问工具栏"上的"保存"按钮 以实现初次保存工作簿的目的。

2. 另存为工作簿

将工作簿以"另存为"方式保存，可以有效地保护源工作簿的数据。具体操作步骤如下。

步骤 1：打开"另存为"对话框。单击"文件"→"另保存"命令，系统弹出"另存为"对话框。

步骤 2：设置保存位置及文件名。在对话框中，选择存放文件的位置；在"文件名"文本框中输入文件名，然后单击"保存"按钮。

"保存"与"另存为"两个命令，虽然名称和功能都非常相似，但实际上有一定的区别。对于新创建的工作簿，在第一次执行保存操作时，"保存"与"另存为"命令的功能完全相同，它们都将打开"另存为"对话框，供用户选择路径、设置文件名等。但如果对已经保存过的工作簿进行操作，"保存"命令不会打开"另存为"对话框，而是直接将编辑后的内容保存到当前工作簿中，工作簿的文件名、路径不会发生任何改变；"另存为"命令将会打开"另存为"对话框，允许用户重新设置存放路径和文件名，操作后得到的是当前工作簿的副本。

3. 自动保存工作簿

Excel 提供的"自动保存"功能可以每隔一段时间自动保存正在编辑的工作簿。如果希望改变自动保存间隔的时间，可以按如下步骤进行设置。

步骤 1：打开"Excel 选项"对话框。单击"文件"→"选项"命令，系统弹出"Excel 选项"对话框，选定对话框左侧的"保存"选项。

步骤 2：设置自动保存间隔的时间。在"保存工作簿"区域中，勾选"保存自动恢复信息时间间隔"复选框，并在其右侧的微调框中输入间隔的时间数，如图 1-5 所示。单击"确定"按钮结束设置。

图 1-5　自动保存间隔时间的设置结果

1.3.4　打开工作簿

如果需要查看或编辑已经建立的工作簿，需要将其打开。打开工作簿可以采用以下几种方法。

（1）使用"打开"命令。单击"文件"→"打开"命令，在弹出的"打开"对话框中，找到文件所在位置和需要打开的工作簿文件，双击该文件。

（2）使用"最近所用文件"命令。单击"文件"→"最近所用文件"命令，在右侧窗格中，单击需要打开的文件。

通常情况下，在右侧窗格中默认显示 25 个最近使用过的工作簿文件，如果希望改变显示的文件数目，可以按如下步骤进行设置。

步骤 1：打开"Excel 选项"对话框。单击"文件"→"选项"命令，系统弹出"Excel 选项"对话框，选定对话框左侧的"高级"选项。

步骤 2：修改最近所用的文件数目。在"显示"区域中，将"显示此数目的'最近使用的文档'"选项设置为需要的数值，如图 1-6 所示。单击"确定"按钮完成设置。

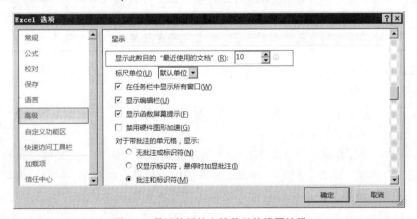

图 1-6　最近使用的文档数目的设置结果

在使用 Excel 时，经常需要打开几个常用的工作簿。但是当打开了多个工作簿后，可能希望打开的某个工作簿已经不在"最近使用的工作簿"文档列表中了。此时可以将经常需要打开的工作簿固定在"最近使用的工作簿"文档列表中。具体设置步骤如下。

步骤1：显示最近使用的文档列表。单击"文件"→"最近所用文件"命令。

步骤2：固定指定的工作簿。单击需要固定的工作簿所在行右侧的"将此项目固定到列表"图标。

通过上述操作，指定的工作簿就将固定在"最近使用的工作簿"列表上方，同时"将此项目固定到列表"图标高亮显示且变为"●"形状。

1.3.5　共享工作簿

默认情况下，Excel 工作簿文件只能被一个用户以独占方式打开和编辑。如果试图打开一个已经被其他用户打开的工作簿文件时，Excel 会弹出"文件正在使用"提示框，表示该文件已经被锁定，这时只能以只读方式打开该工作簿。如果希望由多人同时编辑同一个工作簿文件，可以使用 Excel 提供的共享工作簿功能。

1. 创建共享工作簿

在多人同时编辑同一个工作簿之前，首先需要在已连接在网上的某台计算机的特定文件夹下创建一个共享工作簿。这个文件夹应该是多人均可访问的共享文件夹。

创建共享工作簿的具体操作步骤如下。

步骤1：创建或打开一个工作簿。

步骤2：打开"共享工作簿"对话框。在"审阅"选项卡的"更改"命令组中，单击"共享工作簿命令，系统弹出"共享工作簿"对话框。

步骤3：设置共享工作簿。在该对话框的"编辑"选项卡中，勾选"允许多用户同时编辑，同时允许工作簿合并"复选框；在"高级"选项卡中，选择要用于跟踪和更新变化的选项，然后单击"确定"按钮。

> 如果是新建的工作簿，Excel 将会自动弹出"另存为"对话框，此时选择已设置好的共享文件夹，并输入文件名即可。如果是已保存过的工作簿，Excel 会提示"此操作将导致保存文档。是否继续？"，单击"确定"按钮，即可保存创建的共享工作簿。

完成上述操作后，即完成了共享工作簿的创建，同时工作簿窗口的标题栏上显示"共享"标志。

2. 编辑共享工作簿

打开一个共享工作簿后，与使用常规工作簿一样，可在其中输入和更改数据。其操作步骤如下。

步骤1：打开共享工作簿。

步骤2：编辑共享工作簿。在工作表中输入数据并对其进行编辑。此时可以在"共享工作簿"对话框的"编辑"选项卡中查看同时打开该工作簿的用户信息，如图1-7所示。也可以在"高级"选项卡的"更新"区域中，选定在保存或不保存的情况下定期自动更新其他用户所做的更改，如图1-8所示。

> 如果不同用户的编辑内容发生冲突，例如两个用户对同一单元格输入了不同内容的数据，在保存工作簿时，Excel 将会弹出"解决冲突"对话框，给出冲突的内容，并询问如何解决冲突。用户可以协商后决定是接受本用户的编辑还是其他用户的编辑。

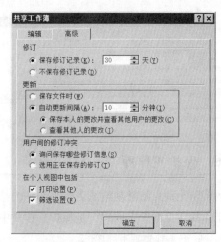

图 1-7 多用户同时编辑时的"共享工作簿"对话框   图 1-8 "高级"选项设置

3. 查看修订信息

如果希望审阅或查看变更的数据，则需要突出显示修订记录。具体操作步骤如下。

步骤 1：打开"突出显示修订"对话框。在"审阅"选项卡的"更改"命令组中，单击"修订"
→"突出显示修订"命令，系统弹出"突出显示修订"对话框。

步骤 2：设置突出显示修订的内容。在对话框中，清除"修订人"和"位置"复选框，勾选"时
间"复选框，并在其右侧下拉列表中选择"全部"，如图 1-9 所示，然后单击"确定"按钮。

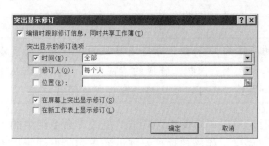

图 1-9 突出显示修订

4. 停止共享工作簿

完成协同输入或编辑操作后，可以停止工作簿的共享。停止共享工作簿的操作步骤如下。

步骤 1：打开"共享工作簿"对话框。在"审阅"选项卡的"更改"命令组中，单击"共享工
作簿"命令，系统弹出"共享工作簿"对话框。

步骤 2：删除用户。在"编辑"选项卡的"正在使用本工作簿的用户"列表框中，选定要删除的用
户，然后单击"删除"按钮。这样，就可以确保"正在使用本工作簿的用户"列表中只列出一个用户。

步骤 3：清除共享设置。清除"允许多用户同时编辑，同时允许工作簿合并"复选框，然后单
击"确定"按钮。此时系统弹出提示框，提示上述操作将对其他正在使用该共享工作簿的用户产生
影响，如图 1-10 所示。单击"是"按钮。

停止共享工作簿后，正在编辑该工作簿的其他用户将不能保存他们所做的修改。因此
在停止共享工作簿之前，应确保所有用户都已经完成了各自的工作。

图1-10　提示框

1.3.6　保护工作簿

为了防止他人随意使用或更改工作簿的结构和内容，可以对其进行保护，以确保工作簿的安全。保护工作簿包括两个方面：一是保护工作簿中的结构和窗口；二是保护工作簿文件不被查看和更改。

1. 保护工作簿结构和窗口

保护工作簿结构和窗口的操作步骤如下。

图1-11　设置保护工作簿

步骤1：打开"保护结构和窗口"对话框。在"审阅"选项卡的"更改"命令组中，单击"保护工作簿"命令，系统弹出"保护结构和窗口"对话框。

步骤2：设置保护内容。勾选"结构"和"窗口"复选框，并在"密码（可选）"文本框中输入密码，如图1-11所示，然后单击"确定"按钮。在弹出的"确认密码"对话框中的"重新输入密码"文本框中再次输入相同的密码，单击"确定"按钮。

注意　保护工作簿的"结构"，可以防止查看隐藏的工作表，还可以防止插入工作表、移动工作表、删除工作表等。保护工作簿的"窗口"，可以防止在工作簿打开时，更改工作簿窗口的大小和位置，还可以防止移动窗口或关闭窗口等。

撤销对工作簿的保护时，单击"审阅"选项卡"更改"命令组中的"保护工作簿"命令。如果设置了密码，则在弹出的"撤销工作簿保护"对话框的"密码"文本框中输入密码，然后单击"确定"按钮。

2. 设置打开和更改工作簿密码

使用"另存为"对话框可以为工作簿设置打开或更改密码。具体操作步骤如下。

步骤1：打开"另存为"对话框。单击"文件"→"另存为"命令，系统弹出"另存为"对话框。

步骤2：打开"常规选项"对话框。在对话框中，单击"工具"按钮右侧下拉箭头，从弹出的下拉菜单中选择"常规选项"命令，系统弹出"常规选项"对话框。

步骤3：设置保护密码。在"打开权限密码"和"修改权限密码"文本框中输入密码，如图1-12所示。

步骤4：确认保护密码。单击"确定"按钮，弹出"确认密码"对话框。在"重新输入密码"文本框中再次输入相同的打开权限密码，单击"确定"按钮，弹出"确认密码"对话框。在"重新输入修改权限密码"文本框中再次输入相同的修改权限密码。

步骤5：保存设置。单击"确定"按钮返回"另存为"对话框，单击"保存"按钮结束设置。

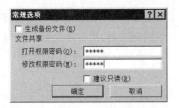

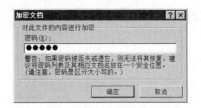

图 1-12 设置打开和更改工作簿的密码 　　　　　图 1-13 加密文档设置结果

用户也可以通过对文件进行加密，防止他人打开文档。加密工作簿文档的操作步骤如下。

步骤 1：打开"加密文档"对话框。单击"文件"→"信息"命令，然后单击"保护工作簿"→"用密码进行加密"命令。

步骤 2：设置密码。在"加密文档"对话框的"密码"文本框中输入密码，如图 1-13 所示。

步骤 3：确认密码。单击"确定"按钮，弹出"确认密码"对话框。在"重新输入密码"文本框中再次输入相同的密码，然后单击"确定"按钮。

1.3.7　关闭工作簿

当需要关闭工作簿时，可以采用以下几种方法。

（1）使用"关闭"命令。单击"文件"→"关闭"命令。

（2）使用窗口控制菜单。单击 Excel 窗口标题栏上的控制菜单图标，在弹出的下拉菜单中选择"关闭"命令；或直接双击控制菜单图标。

（3）使用工作簿窗口的"关闭"按钮。单击工作簿窗口中的"关闭"按钮。

（4）使用组合键。直接按【Alt】+【F4】组合键。

如果希望将当前打开的所有工作簿在同一时间一起关闭，可以按住【Shift】键，然后单击 Excel 窗口中的"关闭"按钮。

1.4 应用实例——创建工资管理和档案管理工作簿

无论是企事业单位还是政府部门，都需要对职工的工资和档案进行管理。工资和档案管理应用普遍，处理频繁，计算相对规范和简单，是最早应用计算机进行管理的领域之一。不同的企事业单位虽然在工资和档案管理方面有一定的差异，但是管理的方式和步骤是相似的，基本上都是以二维表格的方式进行处理，使用 Excel 处理十分方便。本节将通过创建工资管理工作簿和档案管理工作簿，进一步说明创建工作簿的方法。

1.4.1　创建工资管理工作簿

通常工资管理所处理的数据包括人事信息、考勤信息、生产绩效信息以及其他工资信息等内容。考虑到不同单位的考勤计算方法和生产绩效信息的统计处理差异较大，本实例主要涉及人事信息和工资信息的处理。假设某公司由A、B、C 3个部门构成，有职工139名。有关的人事档案信息和工资信息存放在名为"工资管理.xlsx"的工作簿文件中的"人员清单"和"工资计算"两张工作表中，如图1-14和图1-15所示。

	A	B	C	D	E	F	G	H	I	J	K	L
1	序号	姓名	单位	性别	职务	职称	参加工作日期	出生日期	身份证号	基本工资	职务工资	岗位津贴
2	A01	孙家龙	A部门	男	经理	工程师	1984年08月03日	1964年08月08日	110102196408080138	2060	2452	1200
3	A02	张卫华	A部门	男	副经理	工程师	1990年08月28日	1972年01月07日	110102197201070010	1180	984	1200
4	A03	何国叶	A部门	男	副经理	工程师	1996年09月19日	1974年08月08日	110101197408081117	1180	984	1200
5	A04	梁勇	A部门	男	副经理	技师	1996年09月01日	1968年08月08日	110101196808081836	1180	984	1200
6	A05	朱思华	A部门	女	职员	高工	1970年07月03日	1950年07月08日	110102195007081800	1180	984	1245
7	A06	陈关敏	A部门	女	职员	技术员	1998年08月02日	1980年05月12日	110101198005122100	1100	869	1100
8	A07	陈德生	A部门	男	职员	技术员	1998年09月12日	1979年11月08日	110101197911082430	1100	869	1100
9	A08	彭庆华	A部门	男	职员	工程师	1996年08月01日	1968年05月12日	110101196805123131	1140	904	1200
10	A09	陈桂兰	A部门	女	职员	工程师	1984年08月03日	1964年08月08日	110101196408082306	1140	904	1200
11	A10	王成祥	A部门	男	职员	工程师	1996年08月04日	1968年05月12日	110101196805123339	1140	904	1200
12	A11	何家强	A部门	男	职员	高工	1971年12月03日	1951年12月08日	110101195112083452	1180	984	1245
13	A12	曾伦清	A部门	男	职员	高工	1967年08月03日	1949年08月08日	110103194908083859	1180	984	1245
14	A13	张新民	A部门	男	副经理	高工	1990年08月25日	1962年05月12日	110101196205124051	1180	984	1245
15	A14	张跃华	A部门	男	职员	工程师	1990年09月13日	1971年12月08日	110101197112124151	1140	904	1200

图1-14 "人员清单"表

	A	B	C	D	E	F	G	H	I	J	K	L	M	N	O	P	Q	R	S
1	序号	姓名	单位	基本工资	职务工资	岗位津贴	工龄补贴	交通补贴	物价补贴	洗理费	书报费	公积金	医疗险	养老险	其它	奖金	应发工资	所得税	实发工资
2	A01	孙家龙	A部门	2060	2452	1200		25	50						0	3900			
3	A02	张卫华	A部门	1180	984	1200		25	50						0	3180			
4	A03	何国叶	A部门	1180	984	1200		25	50						0	3060			
5	A04	梁勇	A部门	1180	984	1200		25	50						0	3200			
6	A05	朱思华	A部门	1180	984	1245		25	50						100	3800			
7	A06	陈关敏	A部门	1100	869	1100		25	50						0	2100			
8	A07	陈德生	A部门	1100	869	1100		25	50						0	2220			
9	A08	彭庆华	A部门	1140	904	1200		25	50						0	2800			
10	A09	陈桂兰	A部门	1140	904	1200		25	50						0	2900			
11	A10	王成祥	A部门	1140	904	1200		25	50						-50	2800			
12	A11	何家强	A部门	1180	984	1245		25	50						0	3800			
13	A12	曾伦清	A部门	1180	984	1245		25	50						0	3700			
14	A13	张新民	A部门	1180	984	1245		25	50						0	3680			
15	A14	张跃华	A部门	1140	904	1200		25	50						0	2680			

图1-15 "工资计算"表

其中，"工资计算"表中的数据有些是基础的原始数据，如序号、姓名、单位、基本工资、职务工资等；有些是计算得到的数据，如工龄补贴、公积金、应发工资等。图1-15只给出了"工资计算"表的原始数据。若要使用Excel处理这两张表，可以先建立一个空白工作簿，然后输入所需数据。

创建"工资管理"工作簿的操作步骤如下。

步骤1：建立空白工作簿。启动Excel，此时系统自动打开一个新的工作簿，名称为"工作簿1.xlsx"。

步骤2：修改工作表名。双击工作表标签"Sheet1"，输入人员清单；然后双击工作表标签"Sheet2"，输入工资计算；接着右键单击工作表标签"Sheet3"，从弹出的下拉菜单中选择"删除"命令。

步骤3：输入数据。单击工作表标签"人员清单"，在A1:L140单元格区域输入职工基本信息，如图1-16所示；单击工作表标签"工资计算"，在工作表中输入职工基本工资信息，如图1-17所示。

步骤4：保存工作簿。单击"快速访问工具栏"上的"保存"按钮，弹出"另存为"对话框，选择"D:\工资管理"文件夹；在"文件名"文本框中输入工资管理，然后单击"保存"按钮。

注意 在建立工作簿之前，最好先建立用于保存该工作簿文件的文件夹。

序号	姓名	单位	性别	职务	职称	参加工作日期	出生日期	身份证号	基本工资	职务工资	岗位津贴
	孙家龙								2060	2452	1200
	张卫华								1180	984	1200
	何国叶								1180	984	1200
	梁勇								1180	984	1200
	朱思华								1180	984	1245
	陈关敏								1100	869	1100
	陈德生								1100	869	1100

图 1-16 "人员清单"表原始数据的输入结果

序号	姓名	单位	基本工资	职务工资	岗位津贴	工龄补贴	交通补贴	物价补贴	洗理费	书报费	公积金	医疗险	养老险	其它	奖金	应发工资	所得税	实发工资
	孙家龙		2060	2452	1200									0	3900			
	张卫华		1180	984	1200									0	3180			
	何国叶		1180	984	1200									0	3060			
	梁勇		1180	984	1200									0	3200			
	朱思华		1180	984	1245									100	3800			
	陈关敏		1100	869	1100									0	2100			
	陈德生		1100	869	1100									0	2220			

图 1-17 "工资计算"表原始数据的输入结果

此处只是建立了一个简单的"工资管理"工作簿，还需要输入更多的数据，也需要计算数据，这些操作将在后面的章节中继续完成。

1.4.2 创建档案管理工作簿

通常档案管理所处理的数据量都比较大，有时候还有很强的时效性。在这种情况下可以利用 Excel 的共享工作簿功能，由多人协作完成有关的数据处理任务。假设某公司有职工 100 名，有关的职工档案信息存放在名为"档案管理.xlsx"工作簿文件的"人事档案"工作表中，如图 1-18 所示。

序号	姓名	性别	出生日期	学历	婚姻状况	籍贯	部门	职务	职称	参加工作日期	联系电话	基本工资
7101	黄振华	男	1966/4/10	大专	已婚	北京	经理室	董事长	高级经济师	1982/11/23	13512341234	3430
7102	尹洪群	男	1958/9/18	大本	已婚	山东	经理室	总经理	高级工程师	1981/4/18	13512341235	2430
7104	扬灵	男	1973/3/19	博士	已婚	北京	经理室	副总经理	经济师	2000/12/4	13512341236	2260
7107	沈宁	女	1977/10/2	大专	未婚	北京	经理室	秘书	工程师	1999/10/23	13512341237	1360
7201	赵文	女	1967/12/30	大本	已婚	北京	人事部	部门主管	经济师	1991/1/16	13512341238	1360
7203	胡方	男	1960/4/8	大本	已婚	四川	人事部	业务员	高级经济师	1968/12/24	13512341239	2430
7204	郭新	女	1961/3/26	大本	已婚	北京	人事部	业务员	经济师	1971/12/12	13512341240	1360
7205	周晓明	女	1960/6/20	大专	已婚	北京	人事部		经济师	1973/3/6	13512341241	1360
7207	张淑纺	女	1968/11/9	大专	已婚	安徽	人事部	统计	助理统计师	2001/3/6	13512341242	1200
7301	李忠旗	男	1965/2/10	大专	已婚	北京	财务部	财务总监	高级会计师	1987/1/1	13512341243	2880
7302	焦戈	女	1970/2/26	大专	已婚	北京	财务部	成本主管	高级会计师	1989/11/1	13512341244	2430
7303	张进明	男	1974/10/27	大本	已婚	北京	财务部	秘书	会计师	1996/7/14	13512341245	1200
7304	傅华	女	1972/11/29	大专	已婚	北京	财务部	会计	会计师	1997/9/19	13512341246	1360
7305	杨阳	男	1973/3/19	硕士	已婚	湖北	财务部	会计	经济师	1998/12/5	13512341247	1360
7306	任萍	女	1979/10/5	大本	未婚	北京	财务部	出纳	助理会计师	2004/1/31	13512341248	1360
7401	郭永红	女	1969/8/24	大本	已婚	天津	行政部	部门主管	经济师	1993/1/2	13512341249	1360
7402	李龙吟	男	1973/2/24	大专	未婚	吉林	行政部	业务员	助理经济师	1992/11/11	13512341250	1200
7405	张玉丹	女	1971/6/11	大本	已婚	北京	行政部	业务员	经济师	1993/2/25	13512341251	1360
7406	周金馨	女	1972/7/7	大本	已婚	北京	行政部	业务员	经济师	1996/3/24	13512341252	1360

图 1-18 人事档案原始资料

职工的人事档案包括职工本人的基本信息和与公司相关的档案资料信息两部分，现由甲、乙两人分别负责处理。甲负责职工本人的基本信息，如姓名、性别、出生日期、婚姻状况等；乙负责职工与公司相关的档案资料信息，如任职部门、职务、基本工资等。

甲、乙两人可以通过两种方法协作创建"档案管理.xlsx"工作簿。第一种方法是，两人在同一个工作簿中输入数据，Excel 会在保存时自动将分别输入的数据合并到该工作簿中；第二种方法是，两人分别在不同的工作簿中输入数据，然后将两个工作簿的数据合并到一个工作簿中。

无论使用何种方法，都需要先在已连接到网络的某台计算机上建立一个文件夹，这个文件夹应该是甲、乙二人均可访问的共享文件夹；然后在这个特定的文件夹下建立一个共享工作簿。

图1-19　设置共享工作簿

假设共享工作簿由甲负责建立，具体操作步骤如下。

步骤1：建立工作簿文件。启动 Excel，双击工作表标签"Sheet1"，输入人事档案；删除"Sheet2"和"Sheet3"两张工作表。在"人事档案"工作表中输入表头信息，包括序号、姓名、性别、出生日期、学历、婚姻状况、籍贯、部门、职务、职称、参加工作日期、联系电话、基本工资等项。输入所有人员的序号和姓名。

步骤2：设置为共享工作簿。在"审阅"选项卡的"更改"命令组中，单击"共享工作簿"命令，在弹出的"共享工作簿"对话框中，勾选"允许多用户同时编辑，同时允许工作簿合并"复选框，如图1-19所示。

步骤3：保存共享工作簿。单击"确定"按钮。由于是新建立的工作簿，因此系统自动弹出"另存为"对话框，选择已设置好的共享文件夹，并输入文件名档案管理.xlsx，然后单击"保存"按钮。此时，工作簿窗口的标题栏上出现"共享"标志，如图1-20所示。

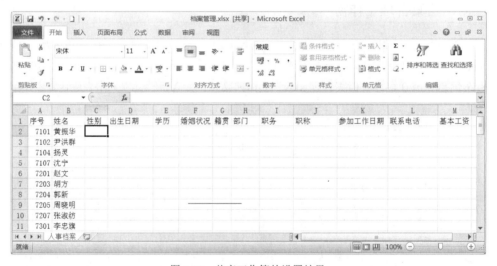

图1-20　共享工作簿的设置结果

在已经建立好的共享工作簿上，甲、乙二人可以同时进行数据的输入工作。下面分别使用两种方法向"档案管理.xlsx"工作簿的"人事档案"工作表中输入数据。

1. 在同一个工作簿中输入数据

步骤1：打开共享工作簿。甲、乙二人均通过网络打开"档案管理.xlsx"工作簿文件。

步骤2：分别输入数据。甲在 C2:G101 单元格区域继续输入每位职工的性别、出生日期、学历、婚姻状况、籍贯等信息。乙在 H2:M101 单元格区域继续输入每位职工的部门、职务、职称、参加工作日期、联系电话、基本工资等信息。甲、乙输入完成的工作簿分别如图1-21和图1-22所示。

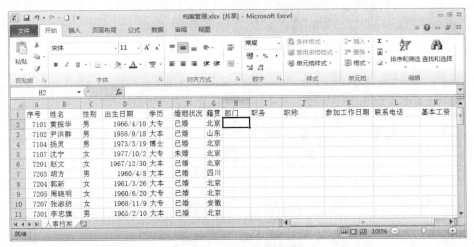

	A	B	C	D	E	F	G	H	I	J	K	L	M
1	序号	姓名	性别	出生日期	学历	婚姻状况	籍贯	部门	职务	职称	参加工作日期	联系电话	基本工资
2	7101	黄振华	男	1966/4/10	大专	已婚	北京						
3	7102	尹洪群	男	1958/9/18	大本	已婚	山东						
4	7104	扬灵	男	1973/3/19	博士	已婚	北京						
5	7107	沈宁	女	1977/10/2	大专	未婚	北京						
6	7201	赵文	女	1967/12/30	大本	已婚	北京						
7	7203	胡方	男	1960/4/8	大本	已婚	四川						
8	7204	郭新	女	1961/3/26	大本	已婚	北京						
9	7205	周晓明	女	1960/6/20	大专	已婚	北京						
10	7207	张淑纺	女	1968/11/9	大专	已婚	安徽						
11	7301	李忠旗	男	1965/2/10	大本	已婚	北京						

图 1-21　甲输入的结果

	A	B	C	D	E	F	G	H	I	J	K	L	M
1	序号	姓名	性别	出生日期	学历	婚姻状况	籍贯	部门	职务	职称	参加工作日期	联系电话	基本工资
2	7101	黄振华						经理室	董事长	高级经济师	1982/11/23	13512341234	3430
3	7102	尹洪群						经理室	总经理	高级工程师	1981/4/18	13512341235	2430
4	7104	扬灵						经理室	副总经理	经济师	2000/12/4	13512341236	2260
5	7107	沈宁						经理室	秘书	工程师	1999/10/23	13512341237	1360
6	7201	赵文						人事部	部门主管	经济师	1991/1/18	13512341238	1360
7	7203	胡方						人事部	业务员	高级经济师	1982/12/24	13512341239	2430
8	7204	郭新						人事部	业务员	经济师	1983/12/12	13512341240	1360
9	7205	周晓明						人事部	业务员	经济师	1979/3/6	13512341241	1360
10	7207	张淑纺						人事部	统计	助理统计师	2001/3/6	13512341242	1200
11	7301	李忠旗						财务部	财务总监	高级会计师	1987/1/1	13512341243	2880

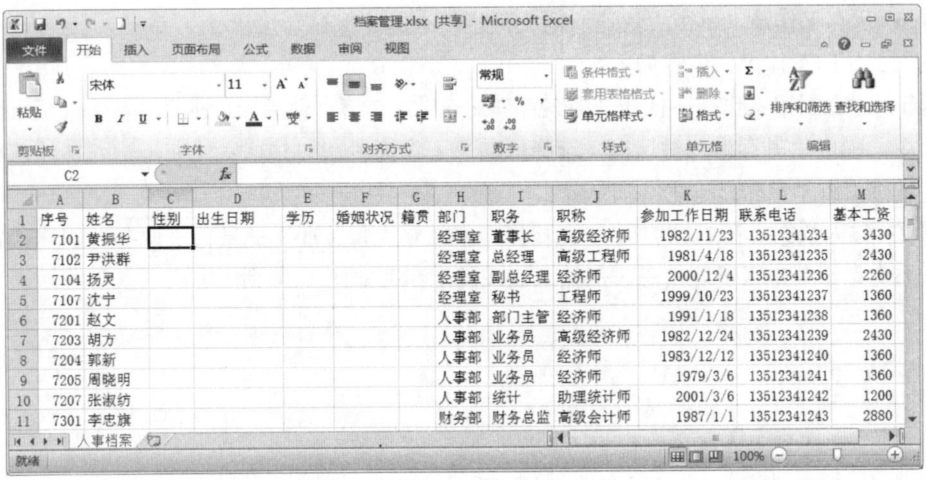

图 1-22　乙输入的结果

步骤3：保存共享工作簿。甲、乙二人在需要保存共享工作簿时，均可以单击“快速访问工具栏”中的“保存”按钮，或者单击“文件”选项卡中的“保存”命令。

由于甲、乙两个用户对工作簿分别进行了不同的输入操作，因此执行保存共享工作簿操作的一方在保存共享工作簿时，Excel 会弹出提示框，提示“工作表已用其他用户保存的更改进行了更新”。此时单击“确定”按钮，即可将另一用户输入的数据合并到该工作簿中。

2. 在不同工作簿中输入数据

（1）分别输入数据。

甲输入工作的具体操作步骤如下。

步骤 1：建立副本工作簿。甲通过网络打开“档案管理.xlsx”工作簿文件，打开文件后，单击“文件”选项卡中的“另存为”命令，弹出“另存为”对话框，选择原共享工作簿所在的共享文件夹，输入文件名档案管理_01.xlsx，然后单击“保存”按钮。

步骤 2：输入数据。在 C2:G101 单元格区域继续输入每位职工的性别、出生日期、学历、婚姻状况、籍贯等信息。输入结果如图 1-23 所示。

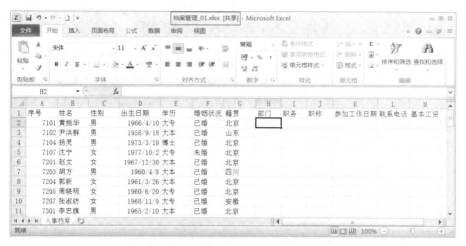

图1-23　甲在"档案管理_01.xlsx"工作簿中的输入结果

步骤3：保存工作簿。单击"快速访问工具栏"中的"保存"按钮。

乙输入工作的具体操作步骤如下。

步骤1：建立副本工作簿。打开"档案管理.xlsx"工作簿文件后，单击"文件"选项卡中的"另存为"命令，弹出"另存为"对话框，选择原共享工作簿所在的共享文件夹，输入文件名档案管理_02.xls，然后单击"保存"按钮。

步骤2：输入数据。在H2:M101单元格区域继续输入每位职工的部门、职务、职称、参加工作日期、联系电话、基本工资等信息。乙输入完成的工作簿如图1-24所示。

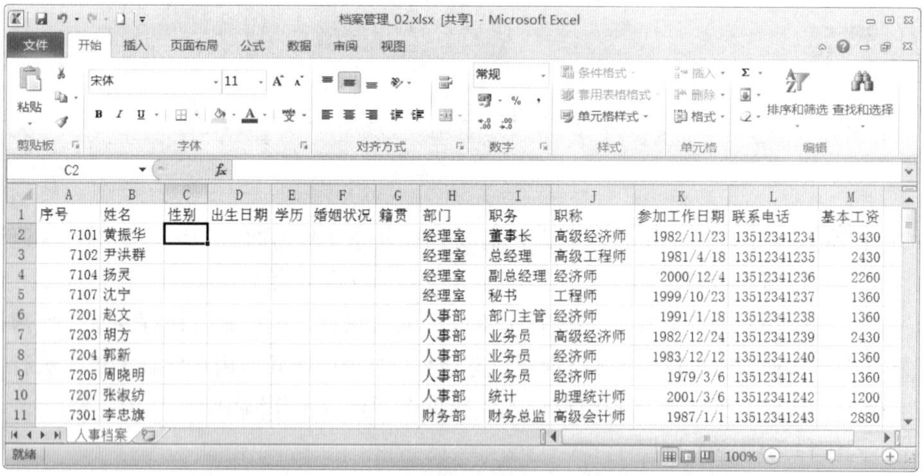

图1-24　乙在"档案管理_02.xlsx"工作簿中的输入结果

步骤3：保存工作簿。单击"快速访问工具栏"中的"保存"按钮。

（2）合并工作簿。

甲、乙二人的输入工作完成后，即可进行合并工作簿的工作。具体操作步骤如下。

步骤1：打开共享工作簿文件"档案管理.xlsx"。

步骤2：添加合并命令。合并工作簿时需要使用"比较和合并工作簿"命令，但由于在"审阅"

选项卡的"更改"命令组中没有该命令，因此需要先将其添加到功能区或者"快速访问工具栏"上。将此命令添加到"快速访问工具栏"上的方法是，单击"文件"选项卡中的"选项"命令，打开"Excel选项"对话框。在该对话框左侧选定"快速访问工具栏"选项，在右侧的"从下列位置选择命令"下拉列表中，选择"所有命令"，在其下方的列表框中选定"比较和合并工作簿"命令，然后单击"添加"按钮，设置结果如图 1-25 所示。单击"确定"按钮，此时在"快速访问工具栏"会出现该命令的命令按钮 。

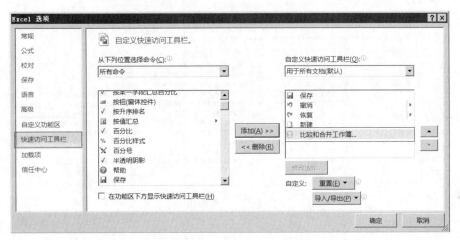

图 1-25　在快速访问工具栏上添加"比较和合并工作簿"命令

步骤 3：选定要合并的工作簿。单击"快速访问工具栏"上的"比较和合并工作簿"按钮 ，系统弹出"将选定文件合并到当前工作簿"对话框，选定要合并的文件"档案管理_01.xlsx"和"档案管理_02.xlsx"，如图 1-26 所示。

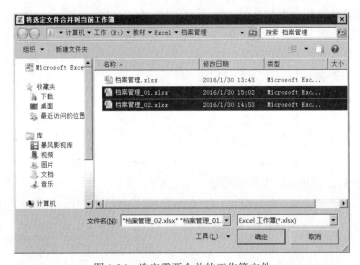

图 1-26　选定需要合并的工作簿文件

步骤 4：合并工作簿。单击"确定"按钮开始合并，合并后的结果如图 1-27 所示。
步骤 5：保存合并结果。单击"快速访问工具栏"中的"保存"按钮。

以上利用 Excel 共享工作簿的方式，两人协作建立好了公司"档案管理"工作簿。凡是需要输入大批量数据，特别是时间要求比较紧迫时都可以采用这种方式。另外，对于跨省市，甚至是跨国公司的实时信息管理，也可以采用共享工作簿方式，由多人在异地协同完成同一工作簿的数据处理工作。

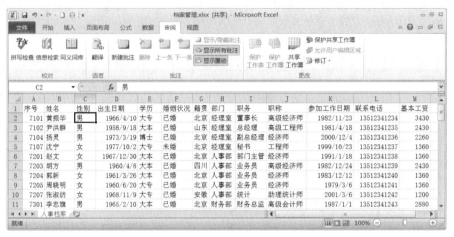

图 1-27　合并结果

习　　题

一、选择题

1．以下关于 Excel 工作表的叙述中，正确的是（　　　）。

  A．工作表是计算和存取数据的文件

  B．无法对工作表名称进行重新命名

  C．工作表名显示在 Excel 窗口上方

  D．默认工作表名为 Sheet1、Sheet2 等

2．在 Excel 中，用来存储并处理数据的文件，称为（　　　）。

  A．单元格　　　　　　B．工作表　　　　　　C．工作区　　　　　D．工作簿

3．Excel 2010 工作簿文件的扩展名是（　　　）。

  A．.doc　　　　　　　B．.xls　　　　　　　C．.docx　　　　　D．.xlsx

4．以下不属于 Excel 2010 操作界面的是（　　　）。

  A．名称框　　　　　　B．导航窗格　　　　　C．编辑栏　　　　　D．快速访问工具栏

5．在 Excel 2010 中，系统默认的工作表数是（　　　）。

  A．3　　　　　　　　　B．25　　　　　　　　C．255　　　　　　　D．256

6．打开 Excel 工作簿一般是指（　　　）。

  A．显示并打印指定工作簿的内容

  B．把工作簿内容从内存中读出，并显示出来

  C．为指定工作簿开设一个新的、空文档窗口

  D．把工作簿的内容从外存储器读入内存，并显示出来

7．多人协作处理同一工作簿的数据时，需要先将该工作簿（　　　）。

    A．打开　　　　　　　B．保存　　　　　　C．加密　　　　D．设置为共享

8．若要设置保护 Excel 工作簿的密码，应使用（　　　）选项卡"更改"命令组中的"保护工作簿"命令。

    A．文件　　　　　　　B．数据　　　　　　C．审阅　　　　D．视图

9．以下无法关闭工作簿的操作是（　　　）。

    A．双击 Excel 窗口的控制菜单图标

    B．单击工作簿窗口的"关闭"按钮

    C．单击工作簿窗口的"最小化"按钮

    D．单击"文件"选项卡中的"关闭"命令

10．视图模式切换按钮位于（　　　）。

    A．状态栏右侧　　　　　　　　　　B．水平滚动条右侧

    C．功能区右侧　　　　　　　　　　D．垂直滚动条上方

二、填空题

1．每个选项卡中包含了多个命令组，每个命令组通常都由一些＿＿＿＿＿的命令所组成。

2．收起功能区的组合键是＿＿＿＿＿。

3．在名称框内输入＿＿＿＿＿，可以快速定位到相应的单元格。

4．加密工作簿文档时，首先单击"文件"选项卡中的"信息"命令，然后单击"保存工作簿"按钮，并在弹出的下拉菜单中选择"＿＿＿＿＿"命令。

5．保护工作簿包括两个方面，一是保护工作簿中的＿＿＿＿＿；二是保护工作簿文件不被查看和更改。

三、问答题

1．Excel 操作界面由哪几部分构成？

2．什么是工作簿？如何保护工作簿？

3．新建工作簿中默认的工作表数是多少？如何增加工作表数？

4．如何将最近打开的工作簿文件固定在"最近使用的工作簿"文档列表中？

5．多人协作建立工作簿的优势是什么？如何协作完成？

实　　训

1．按以下要求创建一个工作簿。

（1）工作簿文件名为"工资管理.xlsx"。

（2）工作簿中包含一张工作表，工作表名为"工资"，表内容为空。

（3）不允许在工作簿中增加或删除工作表，撤销工作簿保护时，要求输入密码。

2．两人协作，按以下要求创建一个工作簿。

（1）工作簿文件名为"办公管理.xlsx"。

（2）工作簿中有一张工作表，表名为"员工信息"。

（3）工作表内容如图1-28所示。输入工作表中的所有数据。

工号	姓名	性别	岗位	部门	入职日期	办公电话	移动电话	E-mail地址	备注
CK01	孙家龙	男	董事长	办公室	1984/8/3	010-65971111	13311211011	sunjialong@cheng-wen.com.cn	
CK02	张卫华	男	总经理	办公室	1990/8/28	010-65971112	13611101010	zhanghuihua@cheng-wen.com.cn	
CK03	王叶	女	主任	办公室	1996/9/19	010-65971113	13511212121	wangye@cheng-wen.com.cn	
CK04	梁勇	男	职员	办公室	2006/9/1	010-65971113	13511212122	liangyong@cheng-wen.com.cn	
CK05	朱思华	女	文秘	办公室	2009/7/3	010-65971115	13511212123	zhusihua@cheng-wen.com.cn	
CK06	陈关敏	女	主任	财务部	1998/8/2	010-65971115	13511212124	chungm@cheng-wen.com.cn	
CK07	陈德生	男	出纳	财务部	2008/9/12	010-65971115	13511212125	chunds@cheng-wen.com.cn	
CK08	陈桂兰	女	会计	财务部	1996/8/1	010-65971115	13511212126	chunguilan@cheng-wen.com.cn	
CK09	彭庆华	男	主任	工程部	1984/8/3	010-65971115	13511212127	pqh@cheng-wen.com.cn	
CK10	王成祥	男	总工程师	工程部	1999/8/4	010-65971120	13511212128	wangcxyang@cheng-wen.com.cn	
CK11	何家强	男	工程师	工程部	2004/12/3	010-65971120	13511212129	hejq@cheng-wen.com.cn	
CK12	曾伦清	男	技术员	工程部	1999/8/3	010-65971120	13511212130	zlq@cheng-wen.com.cn	
CK13	张新民	男	工程师	工程部	2003/8/25	010-65971120	13511212131	zhangxm@cheng-wen.com.cn	
CK14	张跃华	男	主任	技术部	1990/9/13	010-65971124	13511212132	zhangyuh@cheng-wen.com.cn	
CK15	邓都平	男	技术员	技术部	2011/2/28	010-65971125	13511212133	dengdp@cheng-wen.com.cn	
CK16	朱京丽	女	技术员	技术部	2013/7/17	010-65971126	13511212134	zhujl18041@cheng-wen.com.cn	
CK17	蒙继炎	男	主任	市场部	1996/9/3	010-65971127	13511212135	penjy@cheng-wen.com.cn	
CK18	王丽	女	业务主管	市场部	2008/8/3	010-65971128	13511212136	wl_1996@cheng-wen.com.cn	
CK19	梁鸿	男	主任	市场部	1984/2/1	010-65971129	13511212137	lianghong_62@cheng-wen.com.cn	
CK20	刘尚武	男	业务主管	销售部	1991/5/22	010-65971130	13511212138	liu_shangwu@cheng-wen.com.cn	
CK21	朱强	男	销售主管	销售部	1993/8/3	010-65971131	13511212139	zhuqiang@cheng-wen.com.cn	
CK22	丁小飞	女	销售员	销售部	2013/6/14	010-65971132	13511212140	dignxiaofei@cheng-wen.com.cn	
CK23	孙宝彦	男	销售员	销售部	2004/9/27	010-65971132	13511212141	sby@cheng-wen.com.cn	
CK24	张港	男	销售员	销售部	2014/9/21	010-65971134	13511212142	zhangg@cheng-wen.com.cn	

图1-28 "员工信息"表

内容提要

本章主要介绍 Excel 工作表的基本概念、应用 Excel 输入数据的方法和技巧。重点是通过输入人员清单和工资计算两张工作表的数据，理解 Excel 工作表的基本概念，掌握输入普通数据和特殊数据的方法，特别是掌握快速输入数据的技巧。这部分是应用 Excel 完成数据输入的重要内容，应用好这些方法，可以有效提高输入效率。

主要知识点

- 工作表、单元格的概念
- 输入数据
- 自动填充数据
- 从下拉列表中选择数据
- 自动更正数据
- 查找与替换数据
- 设置数据有效性
- 导入数据

工作表是 Excel 用户输入和处理数据的工作平台。使用 Excel 处理数据，必须先将数据输入到工作表中，然后再根据需要输入计算公式，实现数据处理。数据有哪些类型、如何输入不同类型的数据，以及如何提高输入效率等，都将在本章简要介绍。

2.1 认识工作表

在 Excel 中，所有操作都是围绕工作簿和工作表进行的。每个工作簿可以包含多张工作表，每张工作表可以包含许多行和许多列的数据。工作表中行与列交叉位置形成的矩形区域称为单元格。工作簿、工作表及单元格等是 Excel 的重要概念，对于这些概念的理解与掌握，将成为学习和使用 Excel 的重要基础。

2.1.1 工作表

工作表是 Excel 的主要操作对象，由 1 048 576 行和 16 384 列构成。其中，列标以"A、B、C、AA、AB…"等字母表示，其范围为 A～XFD，对应着工作表中的每一列。行号以"1、2、3、…"等数字表示，其范围为 1～1 048 576，对应着工作表中的每一行。

每张工作表具有一个标签，显示工作表名。当前选定的工作表标签，其颜色与其他工作表标签不同，呈反显状态，该工作表称为当前工作表，此时工作簿窗口中显示选定的工作表，用户可以对其进行各种操作。如果希望选定某张工作表，只需单击其工作表标签即可。如果希望更改工作表名，可以双击要更名的工作表标签，然后输入新的工作表名。

2.1.2 单元格

工作表中行与列交叉位置形成的矩形区域称为单元格。单元格是存储数据的基本单元，其中可以存放文本、数字、逻辑值、计算公式等不同类型的数据。工作表中每个单元格的位置称为单元格地址，一般用"列标+行号"来表示。例如 B5 表示工作表中第 2 列第 5 行的单元格。

进入 Excel 后，通常是打开一个名为"工作簿 1"的工作簿，并且将工作簿中第 1 张工作表"Sheet1"

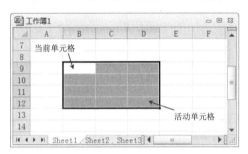
图 2-1　活动单元格和当前单元格

显示在屏幕上，此时在 A1 单元格周围有一个粗黑框，在名称框中显示了该单元格的地址 A1，表示可以对这个单元格进行各种编辑操作。例如输入或修改数据等。在 Excel 中，将被选定的单元格称为活动单元格，将当前可以操作的单元格称为当前单元格。如果活动单元格只有一个，那么该单元格就是当前单元格。如果活动单元格有多个，那么被选定的多个单元格中呈反白显示的单元格就是当前单元格，如图 2-1 所示。

2.1.3 单元格区域

单元格区域是指由若干个单元格构成的矩形区域，其地址表示方法为：单元格地址:单元格地址。其中，第 1 个单元格地址为单元格区域左上角单元格的地址，第 2 个单元格地址为单元格区域右下角单元格的地址。例如 B9:D12 是以 B9 单元格为左上角、D12 单元格为右下角形成的矩形区域，共 12 个单元格。单元格区域中的所有单元格均为活动单元格，左上角单元格 B9 为当前单元格。

2.2　选定单元格

在对单元格或单元格区域进行处理之前，需要先选定它，使其成为当前能够处理的对象。

2.2.1 选定单个单元格

选定一个单元格的方法有很多种，可以根据不同情况采用不同的方法。

（1）使用鼠标。将鼠标定位到要选定的单元格上，单击左键。

（2）使用命令。在"开始"选项卡的"编辑"命令组中，单击"查找和选择"→"转到"命令，系统弹出"定位"对话框。在"引用位置"文本框中输入要选定的单元格地址，然后单击"确定"按钮。

（3）使用快捷键。直接按下【F5】键，打开"定位"对话框，在"引用位置"文本框中输入要选定的单元格地址，然后单击"确定"按钮。

（4）使用名称框。在"名称框"中直接输入要选定的单元格地址，然后按【Enter】键。如果已经为单元格定义了名称，则可以在"名称框"中输入单元格名称，或单击"名称框"右侧下拉箭头，在弹出的单元格名称列表中选定所需的名称，然后按【Enter】键。

2.2.2　选定单元格区域

可以选定连续的单元格区域，也可以选定不连续的单元格区域。

1.　选定连续的单元格区域

根据要选定的单元格区域大小，选择相应的方法。如果需要选定的单元格区域比较小，则可以通过鼠标来完成。如果需要选定的单元格区域比较大，超出了屏幕可显示的范围，则可以使用键盘来完成。对于特别大的单元格区域，可以通过键盘和鼠标配合完成。

（1）使用鼠标。将鼠标定位到待选区域左上角的单元格上，然后按下鼠标左键并拖放至待选区域右下角的单元格上放开。

（2）使用键盘。首先选定待选区域左上角的单元格，然后按住【Shift】键，使用方向键或者【Home】键、【End】键、【PgUp】键、【PgDn】键来扩展选择的区域。

（3）使用鼠标和键盘。首先选定待选区域左上角的单元格，然后拖动工作表滚动条到待选区域的右下角，按住【Shift】键，再单击待选区域右下角的单元格。

（4）使用名称框。在"名称框"中直接输入要选定的单元格区域地址，然后按【Enter】键。如果已经为单元格区域定义了名称，则可以在"名称框"中输入单元格区域名称，或单击"名称框"右侧下拉箭头，在弹出的名称列表中单击所需的名称，然后按【Enter】键。

2.　选定非连续的单元格区域

如果需要同时选定多个不相邻的单元格或单元格区域，可以使用下述方法。

（1）使用【Ctrl】键。先选定一个区域，然后按住【Ctrl】键，再用鼠标选定其他的区域。

（2）使用【Shift】+【F8】组合键。先按下【Shift】+【F8】组合键，进入"添加选定"模式；然后依次选择所需单元格区域，直到全部选定为止；最后按【Esc】键，取消选定状态。

当选定了一个或多个单元格区域后，连续按【Enter】键，可在区域范围内切换不同的单元格为当前单元格；连续按【Shift】+【Enter】组合键，则可按相反的次序切换区域内的单元格。

2.3 输入数据

使用 Excel 建立工作表时，经常需要输入不同类型的数据，如文本、数值、日期等。

2.3.1　数据类型

在工作表中输入和编辑数据是使用 Excel 时最基本的操作之一。在工作表中可以输入和保存的数据有 4 种基本类型：数值、日期、文本和逻辑。一般情况下，数据的类型由用户输入数据的内容自动确定。

1．数值

数值是指所有代表数量的数据形式，通常由数字 0～9 及正号（+）、负号（−）、小数点（.）、百分号（%）、千位分隔符（,）、货币符号（$、￥）、指数符号（E 或 e）、分数符号（/）等组成。数值型数据可以进行加、减、乘、除以及乘幂等各种数学运算。

2．日期和时间

在 Excel 中，日期是以一种特殊的数值形式存储的，这种数值形式被称为"序列值"。序列值的数值范围为 1～2 958 465 的整数，分别对应 1900 年 1 月 1 日到 9999 年 12 月 31 日。例如，2008 年 8 月 8 日对应的序列值是 39 668。由于日期存储为数值的形式，因此它继承了数值的运算功能，即日期型数据可以进行加减等数学运算。比如，要计算两个日期之间相距的天数，可以用一个日期减去另一个日期。又比如，如果要计算某日期以后或以前若干天的日期，可以用一个日期加上或减去一个天数。

Excel 自动将所有时间存储为小数，0 对应 0 时，1/24（0.041 6）对应 1 时，1/12（0.083）对应 2 时，1/1 440（0.000 649）对应 1 分，等等。例如，2008 年 8 月 8 日下午 8 时对应的是 39 668.833 333。

日期和时间型数据不能为负数，不能超过最大日期序列值，否则会显示一串填满单元格的符号"#"来表示错误。

3．文本

文本是指一些非数值型的文字、符号等，通常由字母、汉字、空格、数字及其他字符组成。例如，"姓名""Excel""A234"等都是文本型数据。文本型数据不能用于数值计算，但可以进行比较和连接运算。连接运算符为"&"，可以将若干个文本首尾相连，形成一个新的文本。例如，"中国"&"计算机用户"，运算结果为"中国计算机用户"。

4．逻辑

在 Excel 中，逻辑型数据只有两个，一个为"TRUE"，即为真；另一个为"FALSE"，即为假。

2.3.2　输入文本

文本是 Excel 工作表中非常重要的一种数据类型，工作表中的文本可以作为行标题、列标题或工作表说明。在工作表中输入文本数据时，系统默认为左对齐。如果输入的数据是以数字开头的文本，系统仍视其为文本。Excel 规定，每个单元格中最多可以容纳 32 000 个字符，如果在单元格中输入的字符超过了单元格的宽度，Excel 自动将字符依次显示在右侧相邻的单元格上。如果相邻单元格中含有数据，文本字符将被自动隐藏。在工作表中输入文本，可以采用以下几种方法。

（1）在编辑栏中输入。选定待输入文本的单元格，单击编辑栏中的编辑框，输入文本，然后按【Enter】键或单击"输入"按钮 ✓ 。

（2）在单元格中输入。单击待输入文本的单元格，然后输入文本；或者双击待输入文本的单元格，然后输入文本。这两种方法的区别是，前者输入的数据将覆盖该单元格原有的数据。

当输入的文本较长时，可以通过换行将输入的文本全部显示在当前单元格内。设置换行的方法有两种。

（1）使用组合键。输入文本时，如果需要换行，按【Alt】+【Enter】组合键。

（2）设置"自动换行"格式。具体操作步骤如下。

步骤1：选定单元格。选定待设置格式的单元格或单元格区域。

步骤2：打开"设置单元格格式"对话框。单击"开始"选项卡"对齐方式"命令组右下角的对话框启动按钮 ，系统弹出"设置单元格格式"对话框。

步骤3：设置"自动换行"。在对话框中，单击"对齐"选项卡，勾选"自动换行"复选框，如图2-2所示，然后单击"确定"按钮。

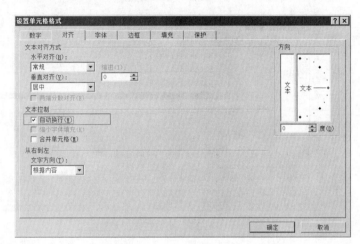

图2-2　自动换行的设置结果

2.3.3　输入数值

数值是 Excel 工作表最重要的组成部分，进行数值计算是 Excel 最基本的功能。Excel 中的数值不仅包括普通的数字数值，也包括小数型数值和货币型数值。在工作表中输入数值型数据时，系统默认的对齐方式为右对齐。

1. 输入普通数值

在单元格中输入普通数值，其方法与输入文本型数据相似，先选定待输入数值的单元格，然后在编辑框中输入数字，或在单元格中输入数字。

如果单元格中数据显示为"########"，说明单元格的宽度不够。通过增加单元格的宽度，可以将数据完整的显示出来。

2. 输入小数型数值

单价等价格数据一般都带有 2 位小数，需要输入小数型数值。在单元格中输入小数型数值，可以采用以下两种方法。

（1）在单元格中输入。方法与输入普通数值相同。

（2）设置"小数位数"格式。在输入数据前，先设置单元格的"小数位数"，然后再输入。其操作步骤如下。

步骤1：选定待设置格式的单元格或单元格区域。

步骤2：打开"设置单元格格式"对话框。单击"开始"选项卡"数字"命令组右下角的对话框启动按钮 ；或右键单击选定的单元格或单元格区域，从弹出的快捷菜单中选择"设置单元格格式"命令，系统弹出"设置单元格格式"对话框。

步骤3：设置小数格式。单击"数字"选项卡，在"分类"列表框中选定"数值"选项；在"小数位数"微调框中输入2；在"负数"列表框中选定"-1234.10"选项，如图2-3所示。单击"确定"按钮。

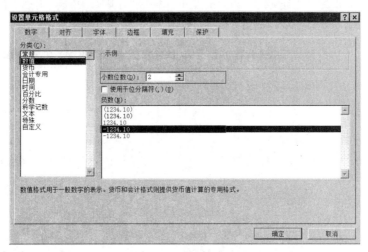

图2-3　小数格式的设置结果

步骤4：输入小数型数值。在单元格中输入小数型数值，此时可以发现在此单元格中输入的数据小数点后不足两位时自动补0。

对于大量的小数型数据，如果小数位数相同，可以通过设置，不输入小数点，以此简化数据输入，提高输入效率。设置自动输入小数点的操作步骤如下。

步骤1：打开"Excel选项"对话框。单击"文件"→"选项"命令，系统弹出"Excel选项"对话框，选定对话框左侧的"高级"选项。

步骤2：设置自动输入小数点。勾选"编辑选项"区域中的"自动输入小数点"复选框，并设置"位数"值，此例设置为2，如图2-4所示。单击"确定"按钮。

步骤3：输入数值。设置好以后输入数据时，只要将原来数据放大100倍，就会自动变为所需要的数据，免去了小数点的输入。例如，要输入12.1，实际输入1210，就会在单元格中显示为"12.1"。

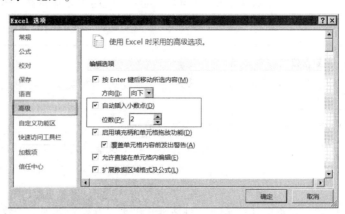

图2-4　自动输入小数点的设置结果

3. 输入货币型数值

货币型数值属于特殊数据，往往需要在数值前加上货币符号，常规数据格式不适合这类数据。因此需要在输入前设置单元格的数字类型，以保证数据的匹配。设置方法有以下两种。

（1）使用"会计数字格式"命令。具体操作步骤如下。

步骤1：选定单元格。选定待输入货币型数值的单元格。

步骤2：选择所需货币符号。在"开始"选项卡的"数字"命令组中，单击"会计数字格式"下拉箭头，在弹出的"会计数字格式"命令列表中选择所需的货币符号。

步骤3：输入货币型数值。在单元格中输入数值。此时可以发现输入的数值前面自动加上了所选的货币符号。

（2）设置"货币"格式。在输入数据前，先将单元格设置为"货币"格式，然后再输入。操作步骤如下。

步骤1：选定单元格或单元格区域。

步骤2：打开"设置单元格格式"对话框。

步骤3：设置"货币"格式。单击"数字"选项卡，在"分类"列表框中选定"货币"选项；在"货币符号"下拉列表框中选定所需货币格式；设置"小数位数"和"负数"，如图2-5所示。单击"确定"按钮。

步骤4：输入货币型数值。在单元格中输入数值，此时可以发现输入的数值前面自动加上了所选的货币符号。

有时需要在某个单元格内连续输入不同的数值，以查看引用此单元格的其他单元格的效果。但每次输入一个数值后按【Enter】键，活动单元格均默认下移一个单元格，非常不方便。可以通过以下操作解决此问题。

步骤1：选定单元格。

步骤2：再次选定已选单元格。按住【Ctrl】键再次单击鼠标选定此单元格。

此时，单元格周围将出现实线框，再输入数据，按回车键就不会移动了。

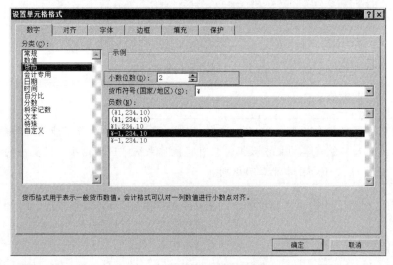

图2-5　货币格式的设置结果

2.3.4 输入日期和时间

日期和时间属于特殊数值型数据，与输入数值型数据不同，应遵循一定的格式。在工作表中输入日期和时间时，系统默认的对齐方式为右对齐。

1. 输入日期

Excel 对日期数据的处理有一定的格式要求，不符合要求的数据将被当作文本型数据处理，不能进行与日期有关的计算。Excel默认的日期格式为"年-月-日"，"年/月/日"等格式也能够被识别。但是"年.月.日"或"月-日-年"等格式的数据则会被当作文本型数据处理。如果需要以这些形式显示日期，可以通过格式设置的方法实现。可以采用以下两种方法输入日期。

（1）在单元格中输入。使用"/"或"-"直接在单元格中输入。例如，输入2016-1-1 或 2016/1/1。

（2）设置"日期"格式。在输入日期数据前，先将单元格设置为"日期"格式，然后再输入。操作步骤如下。

步骤1：选定单元格。选定待设置格式的单元格或单元格区域。

步骤2：打开"设置单元格格式"对话框。

步骤3：设置"日期"格式。单击"数字"选项卡，在"分类"列表框中选定"日期"选项，在"类型"列表框中选定一种显示类型，如图 2-6 所示。单击"确定"按钮。

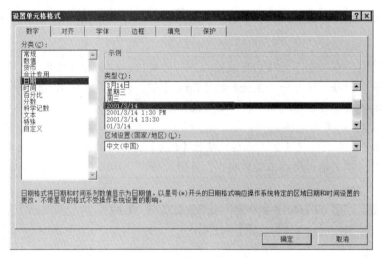

图 2-6　日期格式的设置结果

步骤4：输入日期数值。

按照习惯可能会输入 2008.8.8 这样的日期值，但是系统并不能将这种数据识别为日期格式，而只能视其为文本数据。只有将操作系统"区域选项"设置中的"日期分隔符"设置为"."，Excel 才能正确识别。

如果依据图 2-6 所示的格式进行设置，则 Excel 日期的输入形式所对应的显示值和存储值如表2-1 所示。

2. 输入时间

与日期输入一样，时间输入也有多种固定的输入格式，输入时需要注意。可以采用以下两种方法输入时间。

（1）在单元格中输入。在单元格中输入时间时，系统默认按 24 小时制输入。如果需要按照 12 小时制输入时间，则输入的顺序为：时间→空格→AM（或 PM），其中 "AM" 表示上午，"PM" 表示下午。例如，输入 10:20 PM。

（2）设置 "时间" 格式。在输入时间数据前，先将单元格设置为 "时间" 格式，然后再输入。操作步骤与设置 "日期" 格式相同，这里不再赘述。

Excel 时间的输入形式以及各种形式所对应的显示值和存储值如表 2-2 所示。

表 2-1　　　　　　　　　　日期输入形式及其所对应的显示值和存储值

输 入 值	显 示 值	存 储 值
1/1	1 月 1 日	2016/1/1（注：显示年份是当年年份）
16/1/1	2016/1/1	2016/1/1
2016/1/1	2016/1/1	2016/1/1
16-1-1	2016/1/1	2016/1/1
1-May	1-May	2016/5/1（注：显示年份是当年年份）
1-Aug-16	1-Aug-16	2016/8/1
2016 年 1 月 1 日	2016 年 1 月 1 日	2016/1/1

表 2-2　　　　　　　　　　时间输入形式及其所对应的显示值和存储值

输 入 值	显 示 值	存 储 值
8:30	8:30	8:30:00
16:30:00	16:30:00	16:30:00
8:30:00 am	8:30:00 AM	8:30:00
4:30 pm	4:30 PM	16:30:00
16 时 30 分	16 时 30 分	16:30:00
16 时 30 分 00 秒	16 时 30 分 00 秒	16:30:00
下午 4 时 30 分	下午 4 时 30 分	16:30:00
上午 4 时 30 分 0 秒	上午 4 时 30 分 00 秒	4:30:00

2.3.5　输入分数值

输入分数时，输入顺序是：整数→空格→分子→正斜杠（/）→分母。例如要输入二又四分之一，则应在选定的单元格中输入 2 1/4。如果输入纯分数，整数部分的 0 不能省略。例如，输入四分之一的方法是输入 0 1/4。

如果输入分数的分子大于分母，如 "$\frac{11}{5}$"，Excel 将自动进行进位换算，将分数显示为换算后的 "整数+真分数" 形式，如 2 1/5。如果输入分数的分子和分母还包含大于 1 的公约数，如 "$\frac{3}{15}$"，在单元格中输入数据后，Excel 将自动对其进行约分处理，转换为最简形式，如 1/5。

2.3.6 输入百分比数值

输入百分比数值可以使用以下两种方法。

（1）在单元格中输入百分比数值，然后输入百分号（%）。例如直接输入 45%，所在单元格的百分比数据即为 45%。

（2）在单元格中输入百分比数据，然后选定该单元格，再单击"开始"选项卡"数字"命令组中的"百分比样式"按钮 %。例如，先输入 0.45，然后选定该单元格，再单击"开始"选项卡"数字"命令组中的"百分比样式"按钮，所在单元格的百分比数据即为 45%。

采用第二种方法输入百分比数据时，Excel 会自动将输入的数据乘以 100。

2.3.7 输入身份证号码

中国的身份证号码一般为 18 位，如果在单元格中输入一个 18 位长度的身份证号码，Excel 会将显示方式转换为科学记数法，而且还会将最后 3 位数字变为 0。原因是 Excel 将身份证号码作为数值数据来处理，而 Excel 能够处理的数值精度为 15 位，超过 15 位的数字则作为 0 来保存。另外，对于超过 11 位的数字，Excel 默认以科学记数法来表示。因此，如果需要在单元格中正确保存并显示身份证号码，必须将其作为文本型数据来输入。将数值型数据强行转换为文本型数据有以下两种方法。

（1）使用前导符。在输入身份证号码之前，先输入一个单引号，然后再输入身份证号码。

（2）设置"文本"格式。在输入数据前，先将单元格设置为"文本"格式，然后再输入。操作步骤如下。

步骤 1：选定单元格。选定待输入身份证号码的单元格。

步骤 2：打开"设置单元格格式"对话框。

步骤 3：设置"文本"格式。单击"数字"选项卡，在"分类"列表框中选定"文本"选项，然后单击"确定"按钮。

步骤 4：输入身份证号码。

如果输入身份证号码后再设置格式，则无法恢复后三位的数字 0。

默认情况下，在工作表中输入数据并按【Enter】键以后，当前单元格下方的单元格会成为新的当前单元格，以便用户继续输入数据。但由于用户的偏好各不相同，有的喜欢纵向输入数据，有的喜欢横向输入数据，经过设置可以满足这种方向上的偏好。

步骤 1：打开"Excel 选项"对话框。单击"文件"→"选项"命令，系统弹出"Excel 选项"对话框，选定对话框左侧的"高级"选项。

步骤 2：设置按回车键移动的方向。勾选"编辑选项"区域中的"按 Enter 键移动所选内容"复选框，单击"方向"右侧下拉箭头，并从弹出的下拉列表中选择所需方向，然后单击"确定"按钮。

快速输入数据

数据输入是一项比较繁琐的工作，尤其是当输入的数据量比较大、重复的数据比较多时，输入的工作量很大，而且也容易出错。对此可以使用 Excel 提供的自动填充数据、自动更正数据等多种功能来减少输入错误，提高输入效率。

2.4.1 自动填充数据

在 Excel 中，有时需要输入一些相同的或者有规律的数据，这时可以利用自动填充的方法输入数据。下面将详细介绍使用自动填充功能实现数据输入的多种方法。

1. 填充相同数据

在连续的单元格中输入相同数据，可以使用以下几种方法。

（1）使用填充柄，操作步骤如下。

步骤 1：输入第 1 个数据。在单元格区域的第 1 个单元格中输入第 1 个数据。

步骤 2：选定单元格。选定已输入数据的单元格，这时该单元格周围有黑粗框，右下角有一个黑色小矩形，称作填充柄。

步骤 3：填充数据。将鼠标移至该单元格的填充柄处，此时指针会变成十字形状，按住鼠标左键不放拖动至所需单元格放开。

填充效果如图 2-7 所示。其中，第 1 行数据是先输入的，第 2～5 行数据是填充得到的。

图 2-7　填充相同数据

> 填充相同数据更快捷、简单的方法是在第 1 个单元格中输入数据后，双击第 1 个单元格填充柄。在双击进行填充时，填充到最后一个单元格的位置，取决于相邻一列中第 1 个空单元格的位置。

（2）使用组合键，操作步骤如下。

步骤 1：选定要输入数据的多个单元格。此处所选单元格，可以是连续的多个单元格，也可以是不连续的多个单元格。

步骤 2：输入数据。在当前单元格中输入需要的数据，然后按下【Ctrl】+【Enter】组合键，这时可以看到输入的数据自动地填充到选定的多个单元格中。

2. 填充等差序列数据

所谓等差序列是指在单元格区域中两个相邻单元格的数据之差等于一个固定值。例如，1、3、5、…就是等差序列。要输入这样的数据序列，可以使用以下两种方法。

（1）使用填充柄，操作步骤如下。

步骤 1：输入序列中的前两个数据。在前两个单元格中分别输入序列中的前两个数据。

步骤 2：选定单元格。选定已输入数据的两个单元格。

步骤 3：填充数据。将鼠标移至第 2 个单元格的填充柄处，当鼠标指针变成十字形状时，按住鼠标左键不放拖动至所需单元格放开。

填充效果如图2-8所示。其中，第1、2行数据是先输入的，第3～7行数据是填充得到的。

 如果要填充的是一个1、2、3…这样的等差序列数据，可以在第1个单元格中输入 1，然后按住【Ctrl】键同时拖动鼠标至最后一个单元格。

（2）使用"序列"对话框，操作步骤如下。

步骤1：输入序列中的第1个数据。在填充序列的第1个单元格中输入第1个数据。

步骤2：选定要填充的单元格区域。

步骤3：打开"序列"对话框。在"开始"选项卡的"编辑"命令组中，单击"填充"→"序列"命令。

步骤4：输入填充参数。在"类型"区域选定"等差序列"单选按钮，在"步长值"中输入所需的步长数值，如图2-9所示。

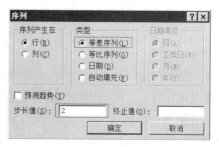

图2-8　等差序列数据的填充结果　　　　图2-9　填充等差序列数据的设置结果

步骤5：保存设置。单击"确定"按钮。

3. 填充日期数据

与数字的自动填充相比，Excel 提供的日期填充方法更加智能化，能够根据输入的日期内容进行逐日、逐月或逐年填充，也可以按照工作日填充。其操作步骤如下。

步骤1：输入第1个日期。

步骤2：填充日期。将鼠标移至该单元格的填充柄处，指针变成十字形状后，按住鼠标右键不放拖动至所需单元格放开，此时弹出快捷菜单，如图2-10所示。选择相应命令完成相应内容的填充。

图2-11所示示例均可以使用这种方法。其中，第1行的数据是先输入的，第2～12行数据是填充得到的。

图2-10　快捷菜单　　　　　　　　　　图2-11　日期数据的填充结果

4. 填充特殊数据

在实际应用中，有时需要填充一些特殊数据。例如，中英文星期、中英文月份、中文季度以及天干地支等。用户可以使用 Excel 已经定义的内置序列进行填充。方法是先输入第一个数据，然后使用鼠标拖动填充柄至所需单元格放开。

图 2-12 所示示例均可以使用这种方法。其中，第 1 行数据是先输入的，第 2～12 行数据是填充得到的。

	A	B	C	D	E
1	第一季	甲	子	Sun	January
2	第二季	乙	丑	Mon	February
3	第三季	丙	寅	Tue	March
4	第四季	丁	卯	Wed	April
5	第一季	戊	辰	Thu	May
6	第二季	己	巳	Fri	June
7	第三季	庚	午	Sat	July
8	第四季	辛	未	Sun	August
9	第一季	壬	申	Mon	September
10	第二季	癸	酉	Tue	October
11	第三季	甲	戌	Wed	November
12	第四季	乙	亥	Thu	December

图 2-12　特殊数据的填充结果

5. 填充自定义序列

如果需要填充的数据序列不在 Excel 已定义的内置序列中，可以根据实际需要自己定义。自定义序列的操作步骤如下。

步骤 1：打开"Excel 选项"对话框。单击"文件"→"选项"命令，系统弹出"Excel 选项"对话框，单击对话框左侧"高级"选项。

步骤 2：打开"自定义序列"对话框。单击对话框右侧"常规"选项区域中的"编辑自定义列表"按钮，系统弹出"自定义序列"对话框。

步骤 3：输入自定义序列内容。在"自定义序列"列表框中选择"新序列"，在"输入序列"框中输入序列内容，每输入完一项，按【Enter】键，如图 2-13 所示。

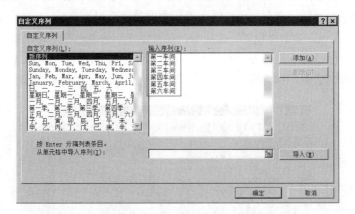

图 2-13　自定义序列的设置结果

步骤 4：保存定义内容。单击"添加"按钮，然后单击"确定"按钮。

完成自定义序列后，就可以输入了，输入方法与前面相同。如果不再需要定义的序列，可以在"自定义序列"列表框中将其选定，然后单击"删除"按钮删除。

2.4.2　从下拉列表中选择数据

当需要输入在同一列单元格已经输入过的数据时，可以从下拉列表中选择。在列表中选择数据，既可以避免因手工输入带来输入内容的不一致，同时又可以提高输入速度和效率。其操作步骤如下。

步骤1：打开快捷菜单。使用鼠标右键单击单元格，从弹出的快捷菜单中选择"从下拉列表选择"命令。

步骤2：选择输入项。在下拉列表中选择需要输入的数据值。

使用下拉列表输入数据需要在同一列中已有所需数据，且只在同一列连续单元格内输入才有效，该方法适用于文本型数据的输入。

2.4.3　使用数据有效性输入数据

如果输入的数据在一个自定义的范围内，或取自某一组固定值，则可以使用 Excel 提供的数据有效性功能。数据有效性是为一个特定的单元格或单元格区域定义可以接收数据的范围的工具，这些数据可以是数字序列、日期、时间、文本长度等；也可以是自定义的数据序列。设置数据有效性，可以限制数据的输入范围、输入内容以及输入个数，以保证数据的正确性和有效性。

1.　在单元格中创建下拉列表

当需要输入重复数据时，可以使用"从下拉列表选择"命令完成输入。但这种方法在输入每一个数据时都要执行一次命令，显然有些麻烦。事实上，可以使用 Excel 的"数据有效性"功能制作一个下拉列表，这样可以直接从下拉列表中选择所需数据，既可以避免手工输入产生的错误，又可以提高输入效率。创建下拉列表的操作步骤如下。

步骤1：选定单元格。选定待创建下拉列表的单元格或单元格区域。

步骤2：打开"数据有效性"对话框。在"数据"选项卡的"数据工具"命令组中，单击"数据有效性"→"数据有效性"命令，系统弹出"数据有效性"对话框。

步骤3：设置有效性。单击"设置"选项卡，在"允许"下拉列表中选择"序列"选项；在"来源"文本框中输入要创建的下拉列表中的选项，每项之间使用"，"分开；勾选"忽略空值"和"提供下拉箭头"复选框，如图 2-14 所示。

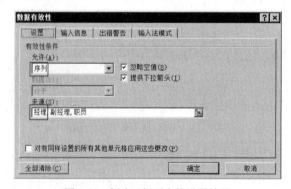

图 2-14　创建下拉列表的设置结果

应在英文状态下输入逗号","。

步骤4：完成设置。单击"确定"按钮，关闭"数据有效性"对话框。

完成上述设置后，当用户单击设置好的单元格时，单元格右侧会出现下拉箭头，单击该箭头，会弹出下拉列表，选择其中的选项即可完成输入。使用自己创建的下拉列表，输入时既方便、快捷，又能够保证输入的正确性。

2. 在单元格中设置输入范围

在单元格中设置输入数值的范围，这样当在单元格中输入的数据超出设置的范围或者输入了其他内容的数据时，Excel将视其为无效。其操作步骤如下。

步骤1：选定单元格或单元格区域。

步骤2：打开"数据有效性"对话框。

步骤3：设置有效性。在"允许"下拉列表中选择"整数"；在"数据"下拉列表中选择"介于"；在"最小值"文本框中输入数据范围的下限值，在"最大值"文本框中输入数据范围的上限值；勾选"忽略空值"复选框，如图2-15所示。

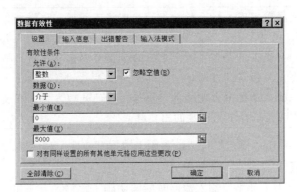

图2-15　输入范围的设置结果

步骤4：完成设置。单击"确定"按钮，关闭"数据有效性"对话框。

完成上述设置后，当用户在设置好的单元格中输入数据时，Excel自动对数据进行有效性检验。在"数据有效性"对话框的"允许"下拉列表框中列出了多种有效数据，有效数据不同，可以定义的有效性内容就不同。表2-3所示为"允许"列表框中有效数据的类型、含义及关系式。

表2-3　　　　　　　"允许"列表框中有效数据的类型、含义及关系式

类　型	含　义	关系式	数据范围或来源	说　明
任何值	对输入数据不做任何限制	无	无	不进行验证
整数	限制输入的数据必须是整数	介于、未介于、等于、不等于、大于、小于、大于或等于、小于或等于	介于最大值和最小值之间	在设定数据类型、关系式及数据范围之间进行验证
小数	限制输入的数据必须是数字或小数		介于最大值和最小值之间	
日期	限制输入的数据必须是日期		介于开始日期和结束日期之间	
时间	限制输入的数据必须是时间		介于开始时间和结束时间之间	
文本长度	限制输入的数据必须是指定的有效数据的字符数		介于最大值和最小值之间	

类　　型	含　　义	关　系　式	数据范围或来源	说　　明
序列	限制输入的数据必须是指定的有效数据序列	无	选择或自行输入序列的数据来源	利用数据来源进行验证
自定义	允许使用公式、表达式或者引用其他单元格中的计算值来判定输入数值的正确性。公式得出的必须是"True"或"False"	无	公式	利用输入的公式进行验证

3. 设置出错警告提示信息

设置数据有效性后，如果输入的数据不符合设置规则，Excel 将给出错误警告，并拒绝接收错误数据。但是 Excel 给出的警告信息比较单一，没有针对性。事实上，Excel 允许用户自己设置出错警告提示信息。其操作步骤如下。

步骤1：选定单元格。

步骤2：打开"数据有效性"对话框。

步骤3：设置出错警告信息。单击"出错警告"选项卡，勾选"输入无效数据时显示出错警告"复选框；在"样式"下拉列表中选择一种提示样式；在"标题"和"错误信息"文本框中输入相应内容，如图 2-16 所示。

设置的出错样式不同，对无效数据的处理将不一样。出错警告信息的样式由重到轻分为"停止""警告"和"信息"3 种。当使用"停止"时，无效的数据绝不允许出现在单元格中；当使用"警告"时，无效的数据可以出现在单元格中，但是会警告这样的操作可能会出现错误；当选择"信息"时，无效的数据只是被当作特殊的形式而被单元格接受，也只是给出出现这种"特殊"时的处理方案。在使用时，用户可以根据具体情况和需要，选择不同程度的出错样式。

步骤4：完成设置。单击"确定"按钮，关闭"数据有效性"对话框。

4. 设置输入提示信息

设置数据有效性后，为了使用户输入数据时能够明确了解输入方法和注意事项，应该在选定单元格时给出提示信息，告诉用户如何输入。设置输入提示信息的操作步骤如下。

步骤1：选定单元格。

步骤2：打开"数据有效性"对话框。

步骤3：设置输入提示信息。单击"输入信息"选项卡，勾选"选定单元格时显示输入信息"复选框；在"标题"和"输入信息"文本框中输入相应内容，如图 2-17 所示。

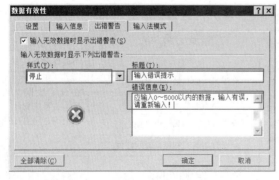

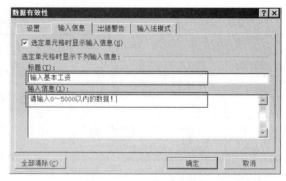

图 2-16　出错警告信息的设置结果　　　　　　　图 2-17　输入提示信息的设置结果

2.4.4 自动更正数据

Excel 提供的"自动更正"功能不仅可以识别输入错误，而且能够在输入时自动更正错误。用户可以利用此功能作为辅助输入手段，来更加准确、快速地输入数据，提高输入效率。例如，将经常输入的词汇定义为键盘上的一个特殊字符，当输入这个特殊字符时，Excel 自动将其替换为所需要的词汇。设置自动更正的操作步骤如下。

步骤 1：打开"Excel 选项"对话框。单击"文件"→"选项"命令，系统弹出"Excel 选项"对话框。

步骤 2：打开"自动更正"对话框。选定对话框左侧的"校对"选项，单击"自动更正选项"区域中的"自动更正选项"按钮，系统弹出"自动更正"对话框。单击"自动更正"选项卡。

步骤 3：设置自动更正内容。在"替换"文本框中输入被替换的字符，在"为"文本框中输入要替换的内容，如图 2-18 所示。单击"添加"按钮，将其添加到对话框下方的列表框中。

步骤 4：完成设置。单击"确定"按钮，关闭"自动更正"对话框。

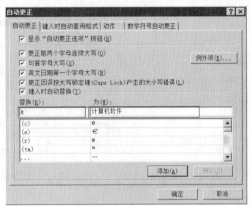

图 2-18　自动更正的设置结果

2.4.5 查找替换数据

在 Excel 中，有时可能需要重复输入很多相同的数据。例如"学生信息"工作表中有"毕业学校"一栏，有多个学生毕业于同一所学校，重复输入效率肯定不高。可以先自定义几个字符临时替代各个学校的名称，待全部数据完成后，再使用查找替换功能，查找临时替代各个学校名称的字符，替换为学校的名称。

查找是将光标定位在与查找数据相符的单元格上，替换是将与查找数据相符的单元格内原有数据替换为新的数据。利用 Excel 提供的查找与替换功能也可以实现多个重复词汇或短语的输入。

1. 常规查找和替换

如果在整个工作表中进行查找，则需要先选定任意一个单元格。如果在某一个区域中进行查找，则需要先选定该区域。选定查找范围后，可按如下步骤进行操作。

步骤 1：打开"查找和替换"对话框。在"开始"选项卡的"编辑"命令组中，单击"查找和替换"→"替换"命令，系统弹出"查找和替换"对话框。

步骤 2：输入查找和替换的内容。在"查找内容"下拉列表框中输入要替换掉的数据，在"替换为"下拉列表框中输入要替换的数据。

步骤 3：查找并替换。若单击"全部替换"按钮，将文档中所有与"查找内容"中相符的单元格的内容全部替换为新内容；若单击"查找下一个"按钮，找到后再单击"替换"按钮，则只替换当前找到的数据。

查找替换功能是一种快速自动修改数据的好方法，尤其对长文档多处进行相同内容的修改时极为方便，并且不会发生遗漏。

直接按【Ctrl】+【H】组合键，可以快速打开"查找和替换"对话框。

2. 更多查找和替换选项

在"查找和替换"对话框中，单击"选项"按钮，可以显示更多查找和替换选项，如图2-19所示。

图2-19　更多的查找和替换选项

对话框中的各选项含义如表2-4所示。

表2-4　　　　　　　　　　　　　　查找替换选项的含义

查找替换选项	含　义
范围	可在下拉列表中选择查找的目标范围，可选择的范围包括"工作表"和"工作簿"
搜索	可在下拉列表中选择查找时的搜索顺序，可选择的顺序有"按行"和"按列"两种
查找范围	可在下拉列表中选择查找对象的类型。在"查找"模式下可以查找"公式""值"和"批注"；在"替换"模式下只有"公式"一种
区分大小写	可选择是否区分英文字母的大小写
单元格匹配	可选择查找的对象单元格是否仅包含需要查找的内容
区分全/半角	可选择是否区分全角和半角字符

除了以上这些选项以外，用户还可以对查找对象的格式进行设定，以求在查找时只包含具备匹配格式的单元格。此外，在替换时也可对替换对象的格式进行设定，使得在替换数据内容的同时更改其单元格格式。

3. 通配符的运用

在 Excel 中，不仅可以根据用户输入的查找内容进行精确查找，也可以使用通配符进行模糊查找。Excel 中的通配符有两个，即星号"*"和问号"？"。

（1）星号"*"：可代替任意数目的字符，可以是单个字符也可以是多个字符。例如，如果查找以"计算机"开头的字符串，可以在"查找内容"框中输入计算机*。

（2）问号"？"：可代替任何单个字符。例如，如果查找以"Ex"开头、"1"结尾的5个字母的单词，则在"查找内容"框中输入 Ex??1。

如果需要查找的字符是"*"或"？"本身而不是它们所代表的通配符，则需要在字符前加上波浪线符号"～"。如果需要查找字符"～"，则需要以两个连续的波浪线"～～"来表示。

2.5 | 导入数据

在日常工作中，常常需要用到其他应用程序已建文档中的数据，这时可以使用 Excel 提供的导入功能，将这些数据直接导入到工作表中，而不必重新输入。在 Excel 中，可以导入的文件类型包括文本文件（.txt）、Access 文件（.accdb）、SQL Server 文件、XML 文件等。

2.5.1 从文本文件导入数据

如果所需数据是以文本形式保存的，但是又希望将其以表格形式打印出来，就可以将其中的数据导入到工作表中。其操作步骤如下。

步骤 1：打开"导入文本文件"对话框。在"数据"选项卡的"获取外部数据"命令组中，单击"自文本"命令，系统弹出"导入文本文件"对话框。

步骤 2：选取导入文件。选择文件所在位置，双击要导入的文件。

步骤 3：确定原始数据类型。在弹出的"文本导入向导"第 1 个对话框中，单击"分隔符号"单选按钮，其他参数保持默认值。单击"下一步"按钮。

步骤 4：选择分隔符号。导入数据的分隔符有"Tab 键""分号""逗号""空格""其他"等。在弹出的"文本导入向导"第 2 个对话框中，根据文本文件中的分隔符进行选择，勾选相应的复选框。单击"下一步"按钮。

步骤 5：确定列数据格式。在弹出的"文本导入向导"第 3 个对话框中，选择列数据格式，然后单击"完成"按钮。

步骤 6：确定数据存放位置。在弹出的"导入数据"对话框中，选择数据存放的位置，然后单击"确定"按钮。

2.5.2 从 Access 数据库导入数据

用户可以将 Access 数据库文件导入到 Excel 中。Excel 与 Access 文件之间的数据转换非常容易，其操作步骤如下。

步骤 1：打开"选取数据源"对话框。在"数据"选项卡的"获取外部数据"命令组中，单击"自 Access"，系统弹出"选取数据源"对话框。

步骤 2：打开导入文件。选择文件所在位置，双击要导入的文件。

步骤 3：确定数据存放位置。如果导入的数据文件中包含多个表，则弹出"选择表格"对话框。在该对话框中选择所需表格，然后单击"确定"按钮，弹出"导入数据"对话框，选择存放数据的位置。如果导入的数据库文件中只有一个表，则直接弹出"导入数据"对话框，选择存放数据的位置。

步骤 4：导入数据。单击"确定"按钮。

2.6 应用实例——输入工资管理基础数据

输入原始数据是工资管理最基础也是工作量最大的工作，如果原始数据输入有误，将直接影响工资的计算。在第1章中，已经建立了“工资管理”工作簿，并输入了部分原始数据，但还有些基础数据尚未输入。这些数据大部分具有一定的规律性，用户可以根据相应数据的特点，灵活运用本章介绍的方法完成输入。

2.6.1 自动填充数据

在“人员清单”和“工资计算”两张工作表中，A部门职工序号第1个字符是“A”，后面两个字符是按顺序排列的，依次为“01”“02”等；B部门与C部门职工序号与A部门职工序号组成相似。对于这样有规律的数据可以使用自动填充的方法快速输入。

1. 输入序号

使用自动填充功能输入职工序号，操作步骤如下。

步骤1：输入A部门第1个职工的序号。在“人员清单”工作表的A2单元格中输入A01，然后单击编辑栏中的“输入”按钮✓，如图2-20所示。

步骤2：填充其他职工的序号。将鼠标移到A2单元格填充柄处，然后拖动鼠标到所需填充的单元格放开，即可填上顺序的序号，如图2-21所示。

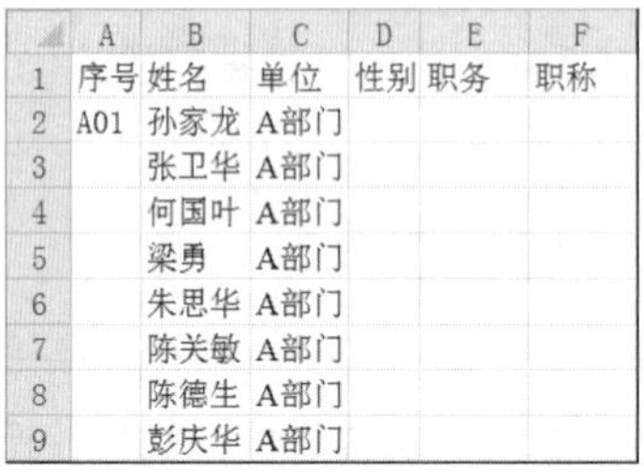

	A	B	C	D	E	F
1	序号	姓名	单位	性别	职务	职称
2	A01	孙家龙	A部门			
3		张卫华	A部门			
4		何国叶	A部门			
5		梁勇	A部门			
6		朱思华	A部门			
7		陈关敏	A部门			
8		陈德生	A部门			
9		彭庆华	A部门			

图2-20　输入序号的第1个数据

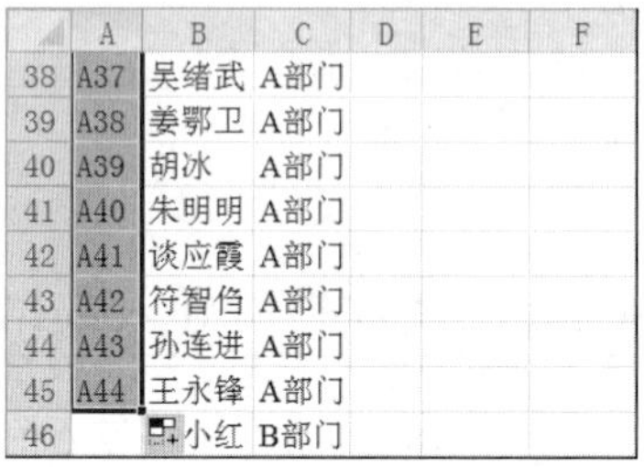

	A	B	C	D	E	F
38	A37	吴绪武	A部门			
39	A38	姜鄂卫	A部门			
40	A39	胡冰	A部门			
41	A40	朱明明	A部门			
42	A41	谈应霞	A部门			
43	A42	符智伯	A部门			
44	A43	孙连进	A部门			
45	A44	王永锋	A部门			
46		小红	B部门			

图2-21　序号的填充结果

步骤3：输入其他部门职工的序号。在A46单元格输入B部门第1个职工的序号B01，然后按照类似的操作步骤将其自动填充到A47:A87单元格。在A88单元格中输入C部门第1个职工的序号C01，然后将其填充到A89:A140单元格。

步骤4：使用相同的方法输入“工资计算”表中的职工序号。

2. 输入交通补贴及物价补贴

分析“工资计算”表可以发现，“交通补贴”列数据均为25；“物价补贴”列数据均为50，并且不是计算得到的。可以使用自动填充功能输入此类数据。其具体操作步骤如下。

步骤1：为“交通补贴”列填入数据25。在H2单元格中输入25，单击编辑栏中的“输入”按钮✓；然后将鼠标移到H2单元格填充柄处，拖动鼠标到所需填充的单元格放开。

步骤2：输入"物价补贴"列数据。在 I2 单元格输入 50，由于"物价补贴"列的相邻列已输入了数据，因此可以将鼠标移到 I2 单元格填充柄处，然后双击鼠标左键，即可将数据填上，如图 2-22 所示。

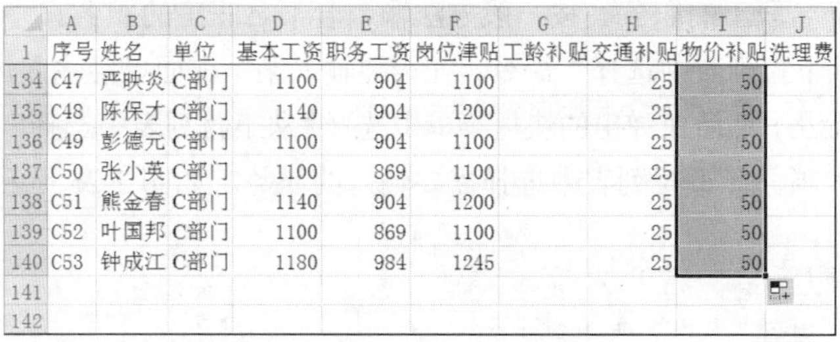

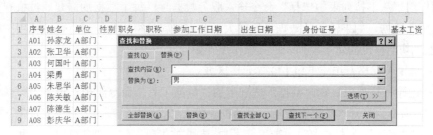

图 2-22　物价补贴数据的填充结果

2.6.2　查找替换数据

在"人员清单"表中，"性别"只有"男""女"两种值，如果逐个输入比较烦琐，可以先用两个容易输入但工作表中没有用到的特殊符号代表，例如用"`"表示"男"，用"\"表示"女"，待全部职工数据输入完毕后，再用 Excel 的替换命令，分别将其替换为"男""女"。查找替换的具体操作步骤如下。

步骤1：选择"性别"数据所在的列。这里单击"D"列标。

步骤2：打开"查找和替换"对话框。在"开始"选项卡的"编辑"命令组中，单击"查找和替换"→"替换"命令，系统弹出"查找和替换"对话框。

步骤3：执行查找替换操作。在"查找内容"框中输入`；在"替换为"框中输入男，如图 2-23 所示，然后单击"全部替换"按钮，即可将指定列中所有的"`"替换为"男"。

图 2-23　查找替换的设置结果

类似地，按上述步骤将"\"替换成"女"。

使用查找替换实现数据输入，一般适用于数据种类不多的情况。当数据种类较多时，每种数据均需要使用一种特殊字符代表，输入时不容易记忆，也容易出现混乱。此时使用下拉列表更为方便。

2.6.3　从下拉列表中选择数据

在"人员清单"表中，"职务""职称"等列数据取自于一组固定值，并且数据种类较多。例如"职务"的取值为"经理""副经理"和"职员"，"职称"的取值为"高工""工程师""技师"和"技术员"。可以通过下拉列表输入此类数据。使用下拉列表有两种途径，一是直接使用 Excel 提供的"从下拉列表中选择"命令；二是使用 Excel 提供的"数据有效性"功能自己创建下拉列表。一般情况下，如果输入的数据不多，采用前一种方法比较方便，否则使用后者更为快捷。下面将分别使用两种方法输入"职务"和"职称"两列数据。

1. 输入职务

使用 Excel 提供的"从下拉列表中选择"命令输入职务数据。其操作步骤如下。

步骤 1：输入若干名职工的职务。按一般方法输入若干名职工的职务。

步骤 2：执行"从下拉列表中选择"命令。在需要输入某个前面已经输入过的职务时，可以直接用鼠标右键单击该单元格，然后在弹出的快捷菜单中选择"从下拉列表中选择"命令，如图 2-24 所示。

步骤 3：选择输入项。在下拉列表中选择需要输入的职务，如图 2-25 所示。

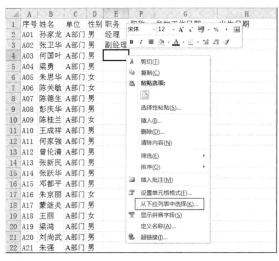

图 2-24　快捷菜单

图 2-25　选择输入项

2. 输入职称

在上面使用"从下拉列表中选择"命令输入职务数据时，每个数据均需要通过执行该命令来选择下拉列表中的数据，如果输入的数据量比较大，此方法就显得较为烦琐，可以使用 Excel 提供的"数据有效性"功能自己创建下拉列表。其操作步骤如下。

步骤 1：选定单元格。选定 F2:F140 单元格区域。

步骤 2：创建下拉列表。在"数据"选项卡的"数据工具"命令组中，单击"数据有效性"→"数据有效性"命令，打开"数据有效性"对话框。单击"设置"选项卡，在"允许"下拉列表中选择"序列"；在"来源"文本框中输入高工,工程师,技师,技术员；勾选"忽略空值"和"提供下拉箭头"复选框，如图 2-26 所示。单击"确定"按钮，关闭"数据有效性"对话框。

步骤 3：输入数据。单击 F2 单元格，单击右侧下拉箭头，从弹出的下拉列表中选择"工程师"，如图 2-27 所示。重复此步骤，完成其他职工数据的输入。

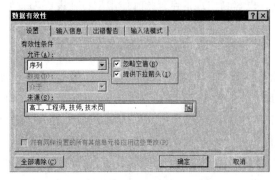

图 2-26　创建下拉列表的设置结果

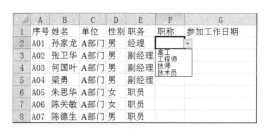

图 2-27　输入结果

2.6.4　设置数据输入范围

Excel 提供的"数据有效性"功能，不仅可以创建下拉列表，通过选择列表中的选项实现输入，还可以设置数据输入的范围，确保输入数据的正确性。在"人员清单"和"工资计算"两张表中，"基本工资""职务工资""岗位津贴"，以及"奖金"等数据均应大于 0。对于这种数据，可以通过设置"数据有效性"来确保其输入范围。下面以"基本工资"为例介绍其设置及输入方法，具体操作步骤如下。

步骤 1：选定单元格区域。选定"人员清单"表中 J2:J140 单元格区域。

步骤 2：设置数据的有效范围。打开"数据有效性"对话框，在"允许"下拉列表中选择"整数"；在"数据"下拉列表中选择"大于"；在"最小值"文本框中输入 0；勾选"忽略空值"复选框。

步骤 3：设置输入提示信息。单击"输入信息"选项卡，勾选"选定单元格时显示输入信息"复选框；在"标题"文本框中输入提示；在"输入信息"文本框中输入请输入大于 0 的数据！。

步骤 4：设置出错警告信息。单击"出错警告"选项卡，勾选"输入无效数据时显示出错警告"复选框；在"样式"下拉列表中选择"停止"；在"标题"文本框中输入出错警告；在"输入信息"文本框中输入应输入大于 0 的数据，请重新输入！。

步骤 5：完成设置。单击"确定"按钮，关闭"数据有效性"对话框。

步骤 6：输入数据。选定 J2 单元格，此时显示输入提示信息，如图 2-28 所示。如果输入-1，将弹出"出错提示"对话框，如图 2-29 所示。单击"重试"按钮，输入 2060，然后输入其他数据。

图 2-28　输入提示信息

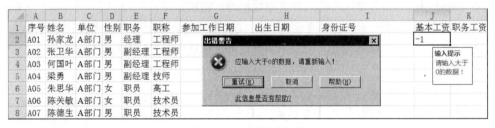

图 2-29　出错警告信息

2.6.5　输入特殊数据

在"人员清单"表中包含了"参加工作日期""出生日期""身份证号"等内容。在 Excel 中，输入此类数据需要特别注意输入格式。

1. 输入参加工作日期

在输入日期型数据时，应该尽量采用简便的方法。比如，输入当年的日期可以只输入月-日，Excel 会自动添加当年的年份。例如，当年年份是 2016，当输入 1-1 时，Excel 存入的实际数据是"2016-1-1"。不是当年的数据，则需要输入年份，但是一般只需输入后两位即可，Excel 会自动添加世纪数据。例如，输入 08-8-8，Excel 存入的实际数据是"2008-8-8"，而输入 99-4-10，Excel 存入的实际上是"1999-4-10"。但是，如果要输入 1930 年以前的日期，年份必须输入完整。例如，应输入 1926-12-19，如果输入 26-12-19，Excel 会将其按"2026-12-19"处理。

按照上述方法，在 G2:G140 中输入"参加工作日期"时，如果是当年日期，输入月-日即可；如果是 1930 年以后的日期，年份可以只输入年的后两位。

2．输入身份证号码

在输入"身份证号"数据时应注意，将其转换为文本型数据。按照前面介绍的方法，在输入时，可以在数据前面加一个半角单引号，即输入'×××××××××××××××××（注：这里"×"代表 0～9 之间的一位数字），强制 Excel 按字符型数据处理；也可以预先设置有关列的单元格格式分类为"文本"，这样直接输入数值型数据也都会按文本处理。

由于"人员清单"表中职工人数较多，待输入的身份证号码数据量比较大，因此采用第二种方法输入比较方便。其操作步骤如下。

步骤 1：设置"文本"格式。选定 I2:I140 单元格区域，按【Ctrl】+【1】组合键，打开"设置单元格格式"对话框。单击"数字"选项卡，在"分类"列表框中选择"文本"。然后单击"确定"按钮。

步骤 2：输入身份证号码。在 I2:I140 单元格区域中，依次输入职工的身份证号码。

习　　题

一、选择题

1．在 Excel 中，处理并存储数据的基本单位是（　　　）。

　　A．工作簿　　　　　　B．工作表　　　　　　C．单元格　　　　　　D．活动单元格

2．在 Excel 中，为当前单元格输入数值型数据时，默认为（　　　）。

　　A．左对齐　　　　　　B．右对齐　　　　　　C．居中对齐　　　　　D．随机

3．在 Excel 中，当鼠标形状变为（　　　）时，可以拖动鼠标进行自动填充操作。

　　A．空心粗十字　　　　　　　　　　　B．向左上方箭头

　　C．实心细十字　　　　　　　　　　　D．向右上方箭头

4．在 Excel 中，日期型数据"2016 年 4 月 23 日"的正确输入形式是（　　　）。

　　A．2016-4-23　　　B．2016,4,23　　　C．2016.4.23　　　D．2016:4:23

5．若在某单元格内显示数据 01065971234，正确的输入方式是（　　　）。

　　A．01065971234　　　　　　　　　B．'01065971234

　　C．=01065971234　　　　　　　　　D．"01065971234 "

6．在数值单元格中出现了一连串的"#"符号，如果希望正常显示，则需要完成的操作是（　　　）。

　　A．删除这些符号　　　　　　　　　B．重新输入数据

　　C．删除该单元格　　　　　　　　　D．调整单元格宽度

7．在 A1 单元格内输入一月，然后拖动该单元格填充柄至 A2，则 A2 单元格中的数据是（　　　）。

　　A．一月　　　　　　B．二月　　　　　　C．一　　　　　　D．二

8．定义和编辑自定义序列，应使用的选项卡是（　　　）。

    A．开始　　　　　　B．插入　　　　　　C．审阅　　　　　　D．文件

9．在多个单元格中输入相同数据的操作是：先选定需要输入数据的单元格，并输入相应数据，然后按下（　　　）。

    A．【Enter】键　　　　　　　　　　　B．【Ctrl】+【Enter】键

    C．【Tab】键　　　　　　　　　　　　D．【Ctrl】+【Tab】键

10．快速打开"查找和替换"对话框的组合键是（　　　）。

    A．【Ctrl】+【T】　　　　　　　　　B．【Ctrl】+【A】

    C．【Ctrl】+【O】　　　　　　　　　D．【Ctrl】+【H】

二、填空题

1．在 Excel 工作表中，可选择多个相邻或不相邻的单元格或单元格区域，其中当前单元格的数目是＿＿＿＿＿＿＿个。

2．数据有效性是为一个特定的单元格或单元格区域定义可以接收数据的范围的工具，这些数据可以是数字序列、日期、时间、文本长度等，也可以是＿＿＿＿＿＿＿。

3．在 Excel 的单元格内输入日期时，年、月、日之间的分隔符可以是"/"或"＿＿＿＿＿＿＿"。

4．在 Excel 表中，要选定不相邻的单元格，应使用＿＿＿＿＿＿＿键配合鼠标进行操作。

5．为确保输入的 18 位身份证号码正常显示在单元格中，输入身份证号码之前，应先输入一个＿＿＿＿＿＿＿字符。

三、问答题

1．Excel 中的基本数据类型有几种？各自的特点是什么？

2．怎样判断输入的数据是何种类型？

3．快速输入数据的方法有几种？各自的特点是什么？

4．现有一张工作表，如图 2-30 所示，其中已经输入了部分数据。假设部门名为"计算中心"，输入"部门"所有数据最快捷、简单的方法是什么？叙述所用方法。

5．保证输入数据的有效性应从哪几方面入手？

	A	B
1	序号	部门
2	A01	
3	A02	
4	A03	
5	A04	
6	A05	
7	A06	
8	A07	
9	A08	
10	A09	
11	A10	

图 2-30　原始数据

实　　训

1．使用自动填充数据的方法，输入图 2-31 所示内容。

2．对第 1 章实训中创建完成的"工资管理.xlsx"工作簿进行以下操作。

	A	B	C	D	E
1	1	第一季度	星期一	1	2016/2/1
2	2	第二季度	星期二	41	2016/3/1
3	3	第三季度	星期三	81	2016/4/1
4	4	第四季度	星期四	121	2016/5/1
5	5	第一季度	星期五	161	2016/6/1
6	6	第二季度	星期六	201	2016/7/1
7	7	第三季度	星期日	241	2016/8/1

图 2-31　待填充的数据

（1）撤销对"工资管理"工作簿的保护。

（2）分析图 2-32 所示的数据特点，选择自动填充、下拉列表、数据有效性、查找和替换、或自动更正等方法将数据输入到"工资管理"工作簿的"工资"工作表中。

要求：基本工资只允许输入 1000～2500 之间的数据；驻外补贴只允许输入 30～500 之间的数据。

工号	姓名	部门	岗位	基本工资	奖金	行政工资	交通补贴	驻外补贴	应发工资	养老保险	医疗保险	失业保险	其他	扣款合计	实发工资
A01	孙家龙	销售部	经理	2100			200	500					0		
A02	张卫华	销售部	副经理	1800			200	300					0		
A03	朱思华	销售部	职员	1400			200	300					100		
A04	陈关敏	销售部	职员	1600			200	300					0		
A05	陈德生	销售部	职员	1800			200	100					0		
A06	张新民	销售部	副经理	1700			200	30					0		
A07	张跃华	销售部	职员	1400			200	50					0		
A08	邓都平	销售部	职员	1600			200	70					0		
A09	张鹏	销售部	职员	1600			200	70					0		
A10	符智俊	销售部	职员	1600			200	70					0		
A11	孙连进	销售部	职员	1800			200	100					0		
A12	王永锋	销售部	职员	1800			200	100					0		
B01	周小红	市场部	职员	1600			200	300					0		
B02	钟洪成	市场部	副经理	1700			200	50					0		
B03	陈文坤	市场部	经理	2100			200	100					0		
B04	刘宇	市场部	副经理	1900			200	50					0		
B05	张大贞	市场部	职员	1700			200	100					0		
B06	李河光	市场部	副经理	1800			200	100					100		
B07	张伟	市场部	职员	1600			200	70					0		
B08	陈德辉	市场部	职员	1600			200	70					0		
B09	周立新	市场部	职员	1700			200	100					0		
B10	罗敏	市场部	职员	1400			200	50					0		
B11	陈静	市场部	职员	1300			200	30					0		
B12	周建兵	市场部	职员	1400			200	50					0		
B29	汪荣忠	市场部	职员	1600			200	70					0		
B30	黄勇	市场部	职员	1300			200	30					0		
B31	夏存银	市场部	职员	1600			200	70					0		
B32	袁宏兰	市场部	职员	1400			200	50					0		
B33	周金明	市场部	职员	1600			200	70					0		

图 2-32 "工资"表的部分数据

编辑工作表 | 第3章

内容提要

本章主要介绍 Excel 环境下当前处理对象的选定、复制、移动以及删除、插入、修改等基本编辑操作。编辑操作是实际应用中最基本的操作，在工作表的制作过程中，编辑操作是必不可少的环节。

主要知识点

- 选定当前操作对象
- 增加、修改、清除单元格数据
- 复制、移动单元格数据
- 插入删除行、列或单元格
- 合并单元格
- 插入、删除、移动、复制工作表
- 保护工作表

在实际工作中，表格数据可能会经常发生变动，此时就需要对建好的工作表进行各种编辑操作，如修改数据、行列的删除、插入等。编辑操作属于最基本的操作，Excel 具有丰富、便捷的编辑功能。本章将介绍如何在 Excel 环境下实现工作表的编辑操作。

3.1 选定当前对象

对工作表中的数据进行编辑处理之前，需要先选定它，使其成为当前能够处理的对象。有关选定单元格及单元格区域的方法已在第 2 章中介绍，下面介绍选定其他处理对象的方法。

3.1.1 选定行或列

选定一个工作表的行或列的操作主要有以下几种。

1. 选定一行或一列

单击某一行的行号，可以选定整行；单击某一列的列标，可以选定整列。被选定的部分高亮显示。

2. 选定连续的行或列

同选定单元格区域一样，可以根据要选定的行范围或列范围的大小，选择相应的方法。

（1）使用鼠标。将鼠标指针指向起始行的行号，拖动鼠标到结束行的行号，释放鼠标即可选定鼠标扫过的若干行；同样在列标中拖动鼠标即可选定连续的若干列。

（2）使用键盘。首先选定第 1 行或第 1 列，然后按住【Shift】键，使用方向键或者【Home】键、【End】键、【PgUp】键、【PgDn】键来扩展选定的行列区域。

（3）使用鼠标和键盘。首先选定第 1 行或第 1 列，然后按住【Shift】键选定最后一行或最后一列。

3．选定不连续的行或列

先选定第 1 个行或列，然后按住【Ctrl】键，再逐个单击要选定的其他行号或列标。

4．选定整张工作表

在每张工作表左上角行号和列标交叉处，有一个"全选"按钮，如图 3-1 所示。单击"全选"按钮或按【Ctrl】+【A】组合键，即可选定整张工作表。

图 3-1 "全选"按钮

3.1.2 选定当前工作表

在 Excel 中，可以同时打开多个工作簿，每个工作簿包含多张工作表，但要对某张工作表进行操作，首先要选定该表，使其成为当前工作表。当前工作表的标签底色为白色。

选定工作表的方法有多种，可以根据不同情况采用不同的方法。

（1）使用鼠标。将鼠标定位到所需工作表标签上，单击鼠标左键。

（2）使用快捷菜单命令。使用鼠标右键单击标签滚动按钮，在弹出的快捷菜单中单击所需要的工作表标签。

（3）使用快捷键。按【Ctrl】+【PgDn】组合键选定下一张；按【Ctrl】+【PgUp】组合键选定上一张。

3.1.3 设置工作表组

如果需要创建或编辑的多张工作表中数据具有相同性质或类似格式，可利用 Excel 提供的工作表组功能来操作。

当同时选定了多张工作表时，在工作簿的标题栏上会出现"工作组"字样，此时即设置了工作表组。设置了工作表组后，当前操作的结果将不仅作用于本工作表，而且会作用于工作表组的所有工作表。

1．选定多张连续工作表

单击第 1 张工作表标签后，按住【Shift】键，再单击所要选择的最后一张工作表标签，可选定多张相邻的工作表。

2．选定多张不连续工作表

单击第 1 张工作表的标签后，按住【Ctrl】键，再分别单击其他工作表标签，可选定多张不相邻的工作表。

3．选定工作簿中的所有工作表

用鼠标右键单击某工作表标签，在弹出快捷菜单中选择"选定全部工作表"命令，可选定工作簿中所有的工作表。

如果要取消工作表组，可单击工作簿中任意一个未选定的工作表标签，或用鼠标右键单击某个选定的工作表标签，在弹出的快捷菜单中选择"取消组合工作表"命令。

3.2 编辑数据

随着时间的推移，工作表中的数据可能会发生变化，此时就需要对数据进行编辑、移动、清除等操作。

3.2.1 修改数据

通常，修改数据的方法有两种：通过编辑栏修改或在单元格内直接修改。

1. 通过编辑栏修改

通过编辑栏修改数据的操作步骤如下。

步骤1：进入编辑状态。选择要修改数据的单元格，然后单击编辑栏或按【F2】键，在编辑栏内出现一竖线插入点光标。

步骤2：修改数据。在编辑栏内移动光标，对数据进行插入或修改操作。

步骤3：确认修改。单击编辑栏上的"输入"按钮✔或按【Enter】键确认修改，退出编辑状态。

2. 在单元格内直接修改

步骤1：进入单元格编辑状态。双击要修改数据的单元格使其处于编辑状态。此时单元格中出现一竖线插入点光标。

步骤2：修改数据。移动光标，对数据进行插入或修改操作。

步骤3：确认修改。按【Enter】键确认修改，退出单元格编辑状态。

3.2.2 清除数据

在编辑工作表的过程中，有时只需要清除单元格中存储的数据、格式或批注等内容，而单元格的位置仍然保留，此时可以执行"清除"操作。清除数据的方法主要有两种：使用清除命令操作和使用鼠标快捷操作。

1. 使用清除命令操作

其操作步骤如下。

步骤1：选定清除区。选择要进行清除操作的单元格或单元格区域。

步骤2：执行清除操作。在"开始"选项卡的"编辑"命令组中，单击"清除"命令，弹出"清除"下拉菜单，如图3-2所示。在菜单中选择需要的命令，即可完成操作。

图3-2　"清除"菜单

如果只是清除内容，可以在选择了要进行清除操作的单元格或单元格区域后，按【Delete】键或【Backspace】键；或单击鼠标右键，在弹出的快捷菜单选择"清除内容"命令。

2. 使用鼠标快捷操作

步骤1：选定清除区。选择要进行清除操作的单元格或单元格区域。

步骤2：执行清除操作。将鼠标指针指向填充柄，当鼠标指针变为实心的"+"时，反向拖曳选择清除区，使清除区变为灰色阴影，释放鼠标。

3.2.3　移动与复制数据

有时需要将表格中的数据移动、复制到合适的其他位置，这些操作可以通过多种方式实现。

1. 移动或复制数据

移动或复制数据的方法基本相同，主要有以下几种方法。

（1）使用鼠标。

步骤1：选定目标区域。选定将被移动或复制的单元格或单元格区域。

步骤2：拖曳鼠标。将鼠标指针指向区域边框，鼠标指针由原来的空心十字变为十字箭头形状，拖曳鼠标，一个与被移动区同样形状大小的灰色线框会随着鼠标指针移动，显示将被移动到的区域。

步骤3：释放鼠标。到达目标位置后，释放鼠标即可完成单元格的移动。如果要实现单元格的复制，只需在释放鼠标之前按【Ctrl】键即可。

可以在移动和复制单元格或单元格区域时，用鼠标右键拖动选定区域，当释放鼠标右键时弹出一个快捷菜单，显示当前对于移动和复制操作的所有可用的命令，从中选取所需的命令，即可完成移动或复制操作。

（2）使用"剪切""复制""粘贴"命令。当目标区域与被移动或复制数据区域距离较远时，使用鼠标操作不太方便，可以使用命令方式。

步骤1：选定数据源。选定将被移动或复制的单元格或单元格区域。

步骤2：执行"剪切"或"复制"操作。在"开始"选项卡的"剪贴板"命令组中，单击"剪切"命令，或按【Ctrl】+【X】组合键，或选择右键快捷菜单中的"剪切"命令，可实现"剪切"操作；如果要实现单元格的复制则单击"开始"选项卡"剪贴板"命令组中的"复制"命令，或按【Ctrl】+【C】组合键，或选择右键快捷菜单中的"复制"命令。被剪切区或复制区周围出现一个闪烁的虚线框，表明已将所选内容放入剪贴板中。

步骤3：选定目标区域。选定目标区左上角的单元格。

步骤4：执行"粘贴"操作。按【Enter】键，或在"开始"选项卡的"剪贴板"命令组中，单击"粘贴"命令，或按【Ctrl】+【V】组合键，或选择右键快捷菜单中的"粘贴"命令，完成粘贴操作。

在进行复制操作时，若被复制区周围闪烁的虚线框存在，则表明可以继续进行粘贴操作；双击其他单元格或按【Esc】键，可取消虚线框。

（3）使用"Office 剪贴板"实现复制操作。Office 2010 中的剪贴板可以收集多达 24 项剪贴板信息，用户可以方便地用复制命令将若干个对象复制到剪贴板中，然后在任何时候将剪贴板中的对象粘贴到任何 Office 文档中。

使用"Office 剪贴板"实现复制操作的操作步骤如下。

步骤 1：打开"剪贴板"任务窗格。单击"开始"选项卡"剪贴板"命令组右下角的对话框启动按钮，打开"剪贴板"任务窗格。

步骤 2：复制项目到"Office 剪贴板"。选定要复制的单元格或单元格区域，然后执行"复制"命令。

步骤 3：粘贴"Office 剪贴板"中的项目。选定预定目标区左上角的单元格，单击剪贴板中要粘贴的项目。

 "Office 剪贴板"与系统剪贴板有所不同，当向"Office 剪贴板"中复制多个项目时，所复制的最后一项将被复制到系统剪贴板上。用"粘贴"命令时，所粘贴的是系统剪贴板的内容。当清空"Office 剪贴板"时，系统剪贴板也将同时被清空。

2. 选择性粘贴

在用复制与粘贴命令复制单元格数据时，包含了单元格的全部信息。如果希望有选择地复制单元格的数据，如只对单元格中的公式、格式或数值等进行复制，可以在执行"粘贴"命令时，单击"粘贴"按钮下方的下拉箭头，从弹出的粘贴选项中选择所需选项，如图 3-3 所示。

图 3-3　粘贴选项

还可以在执行了"粘贴"命令后，单击目标区域右下角的"粘贴选项"智能标记，在弹出的粘贴选项中进行选择性粘贴，如图 3-4 所示。

如果希望对粘贴方式进行更详细的设置，可以用"选择性粘贴"命令实现。其操作步骤如下。

步骤 1：对选定区域执行复制操作并指定粘贴目标区域。

步骤 2：打开"选择性粘贴"对话框。在图 3-3 所示的粘贴选项列表中选择"选择性粘贴"命令，弹出"选择性粘贴"对话框，如图 3-5 所示。

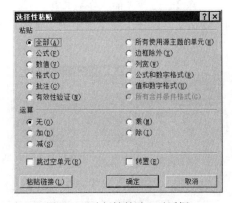

图 3-4　"粘贴选项"智能标记　　　　图 3-5　"选择性粘贴"对话框

步骤 3：设置粘贴方式。在对话框中指定需要粘贴的方式，单击"确定"按钮。

"选择性粘贴"命令对使用"剪切"命令定义的区域不起作用。

3.3 | 编辑单元格

在对工作表进行操作的过程中，由于某种原因经常需要在制作好的工作表中插入、删除单元格或者行和列，有时还需要将跨越几行或几列的多个单元格合并为一个单元格，以适应业务变化的需要。本节重点介绍这些操作。

3.3.1 插入整行、整列或单元格

插入操作是为了在已经制作好的工作表中添加一些数据，通常有以下几种形式。

1. 插入有内容的单元格

其操作步骤如下。

步骤 1：执行复制。选定有内容的单元格或单元格区域，按【Ctrl】+【C】组合键。

步骤 2：选定目标区域。选定目标区域左上角的单元格或整个目标区域。

步骤 3：打开"插入粘贴"对话框。在"开始"选项卡的"单元格"命令组中，单击"插入"右侧的下拉按钮，选择下拉菜单中的"插入复制的单元格"命令，弹出"插入粘贴"对话框，如图3-6所示。

步骤 4：设置插入方式。根据需要选中"活动单元格右移"或"活动单元格下移"单选按钮，单击"确定"按钮，即可将目标区域中的原有数据按选定方向移开，以容纳复制进来的数据。

2. 插入空单元格

如果要在工作表中插入空单元格，比如在建立工作表数据时漏输了某项内容现在需要添加，则可采用如下操作步骤实现。

步骤 1：选定需要插入单元格的位置。

步骤 2：打开"插入"对话框。在"开始"选项卡的"单元格"命令组中，单击"插入"右侧的下拉按钮，选择下拉菜单中的"插入单元格"命令，弹出"插入"对话框，如图3-7所示。

图 3-6 "插入粘贴"对话框

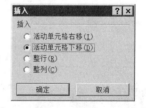

图 3-7 "插入"对话框

步骤 3：设置插入方式。根据需要选择活动单元格的移动方向，然后单击"确定"按钮。

选中单元格或单元格区域，按住【Shift】键，将鼠标移到所选区域的右下角，变为双向箭头形状后拖曳鼠标，可以沿拖曳方向在拖曳区域快速插入空单元格。

3. 插入行或列

如果需要插入整行或整列，可按以下步骤进行操作。

步骤1：选定插入位置。选定需要插入行或列中的任意一个单元格或整行、整列。

步骤2：执行插入操作。在"开始"选项卡的"单元格"命令组中，单击"插入"右侧的下拉按钮，选择下拉菜单中的"插入工作表行"或"插入工作表列"命令，则在当前行上方或当前列左侧插入新行或新列。

插入整行、整列或空单元格时，如果插入位置的周围单元格设置了格式，执行插入操作后将出现格式刷式样的"插入选项"智能标记按钮 ⌘▾。单击该智能标记按钮弹出下拉列表，从中选择"与上面（左边）格式相同""与下面（右边）格式相同"及"清除格式"单选项，可以为插入的单元格、单元格区域、行或列设置格式。

如果要插入多行或多列，可以选定需要插入的新行之下的若干行或新列右侧的若干列（可以是连续的，也可以是不连续的），然后执行插入行或列的操作。

3.3.2 删除整行、整列或单元格

删除操作和清除操作不同。删除单元格是将单元格从工作表中删掉，包括单元格中的全部信息；清除单元格只是去除单元格中存储的数据、格式或批注等内容，而单元格的位置仍然保留。前面 3.2.2 小节已经介绍了清除操作，本小节介绍删除操作。

1. 删除单元格或单元格区域

删除单元格或单元格区域的方法主要有两种：使用删除命令和使用鼠标操作。

（1）使用删除命令。其操作步骤如下。

步骤1：选定要删除的单元格或单元格区域。

步骤2：打开"删除"对话框。在"开始"选项卡的"单元格"命令组中，单击"删除"右侧的下拉按钮，选择下拉菜单中的"删除单元格"命令，或者用鼠标右键单击删除位置所在的单元格，在弹出的快捷菜单中选择"删除"命令，弹出"删除"对话框，如图 3-8 所示。

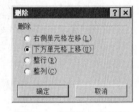

图 3-8 "删除"对话框

步骤3：设置删除方式。根据需要选择被删除单元格右侧的单元格左移，还是下方的单元格上移，然后单击"确定"按钮，完成删除操作。

（2）使用鼠标快捷操作。选择要删除的单元格或单元格区域，将鼠标指针指向填充柄，当鼠标指针变成实心的"+"时，按住【Shift】键反向拖曳，使所选区域变为灰色阴影，释放鼠标，选定的单元格、单元格区域、行或列将被删除。

2. 删除行或列

实现行或列的删除，可以采用以下两种方法。

（1）删除选定单元格或单元格区域所在的行或列。在图 3-8 所示的"删除"对话框中，若选择"整行"，则删除当前单元格区域所在行；若选择"整列"，则删除当前单元格区域所在列。

（2）删除选定的行或列。选定要删除的行或列，然后在"开始"选项卡的"单元格"命令组中，单击"删除"命令，或在"删除"下拉菜单中选择"删除工作表行"或"删除工作表列"命令；也可以用鼠标右键单击选定的行或列，在弹出的快捷菜单中选择"删除"命令完成删除操作。

3.3.3 合并单元格

所谓合并单元格是指将跨越几行或几列的多个单元格合并为一个单元格。单元格合并后，Excel将把选定区域左上角的数据放入合并后所得到的合并单元格中，合并前左上角单元格的引用为合并后单元格的引用。

实现合并单元格，可以采用以下两种方法。

（1）使用命令。

例如，在图3-4所示的表格中，A1:E1进行了单元格合并，实现合并的操作步骤如下。

步骤1：选定要合并的单元格区域A1:E1。

步骤2：在"开始"选项卡的"对齐方式"命令组中，单击"合并后居中"右侧的下拉按钮，选择下拉菜单中"合并后居中"命令，或直接单击"合并后居中"命令。

（2）使用"设置单元格格式"对话框。

步骤1：选定要合并的单元格区域A1:E1。

步骤2：打开"设置单元格格式"对话框。单击"开始"选项卡的"对齐方式"命令组右下角的对话框启动按钮，弹出"设置单元格格式"对话框，如图3-9所示。

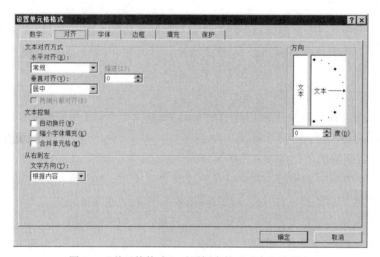

图3-9 "单元格格式"对话框中的"对齐"选项卡

步骤3：设置合并参数。选定"文本控制"中的"合并单元格"复选框，再按需要选择水平对齐及垂直对齐方式。

步骤4：进行合并确认。单击"确定"按钮。若合并的区域中含有多个单元格数据，则弹出警告对话框，如图3-10所示。单击警告对话框中的"确定"按钮则执行合并操作；单击"取消"按钮则取消合并操作。

图3-10 合并单元格的警告对话框

被合并的单元格区域只能是相邻的若干个单元格。

3.4 | 操作工作表

通常，一个工作簿由多张工作表组成。用户可以根据需要随时插入、删除、移动和重命名工作表来重新组织工作簿。

3.4.1 重命名工作表

当新建一个工作簿时，每一张工作表的默认名称为 Sheet1，Sheet2，…它们是由系统默认提供的。用户可以根据自己的需要，为工作表重新命名。重命名工作表主要采用以下两种方法。

1. 使用鼠标操作

步骤1：双击要命名的工作表标签，工作表标签反白显示。

步骤2：在标签上直接输入新的工作表名称，或再单击该标签的某一处出现插入光标后进行修改。

2. 使用命令操作

步骤1：选择要命名的工作表。

步骤2：执行重命名工作表操作。在"开始"选项卡的"单元格"命令组中，单击"格式"→"重命名工作表"命令，工作表标签反白显示，输入新的工作表名称。

3.4.2 插入与删除工作表

默认情况下，新创建的工作簿由 3 张工作表组成，用户可以根据需要插入或删除工作表。

1. 插入工作表

如果要在某张工作表之前插入一张空白工作表，需要先选定该工作表，然后在"开始"选项卡的"单元格"命令组中，单击"插入"→"插入工作表"命令，即可在所选取的工作表之前插入一张新的空白工作表。新插入的工作表成为当前工作表，并自动采用默认名称，可以根据需要重新命名。

2. 删除工作表

当不再需要某张工作表时，可以删除此表。其操作步骤如下。

步骤1：选定所要删除的工作表为当前工作表。

步骤2：执行删除工作表操作。在"开始"选项卡的"单元格"命令组中，单击"删除"→"删除工作表"命令，如果工作表中有数据则出现警告对话框，如图 3-11 所示。用户可根据需要删除或取消。

图 3-11 警告对话框

删除的工作表不可恢复。

也可用鼠标右键单击工作表标签，弹出有关工作表操作的快捷菜单，在快捷菜单中选择"插入"或"删除"命令，完成工作表的插入或删除等操作。

3.4.3 移动与复制工作表

1. 移动工作表

一个工作簿中的工作表是有前后次序的，可以通过移动工作表来改变它们的次序。移动工作表主要有以下两种方法。

（1）使用鼠标。将鼠标指针指向要移动的工作表标签，按下鼠标左键，此时鼠标指针变成带有一页卷角的表的图标，同时旁边的黑色倒三角用以指示移动的位置，如图3-12所示。拖动鼠标到达需要的位置之后，释放鼠标即可完成对工作表的移动。

（2）使用命令。选择需要移动的工作表，在"开始"选项卡的"单元格"命令组中，单击 "格式"→"移动或复制工作表"命令，或在右键快捷菜单中选择"移动或复制"命令，打开"移动或复制工作表"对话框，如图3-13所示。在该对话框中选择目标位置，然后单击"确定"按钮完成移动操作。

图3-12 鼠标拖曳移动工作表

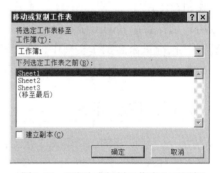

图3-13 "移动或复制工作表"对话框

如果在"移动或复制工作表"对话框的"工作簿"下拉列表中选择"新工作簿"，则Excel自动新建一个工作簿，并将选定的工作表移到该工作簿中。

2. 复制工作表

如果需要添加的工作表与现有的某个工作表十分相似，那么采用复制工作表的方法可以快速地建立所需的工作表。复制工作表的操作非常简单，常用以下两种方法。

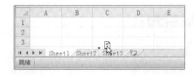

图3-14 鼠标拖曳复制工作表

（1）使用鼠标拖曳。将鼠标指针指向被移动的工作表标签，按下【Ctrl】键，按下鼠标左键，此时鼠标指针变成十字形的图标，同时旁边的黑色倒三角用以指示工作表的复制位置，如图3-14所示。拖动鼠标到达目标位置后释放鼠标，再放开【Ctrl】键，即可完成对工作表的复制。

复制所得的工作表的名称由 Excel 自动命名,规则是在源工作表名后加上一个带括号的编号,编号表示为源工作表的第几个副本。

(2)使用命令。选择需要复制的工作表,在"开始"选项卡的"单元格"命令组中,单击"格式"→"移动或复制工作表"命令,或在右键快捷菜单中选择"移动或复制"命令,打开"移动或复制工作表"对话框。在该对话框中选择目标位置,并且勾选"建立副本"复选框,然后单击"确定"按钮。

3.4.4 隐藏或显示工作表

有时需要隐藏工作表,以保护某些重要的资料。

1. 隐藏工作表

选定需要隐藏的工作表,在"开始"选项卡的"单元格"命令组中,单击 "格式"→"隐藏和取消隐藏"→"隐藏工作表"命令,即可隐藏该工作表。

工作表被隐藏后不可见,但仍然处在打开状态,可以被其他工作表访问。

2. 取消隐藏工作表

如果要显示被隐藏的工作表,可按如下步骤进行操作。

步骤1:打开"取消隐藏"对话框。在"开始"选项卡的"单元格"命令组中,单击"格式"→"隐藏和取消隐藏"→"取消隐藏工作表"命令,弹出"取消隐藏"对话框,如图3-15所示。

步骤2:执行取消隐藏操作。选择要取消隐藏的工作表,然后单击"确定"按钮。

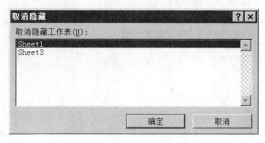

图3-15 "取消隐藏"对话框

3.4.5 保护工作表

为了防止他人使用工作表,或者为了防止无意中修改、删除或移动工作表等操作,可以使用 Excel 的保护工作表功能。

1. 保护工作表的方法

保护工作表的具体操作与保护工作簿相似,操作步骤如下。

步骤1:选定要保护的工作表。

步骤2:打开"保护工作表"对话框。在"审阅"选项卡的"更改"命令组中,单击"保护工作表"命令,或者在"开始"选项卡的"单元格"命令组中,单击 "格式"→"保护工作表"命令,或者右键单击要进行保护的工作表的标签,在快捷菜单中选取"保护工作表"命令,均可弹出"保护工作表"对话框,如图3-16所示。

步骤3:设置保护内容。在"保护工作表"对话框中,勾选"保护工作表及锁定的单元格内容"复选框,在"取消工作表保护时使用的密码"文本框中输入密码,在"允许此工作表的所有用户进行"列表框中，勾选允许用户所用的选项，然后单击"确定"按钮；在弹出的"确认密码"对话框中再次输入相同的密码，单击"确定"按钮。

如果需要撤销对工作表的保护，可以单击"审阅"选项卡"更改"命令组中的"撤销工作表保护"命令，在弹出的"撤销工作表保护"对话框的"密码"文本框中输入设置的密码，单击"确定"按钮即可。

2. 单元格保护

在工作表处于被保护状态时，工作表中的所有单元格都默认锁定被保护，不能进行删除、清除、移动、编辑和格式化等操作。如果只是一部分单元格需要保护，其他单元格不需要保护，只要将不需要保护的单元格取消锁定，然后再设置工作表保护即可。其操作步骤如下。

步骤1：撤销单元格锁定。选定要撤销保护的单元格或单元格区域，然后在"开始"选项卡的"单元格"命令组中，单击"格式"→"设置单元格格式"命令，在打开的"设置单元格格式"对话框中单击"保护"选项卡，取消"锁定"复选框的勾选，如图3-17所示。单击"确定"按钮。

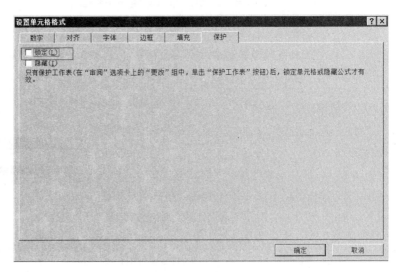

图3-16 "保护工作表"对话框   图3-17 取消"锁定"设置

步骤2：设置工作表保护。

注意 必须先进行单元格保护设置，然后再执行工作表保护操作，只有在工作表保护状态下，单元格保护才生效。

3.5 应用实例——维护人事档案表

在第1章中已经建立了"档案管理"工作簿，由于档案管理工作簿中的"人事档案"工作表是由两人分别输入的，表列顺序是按照两人的分工次序排列的，现在需要做适当的调整。本节将通过Excel的基本编辑功能实现对"人事档案"工作表的调整维护。

3.5.1 复制工作表

首先将第 1 章中完成的"人事档案"工作表复制一份。其具体操作步骤如下。

步骤 1：复制工作表。单击"人事档案"标签。在按住【Ctrl】键的同时，将"人事档案"工作表标签拖曳到右边空白处。这时会将拖曳的工作表复制一份，其名称是"人事档案（2）"。

步骤 2：重命名工作表。双击"人事档案（2）"工作表标签，将其改名为"人事档案调整"。

3.5.2 表列的调整

根据要求，需要将"人事档案调整"中的部门、职务、职称等字段信息适当左移。根据本章讲解的内容，有很多方法可以进行表列的移动。大部分用户常常选择通过剪切命令实现表列的调整，但这并不是最简单的方法，首先要在目标位置插入列，然后通过剪切、粘贴命令执行移动操作，最后还要将移动操作后遗留的空白列删除。下面通过插入剪切操作及鼠标拖曳操作实现表列的调整。

（1）通过插入剪切操作实现表列的调整。现要将"部门"列移到"姓名"列之前，可以通过对列的插入剪切操作实现。其具体操作步骤如下。

步骤 1：剪切"部门"列。选定 H 列，在"开始"选项卡的"剪贴板"命令组中，单击"剪切"命令，或直接按【Ctrl】+【X】组合键，也可用鼠标右键单击该区域，在弹出的快捷菜单中单击"剪切"命令。

步骤 2：插入"部门"列。用鼠标右键单击 B 列列标或 B1 单元格，在弹出的快捷菜单中选择"插入剪切的单元格"命令。

将"部门"列从 H 列移动到 B 列后的工作表，如图 3-18 所示。

	A	B	C	D	E	F	G	H	I	J	K	L	M
1	序号	部门	姓名	性别	出生日期	学历	婚姻状况	籍贯	职务	职称	参加工作日期	联系电话	基本工资
2	7101	经理室	黄振华	男	1966/4/10	大专	已婚	北京	董事长	高级经济师	1987/11/23	13512341234	3430
3	7102	经理室	尹洪群	男	1958/9/18	大本	已婚	山东	总经理	高级工程师	1981/4/18	13512341235	2430
4	7104	经理室	扬灵	男	1973/3/19	博士	已婚	北京	副总经理	经济师	2000/12/4	13512341236	2260
5	7107	经理室	沈宁	女	1977/10/2	大专	未婚	北京	秘书	工程师	1999/10/23	13512341237	1360
6	7201	人事部	赵文	女	1967/12/30	大本	已婚	北京	部门主管	经济师	1991/1/18	13512341238	1360
7	7203	人事部	胡方	男	1960/4/8	大本	已婚	四川	业务员	高级经济师	1982/12/24	13512341239	2430
8	7204	人事部	郭新	女	1961/3/26	大本	已婚	北京	业务员	经济师	1983/12/12	13512341240	1360
9	7205	人事部	周晓明	女	1960/6/20	大专	已婚	北京	业务员	经济师	1979/3/6	13512341241	1360
10	7207	人事部	张淑纺	女	1968/11/9	大专	已婚	安徽	统计	助理统计师	2001/3/6	13512341242	1200
11	7301	财务部	李忠旗	男	1965/2/10	大本	已婚	北京	财务总监	高级会计师	1987/1/1	13512341243	2880
12	7302	财务部	焦戈	女	1970/2/26	大专	已婚	北京	成本主管	高级会计师	1989/1/1	13512341244	2430
13	7303	财务部	张进明	男	1974/10/27	大本	已婚	北京	会计	助理会计师	1996/7/14	13512341245	1200
14	7304	财务部	傅华	女	1972/11/29	大专	已婚	北京	会计	会计师	1997/9/19	13512341246	1360
15	7305	财务部	杨阳	男	1973/3/19	硕士	已婚	湖北	会计	经济师	1998/12/5	13512341247	1360

图 3-18 部门列移动后的工作表

（2）通过鼠标拖曳操作实现表列的调整。选定"职务""职称"两列，将鼠标指向选定区域的左边或右边的边缘，这时鼠标指针会由十字变成十字箭头，按住鼠标右键，拖曳到"学历"和"婚姻状况"所在列位置，在弹出的快捷菜单中选择"移动选定区域，原有区域右移"命令。用同样的方法，将"参加工作日期"移动到"婚姻状况"的前面。调整完成的工作表如图 3-19 所示。

	A	B	C	D	E	F	G	H	I	J	K	L	M
1	序号	部门	姓名	性别	出生日期	职务	职称	学历	参加工作日期	婚姻状况	籍贯	联系电话	基本工资
2	7101	经理室	黄振华	男	1966/4/10	董事长	高级经济师	大专	1987/11/23	已婚	北京	13512341234	3430
3	7102	经理室	尹洪群	男	1958/9/18	总经理	高级工程师	大本	1981/4/18	已婚	山东	13512341235	2430
4	7104	经理室	扬灵	男	1973/3/19	副总经理	经济师	博士	2000/12/4	已婚	北京	13512341236	2260
5	7107	经理室	沈宁	女	1977/10/2	秘书	工程师	大专	1999/10/23	未婚	北京	13512341237	1360
6	7201	人事部	赵文	女	1967/12/30	部门主管	经济师	大本	1991/1/18	已婚	北京	13512341238	1360
7	7203	人事部	胡方	男	1960/4/8	业务员	高级经济师	大本	1982/12/24	已婚	四川	13512341239	2430
8	7204	人事部	郭新	女	1961/3/26	业务员	经济师	大本	1983/12/12	已婚	北京	13512341240	1360
9	7205	人事部	周晓明	女	1960/6/20	业务员	经济师	大专	1979/3/6	已婚	北京	13512341241	1360
10	7207	人事部	张淑纺	女	1968/11/9	统计	助理统计师	大专	2001/3/6	已婚	安徽	13512341242	1200
11	7301	财务部	李忠旗	男	1965/2/10	财务总监	高级会计师	大本	1987/1/1	已婚	北京	13512341243	2880
12	7302	财务部	焦戈	女	1970/2/26	成本主管	高级会计师	大专	1989/11/1	已婚	北京	13512341244	2430
13	7303	财务部	张进明	男	1974/10/27	会计	助理会计师	大本	1996/7/14	已婚	北京	13512341245	1200
14	7304	财务部	傅华	女	1972/11/29	会计	会计师	大专	1997/9/19	已婚	北京	13512341246	1360
15	7305	财务部	杨阳	男	1973/3/19	会计	经济师	硕士	1998/12/5	已婚	湖北	13512341247	1360

图 3-19　调整完成的工作表

3.5.3　工作表保护

现要求对原始输入的人事档案表进行保护，要求"工资"列可以进行编辑操作及设置单元格格式操作，其他单元格中的数据除了可以进行设置单元格格式操作外，不允许进行其他操作。其操作步骤如下。

图 3-20　"保护工作表"对话框

步骤 1：撤销"工资"列单元格锁定。用鼠标右键单击 M 列列标，在弹出的快捷菜单中选择"设置单元格"格式命令，在打开的"设置单元格格式"对话框中单击"保护"选项卡，取消"锁定"复选框的勾选，然后单击"确定"按钮。

步骤 2：设置工作表保护。在"审阅"选项卡的"更改"命令组中，单击"保护工作表"命令，在弹出的"保护工作表"对话框中设置保护内容。设置结果如图 3-20 所示。

步骤 3：设置"取消工作表保护时使用的密码"并进行确认。

习　题

一、选择题

1. 欲连续选定 A 到 E 列，以下操作错误的是（　　）。

　　A．单击列标 A，然后拖曳鼠标至列标 E，释放鼠标

　　B．单击列标 A，再按住 Shift 键单击列标 E

　　C．按住 Ctrl 键，再单击 A、B、C、D、E 列标

　　D．单击 A、B、C、D、E 的每个列标

2. 选定多个不相邻的工作表，可单击要选定的第一张工作表标签后，按住（　　）键，再分别单击其他工作表标签。

　　A．【Alt】　　　　　　　B．【Ctrl】　　　　　　　C．【Shift】　　　　　　　D．【Shift】+【Ctrl】

3. 在 Excel 中，保留单元格格式只清除单元格数据的操作是（　　）。

　　A．在"开始"选项卡的"单元格"命令组中，单击"删除"命令

　　B．按【Delete】键

　　C．执行剪切操作

　　D．无法实现

4. 以下关于 Excel "清除"和"删除"的叙述中，错误的是（　　）。

　　A．"清除"不能删除单元格中某些类型的数据

　　B．它们只对选定的单元格区域起作用，其他单元格中的内容不会受到影响

　　C．"清除"的对象只是单元格中的内容

　　D．"删除"的对象不只是单元格中的内容，而且还有单元格本身

5. 使用"选择性粘贴"命令，不能完成的操作是（　　）。

　　A．粘贴单元格的批注　　　　　　　　B．粘贴单元格的部分字符

　　C．粘贴单元格的格式　　　　　　　　D．粘贴单元格的全部信息

6. 复制某一个单元格区域内容时，在粘贴之前选定一个单元格，则（　　）。

　　A．以该单元格为左上角，向下、向右粘贴整个单元格区域的内容

　　B．以该单元格为左下角，向上、向右粘贴整个单元格区域的内容

　　C．以该单元格为右上角，向下、向左粘贴整个单元格区域的内容

　　D．以该单元格为右下角，向上、向左粘贴整个单元格区域的内容

7. 以下不能在工作表中删除当前选中列的操作是（　　）。

　　A．在"开始"选项卡的"单元格"命令组中，单击"删除"右侧下拉按钮，选择菜单中的"删除工作表列"命令

　　B．在"开始"选项卡的"单元格"命令组中，单击"删除"命令

　　C．鼠标右键单击所选列，选择快捷菜单中的"删除"命令

　　D．按【Delete】键

8. 以下不能重命名工作表的操作是（　　）。

　　A．单击工作表标签，然后输入新名称

　　B．右键单击工作表标签，选择快捷菜单中的"重命名"命令，然后输入新名称

　　C．在"开始"选项卡的"单元格"命令组中，单击"格式"→"重命名工作表"命令，然后输入新名称

　　D．双击工作表标签，然后输入新名称

9. 以下关于工作表操作的叙述中，错误的是（　　）。

　　A．工作表名默认是 Sheet1、Sheet2、Sheet3……，用户可以重新命名

　　B．在工作簿之间允许复制工作表

　　C．一次可以删除一个工作簿中的多个工作表

　　D．工作簿之间不允许移动工作表

10. 如果对工作表中的所有单元格都进行了保护，则（　　）。

　　A．无法对工作表进行移动或复制　　　B．无法删除该工作表

　　C．无法移动或修改单元格中的数据　　　D．无法打开此工作表

二、填空题

1．单击"开始"选项卡中"单元格"组的"插入"下拉按钮，选择下拉菜单的"插入工作表行"命令，将在当前单元格的_____边插入一个空行。

2．当同时选择了多张工作表时，在工作簿的标题栏上会出现_____字样。

3．要撤消对单元格的保护，应先撤销_____。

4．用鼠标拖曳工作表标签，这个操作的作用是_____。

5．要隐藏单元格中的公式，应使用_____对话框中的_____选项卡进行设置。

三、问答题

1．为什么要编辑工作表？

2．Excel 的主要处理对象有哪些，如何选定它们？

3．删除单元格与清除单元格有何不同？

4．如何隐藏 Excel 工作表？

5．何时需要对工作表进行保护？

实　　训

请对前两章实训中创建完成的"办公管理.xlsx"工作簿文件进行以下编辑操作。

1．将"员工信息"表复制一份，命名为"员工信息调整"表。

2．对"员工信息"表进行整表保护。

3．将"员工信息调整"表中第 6 列的标题"入职日期"修改为"参加工作日期"。

4．将"部门"列移动到"岗位"列左侧。最后结果如图 3-21 所示。

	A	B	C	D	E	F	G	H	I	J
1	工号	姓名	性别	部门	岗位	参加工作日期	办公电话	移动电话	E-mail地址	备注
2	CK01	孙家龙	男	办公室	董事长	1984/8/3	010-65971111	13311211011	sunjialong@cheng-wen.com.cn	
3	CK02	张卫华	男	办公室	总经理	1990/8/28	010-65971112	13611101010	zhanghuihua@cheng-wen.com.cn	
4	CK03	王叶	女	办公室	主任	1996/9/19	010-65971113	13511212121	wangye@cheng-wen.com.cn	
5	CK04	梁勇	男	办公室	职员	2006/9/1	010-65971113	13511212122	liangyong@cheng-wen.com.cn	
6	CK05	朱思华	女	办公室	文秘	2009/7/3	010-65971115	13511212123	zhusihua@cheng-wen.com.cn	
7	CK06	陈关敏	女	财务部	主任	1998/8/2	010-65971115	13511212124	chungm@cheng-wen.com.cn	
8	CK07	陈德生	男	财务部	出纳	2008/9/12	010-65971115	13511212125	chunds@cheng-wen.com.cn	
9	CK08	陈桂兰	女	财务部	会计	1996/8/1	010-65971126	13511212126	chenguilan@cheng-wen.com.cn	
10	CK09	彭庆华	男	工程部	主任	1984/8/3	010-65971115	13511212127	pqh@cheng-wen.com.cn	
11	CK10	王成祥	男	工程部	总工程师	1999/8/4	010-65971120	13511212128	wangcxyang@cheng-wen.com.cn	
12	CK11	何家强	男	工程部	工程师	2004/12/3	010-65971120	13511212129	hejq@cheng-wen.com.cn	
13	CK12	曾伦清	男	工程部	技术员	1999/8/3	010-65971120	13511212130	zlq@cheng-wen.com.cn	
14	CK13	张新民	男	工程部	工程师	2003/8/25	010-65971120	13511212131	zhangxm@cheng-wen.com.cn	
15	CK14	张跃华	男	技术部	主任	1990/9/13	010-65971124	13511212132	zhangyuh@cheng-wen.com.cn	
16	CK15	邓都平	男	技术部	技术员	2011/2/28	010-65971125	13511212133	dengdp@cheng-wen.com.cn	
17	CK16	朱京丽	女	技术部	技术员	2013/7/17	010-65971126	13511212134	zhuj18041@cheng-wen.com.cn	
18	CK17	蒙继炎	男	市场部	主任	1996/9/3	010-65971127	13511212135	penjy@cheng-wen.com.cn	
19	CK18	王丽	女	市场部	业务主管	2008/8/3	010-65971128	13511212136	wl_1996cheng-wen.com.cn	
20	CK19	梁鸿	男	市场部	主任	1984/2/1	010-65971129	13511212137	lianghong_62@cheng-wen.com.cn	
21	CK20	刘尚武	男	销售部	业务主管	1991/5/22	010-65971130	13511212138	liu_shangwu@cheng-wen.com.cn	
22	CK21	朱强	男	销售部	销售主管	1993/8/3	010-65971131	13511212139	zhuqiang@cheng-wen.com.cn	
23	CK22	丁小飞	女	销售部	销售员	2013/6/14	010-65971132	13511212140	dignxiaofei@cheng-wen.com.cn	
24	CK23	孙宝彦	男	销售部	销售员	2004/9/27	010-65971132	13511212141	sby@cheng-wen.com.cn	
25	CK24	张港	男	销售部	销售员	2014/9/21	010-65971134	13511212142	zhangg@cheng-wen.com.cn	

图 3-21　"办公信息调整"表

美化工作表

第4章

内容提要

本章主要介绍如何对工作表进行格式设置。包括设置单元格格式、设置工作表的行高和列宽、使用条件格式以及为工作表设置边框、底纹、背景等美化工作表的操作。同工作表的编辑操作一样，本章内容也属于 Excel 最基本的操作。

主要知识点

- 调整行高与列宽
- 设置字体和数字格式
- 设置对齐方式
- 设置边框和底纹
- 使用格式刷
- 使用条件格式和套用表格格式
- 使用图片、形状、艺术字

工作表建好以后，还应对工作表的格式进行编排，对工作表中的数据进行格式化处理。这样，不仅可以使工作表中的数据清晰易读，而且使工作表的样式美观大方，重点突出。在工作表的制作过程中，对表格的格式编排是不可忽视的操作。

4.1 调整行与列

在编辑工作表的过程中，有时会遇到单元格中只显示一部分文字或显示为"######"的情况。产生这些问题的原因是单元格的宽度或高度不够，需要进行调整。

4.1.1 调整行高与列宽

对于 Excel 提供的默认行高和列宽，用户也可以按需要自行调整。其具体操作方法主要有以下几种。

（1）使用鼠标。将鼠标指向要调整列宽的列标右边的分割线，当光标变为调整宽度的左右双向箭头时，按下鼠标左键拖动分割线可改变列宽。将鼠标指针指向要调整行高的行号下方的分割线，当光标变为调整高度的上下双向箭头时，按下鼠标左键拖动分割线可改变行高。

（2）自动调整。Excel 可以根据单元格中的数据内容自动设置最佳的行高与列宽。

调整列宽：选择需要调整宽度的列或列中任意单元格，然后在"开始"选项卡的"单元格"命令组中，单击"格式"→"自动调整列宽"命令；或直接双击列标右侧的分割线，则以最宽的单元格为标准，调整列宽。

调整行高：选择需要调整行高的行或行中任意单元格，在"开始"选项卡的"单元格"命令组中，单击"格式"→"自动调整行高"命令；或直接双击行号下方的分割线。

（3）使用命令。使用命令可以精确调整行高、列宽。

调整列宽：选择需要调整宽度的列或列中任意单元格，在"开始"选项卡的"单元格"命令组中，单击"格式"→"列宽"命令，在弹出的"列宽"对话框中输入所需的列宽值，单击"确定"按钮。

调整行高：选择需要调整行高的行或行中任意单元格，在"开始"选项卡的"单元格"命令组中，单击"格式"→"行高"命令，在弹出的"行高"对话框中输入所需的行高值，单击"确定"按钮。

在"开始"选项卡的"单元格"命令组中，单击"格式"→"默认列宽"命令，可以调整整个工作表中 Excel 默认的标准列宽。

4.1.2 隐藏行与列

如果不希望工作表的某些行或列被别人看到，可以将它们隐藏起来，需要显示时再取消隐藏，将它们显示出来。

1．隐藏行或列

选定欲隐藏列（行）或列中（行中）的任意单元格，然后在"开始"选项卡的"单元格"命令组中，单击"格式"→"隐藏和取消隐藏"→"隐藏列"（"隐藏行"）命令。

2．取消对行或列的隐藏

取消列的隐藏：选中隐藏列两侧的列或两侧列中的任意单元格，然后在"开始"选项卡的"单元格"命令组中，单击"格式"→"隐藏和取消隐藏"→"取消隐藏列"命令。

取消行的隐藏：选中隐藏行上下的行或上下行中的任意单元格，在"开始"选项卡的"单元格"命令组中，单击"格式"→"隐藏和取消隐藏"→"取消隐藏行"命令。

4.2 设置单元格格式

单元格的格式设置主要包括设置数字格式、字体格式、对齐方式、单元格的边框及图案等。可以在数据输入前设定格式，也可以在完成输入后再改变单元格中数据的格式。

单元格格式设置的方法有两种：使用"开始"选项卡功能区中的命令按钮，或使用"设置单元格格式"对话框。使用命令按钮可以使操作方便快捷，使用"设置单元格格式"对话框可以进行更复杂和详细的设置。

4.2.1 设置数字格式

Excel 中预定义了多种数字格式，如货币符号、千位分隔符、小数点位数、日期、时间和百分比等格式。用户可以直接使用这些预定义的数字格式，也可以自定义数字格式。

1. 使用预定义数字格式

Excel 预定义的数字格式分成 11 类：常规、数值、货币、会计专用、日期、时间、百分比、分数、科学计数、文本、特殊等。这些格式基本上能够满足用户的需要。

（1）使用命令按钮。在 "开始"选项卡上的"数字"命令组中提供了几个快速设置数字格式的命令按钮，如图 4-1 所示。选定需设定格式的单元格或单元格区域后，单击所需命令即可完成相应的格式设置。

图 4-1 "数字"命令组

"数字"命令组中上方的"数字格式"命令提供了常用数字类型的下拉选择列表。单击其右侧的下拉箭头打开下拉列表，选择其中的类型，即可设置单元格的数字格式（默认情况下为"常规"类型）。"数字"命令组中"数字格式"命令按钮下方从左向右、自上至下的几个按钮分别是"会计数字格式""百分比样式""千位分隔样式""增加小数位数"和"减少小数位数"按钮。

（2）使用"设置单元格格式"对话框。其操作步骤如下。

步骤 1：选定需设定格式的单元格或单元格区域。

步骤 2：打开"设置单元格格式"对话框。单击"开始"选项卡"数字"命令组右下角的对话框启动按钮，弹出"设置单元格格式"对话框，并默认选中"数字"选项卡，如图 4-2 所示。

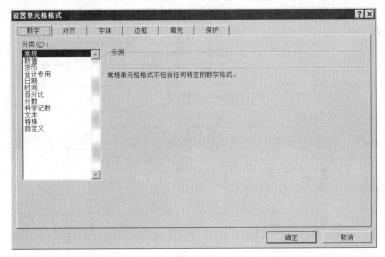

图 4-2 "设置单元格格式"对话框中的"数字"选项卡

步骤 3：设置所需格式。在"分类"列表框中选择所需类型，此时对话框右侧显示出该类型中可用的格式及示例，根据需要进行选择后，然后单击"确定"按钮。

2. 创建自定义数字格式

简单来说，自定义格式是指定的一些格式代码，用以描述数据的显示格式。Excel 允许用户创建自定义数字格式，并可在格式化工作表时使用该格式。

自定义数字格式的语法规则如下：<正数格式>;<负数格式>;<零值格式>;<文本格式>。最多能设定 4 个区段的格式代码，每个区段由分号所隔开，分别依次定义正数、负数、零与文字的格式。如果指定了两部分，那么第一部分用于正数和零值，第二部分用于负数；如果只指定了一个部分，则所有数字都将使用该格式；如果要跳过某一部分，那么该部分应该以分号结束。例如，[黑色]$#,##0;[红色]($#,##0);[蓝色]0;"应输入数值型数据"：该格式表明正数用黑色显示，负数用红色显示，零用蓝色显示，若输入非数字数据则显示"应输入数值型数据"。表 4-1 列出了 Excel 提供的大部分数字格式符号及其作用。

表 4-1　　　　　　　　　　　　　　　Excel 提供的大部分数字格式符号

符　号	功　能	作　用
0	数字的预留位置	确定十进制小数的数字显示位置；按小数点右边的 0 的个数对数字进行四舍五入处理；如果数字位数少于格式中的零的个数，则将显示无意义的 0
#	数字的预留位置	只显示有意义的数字，而不显示无意义的 0
?	数字的预留位置	与 0 相同，但它允许插入空格来对齐数字位，且要除去无意义的 0
.	小数点	标记小数点的位置
%	百分号	显示百分号，把数字作为百分数
,	千位分隔符	标记出千位、百万位等的位置
_(下划线)	对齐	留出等于下一个字符的宽度；对齐封闭在括号内的负数并使小数点保持对齐
¥/ $	人民币/美元符号	在指定位置显示
( )	左右括号	在指定位置显示左右括号
+/-	正/负号	在指定位置显示正/负号
/	分数分隔符	指示分数
\	文本标记符	紧接其后的是文本字符
" text"	文本标记符	引号内引述的是文本
*	填充标记符	用星号后的字符填满单元的剩余部分
@	格式化代码	标识出用户输入文字显示的位置
E－E＋e－e _	科学计数标识符	以指数格式显示数字
[颜色]	颜色标记	用标记出的颜色显示字符
[颜色 n]	颜色标记	用调色板中相应的颜色显示字符（n 为 0～56 之间的数）
[condition value]	条件语句	用<,>,=,<=,>=,<>和数值来设置条件表达式

创建自定义数字格式的操作步骤如下。

步骤 1：打开"设置单元格格式"对话框。单击"开始"选项卡"数字"命令组右下角的对话框按钮，弹出"设置单元格格式"对话框，在"分类"列表框中选择"自定义"选项。

步骤 2：设置自定义格式。在自定义类型中提供了一些预设的格式，可选取其中的预设格式进行修改，完成自定义格式设置。

注意

一旦创建了自定义格式，此格式将一直被保存在工作簿中，并且能像其他内部格式一样被使用。如果用户不再需要自定义的数字显示格式，先选定要删除的自定义数字显示格式，再单击对话框中的"删除"按钮即可删除。但用户不能删除 Excel 提供的内部数字格式。

4.2.2　设置字体格式

字体格式的设置包括对文字的字体、字形、字号、颜色以及特殊效果的设定。通过对字体格式的设置，可以使表格美观或突出表现表格中的某一部分内容。

（1）使用命令按钮。首先选定需要设定字体格式的单元格或单元格区域，然后根据需要单击"开始"选项卡上"字体"命令组中相应的命令按钮。

（2）使用"设置单元格格式"对话框。

步骤 1：选定需设定字体格式的单元格或单元格区域。

步骤2：打开"设置单元格格式"对话框。单击"开始"选项卡"字体"命令组右下角的对话框启动按钮，弹出"设置单元格格式"对话框，并默认选中"字体"选项卡，如图4-3所示。

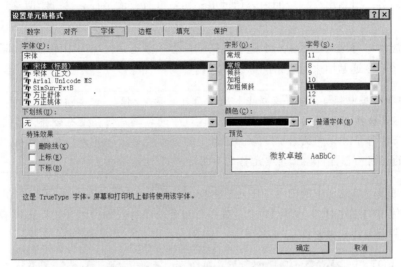

图4-3 "设置单元格格式"对话框中的"字体"选项卡

步骤3：设置所需格式。根据需要设置字体、字型、字号、下划线以及文字颜色后，然后单击"确定"按钮。

4.2.3 设置对齐方式

默认情况下，Excel自动将输入的文本型数据左对齐；数值型数据右对齐；逻辑型数据和错误值居中对齐。Excel也允许用户根据需要改变数据的对齐方式。可采用以下方法进行对齐操作。

（1）使用命令按钮。如果要使单元格中的数据左对齐、右对齐、居中或合并及居中，可以通过直接单击"开始"选项卡"对齐"命令组中的相应命令按钮实现。其中的"合并及居中"主要用来设置报表标题或跨栏的表头。

（2）使用"设置单元格格式"对话框。使用命令按钮进行对齐操作，既简单又方便，但如果所设的对齐方式较为复杂，则需要使用"设置单元格格式"对话框实现。选定需设定对齐方式的单元格或单元格区域后，单击"开始"选项卡"对齐"命令组右下角的对话框启动按钮，弹出"设置单元格格式"对话框，并默认选中"对齐"选项卡，如图4-4所示。在该对话框中可进行对齐设置。

从该对话框中可以看出，单元格中的数据可以分为"水平对齐"和"垂直对齐"两个方向的调整，还可以进行"文本控制"和"文字方向"的选择。

① 水平对齐："水平对齐"方式有常规、靠左、居中、靠右、填充、跨列居中、两端对齐和分散对齐。其含义分别如下。

● 常规：Excel的默认对齐方式。

● 靠左：单元格中的内容紧靠单元格的左端显示。如果在"水平对齐"下拉列表中选取了"靠左"对齐方式，则"水平对齐"下拉列表框右侧的"缩进"按钮生效，可以在"缩进"框中指定缩进量。缩进量为0时，即为"靠左"；缩进量大于0时，Excel会在单元格内容的左边加入指定缩进量的空格字符。

● 居中：单元格中的内容位于单元格的中央位置显示。

⬤ 靠右：单元格中的内容紧靠单元格的右端显示。

⬤ 填充：对单元格中现有内容进行重复，直至填满整个单元格。

⬤ 两端对齐：可将单元格中的内容超过单元格宽度时变成多行并且自动调整字的间距，以使两端对齐。

⬤ 跨列居中：将选定区域中左上角单元格的内容放到选定区域的中间位置，其他单元格的内容必须为空。该命令通常用来对表格的标题进行设置。

"跨列居中"与"合并及居中"的显示效果虽然相同，但实质是不同的。对选中的单元格区域执行"跨列居中"命令后，区域中的各单元格并没有合并，各自的引用不变；而执行了"合并及居中"后，区域中的各单元格被合并为一个单元格，合并后单元格的引用为合并前左上角单元格的引用。

⬤ 分散对齐：单元格中的内容在单元格内均匀分配。

对于经常使用的"左对齐""居中""右对齐"命令，还可以利用"开始"选项卡"对齐"命令组中相应的格式命令按钮来实现。

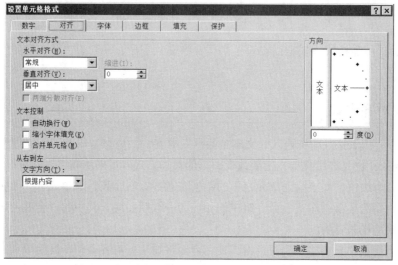

图4-4 "设置单元格格式"对话框中的"对齐"选项卡

② 垂直对齐："垂直对齐"方式包括靠上、居中、靠下、两端对齐和分散对齐。

③ 文本控制：当输入的文本对于单元格来说太长的时候，Excel会跨过单元格边界而扩展到相邻单元格，若相邻单元格中有内容，则这些文本只能被截断显示。如果用户希望能在一个单元格中显示这些文本，则可采用"文本控制"框为用户提供的自动换行、缩小字体填充或合并单元格等几种处理方法。

④ 文字方向：Excel中，可以控制单元格中字符是在水平方向、垂直方向还是以任意角度显示。可采用以下方法进行设置。

a. 使用鼠标拖曳"方向"区中时钟的文本"指针"。

b. 在"方向"区的"度数"值调节框中输入旋转角度或单击数值调节钮的上下箭头。

c. 单击"方向"区的"文本"框，可实现字符旋转90°。

4.2.4 设置边框和底纹

工作表中显示的表格线是为输入、编辑方便而预设置的，可以通过选项设置，使工作表在编辑状态下不显示这些网格线。在打印或打印预览时，默认是不显示表格线的，可以通过页面设置，在打印或打印预览时，显示表格线。但是局部的或复杂的表格框线的设置只能通过边框线进行设置。在表格中，恰当地使用一些边框、底纹和背景图案，可以使做出的表格更加美观，更具有吸引力。

1. 设置网格线

网格线显示/隐藏设置方法有两种：通过功能区中的命令按钮，或使用""Excel 选项"对话框。

（1）使用命令按钮。在"视图"选项卡的"显示"命令组中，选中或清除"网格线"复选框，即可显示或隐藏网格线。或者在"页面布局"选项卡的"工作表选项"命令组中，选中或清除网格线的"查看"复选框，设置显示或隐藏网格线。

（2）使用"Excel 选项"对话框。其操作步骤如下。

步骤 1：打开"Excel 选项"对话框。在"文件"选项卡中，单击"选项"命令，打开"Excel 选项"对话框，选择对话框左侧的"高级"选项。

步骤 2：设置显示/隐藏网格线。选中或清除"此工作表的显示选项"区中的"显示网格线"复选框，如图 4-5 所示，然后单击"确定"按钮。

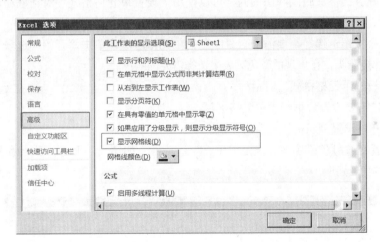

图 4-5 "视图"选项卡中的"此工作表的显示选项"区

2. 设置单元格边框

设置单元格边框线主要有以下两种方法。

（1）使用命令按钮。选定需要添加边框的单元格区域，然后单击"开始"选项卡"字体"命令组中"框线"右侧的下拉箭头，从弹出的下拉列表中选择所需要的边框样式即可。

（2）使用"设置单元格格式"对话框。

步骤 1：选定需要设置边框线的单元格区域。

步骤 2：打开"设置单元格格式"对话框。在"开始"选项卡的"字体"命令组中，单击"框线"→"其他边框"命令，打开"设置单元格格式"对话框，并默认选中"边框"选项卡，如图 4-6 所示。

步骤 3：设置边框。设置边框样式、颜色及所需边框，单击"确定"按钮。

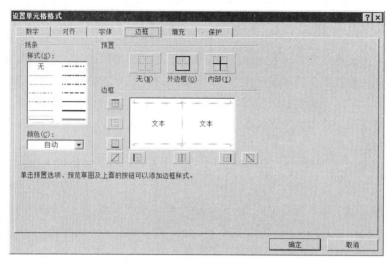

图4-6 "设置单元格格式"对话框中的"边框"选项卡

3. 添加底纹和图案

为表格添加适当的背景颜色和底纹，可以突出表格中的某些部分，增强视觉效果，使表格数据更清晰、外观更好看。添加底纹和图案同样可以使用"设置单元格格式"对话框和命令按钮的方法完成。

（1）使用命令按钮。选定需要添加背景颜色的单元格区域，单击"开始"选项卡"字体"组中"填充颜色"的下拉箭头，在出现的颜色列表中选择需要的颜色。

（2）使用"设置单元格格式"对话框。

步骤1：选定需要设置边框线的单元格区域。

步骤2：打开"设置单元格格式"对话框。

步骤3：设置底纹颜色或图案。选定"填充"选项卡，如图 4-7 所示。选择所需的底纹颜色或图案，单击"确定"按钮。

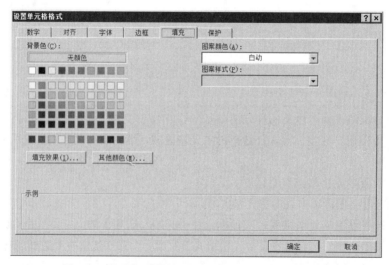

图4-7 "设置单元格格式"对话框中的"填充"选项卡

4.2.5 使用格式刷

使用"格式刷",可以将一个单元格或单元格区域中的格式信息快速复制到其他单元格或单元格区域中,以使它们具有相同的格式。使用格式刷进行格式复制的操作步骤如下。

步骤1:选定含有要复制格式信息的单元格或单元格区域。

步骤2:复制格式信息。在"开始"选项卡的"剪贴板"命令组中,单击"格式刷"命令按钮，鼠标指针变为带有刷子的空十字形。

步骤3:粘贴格式信息。如果要将格式复制到某一个单元格只需单击该单元格即可;要复制到某一个单元格区域则需按住鼠标左键,将鼠标指针拖过该单元格区域。

要将选定单元格或单元格区域中的格式复制到多个位置,可双击"格式刷"命令按钮,使其保持持续使用状态。当完成格式复制后,可再次单击"格式刷"命令按钮或按【Esc】键,使鼠标指针还原到正常状态。

4.2.6 设置条件格式

所谓条件格式是指当单元格中的数据满足指定条件时所设置的显示格式。Excel 2010 提供了可以直接应用的多种类型的条件格式,包括突出显示单元格规则、项目选取规则和形象化表现规则(如数据条、色阶、图标集)。此外,用户还可以自己新建规则和管理规则。

利用 Excel 的条件格式功能,可以根据指定的公式或数值动态地设置不同条件下数据的不同显示格式。设定了条件格式后,如果单元格的值发生了更改,则单元格显示的格式会随着自动更改。不管是否有数据满足条件或是否显示了指定的单元格格式,条件格式在被删除前会一直对单元格起作用。

1. 设置条件格式

设置条件格式主要有两种方式,快速设置和高级设置。快速设置简单、快捷、实用;高级设置个性化元素较多,需要通过"新建格式规则"对话框进行设置。

(1)快速设置。其操作步骤如下。

步骤1:选定需要设置条件格式的单元格或单元格区域。

步骤2:打开条件格式设置对话框。在"开始"选项卡的"样式"命令组中,单击"条件格式"命令,在弹出的下拉列表中选择相应的命令,将打开相应的条件格式对话框。例如,单击"条件格式"→"突出显示单元格规则"→"大于"命令时,打开"大于"对话框,如图4-8所示。

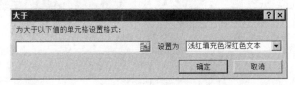

图4-8 "条件格式"对话框

步骤3:设置条件格式。在左侧的文本框中设置条件,在"设置为"下拉列表框中选择显示格式,然后单击"确定"按钮。

如果之前已经对当前单元格区域设置过条件格式,则 Excel 2010 会自动添加条件格式。

（2）高级设置。其操作步骤如下。

步骤1：选定需要设置条件格式的单元格或单元格区域。

步骤2：打开"新建格式规则"对话框。在"开始"选项卡的"样式"命令组中，单击"条件格式"→"新建规则"命令，打开"新建格式规则"对话框，如图4-9所示。

图4-9 "新建格式规则"对话框

步骤3：设置条件格式。在"选择规则类型"列表框中选择一种规则类型，在"编辑规则说明"区中根据需要设置参数和显示格式，最后单击"确定"按钮。

2. 清除条件格式

选择要清除条件格式的单元格区域，然后在"开始"选项卡的"样式"组中，单击"条件格式"→"清除规则"→"清除所选单元格的规则"命令，可清除所选单元格区域的条件格式。还可以根据需要选择"清除整个工作表的规则"或"清除此表的规则"命令进行相应清除。

使用"清除规则"命令会清除所选单元格区域中设置的所有条件格式规则，如果只是要清除其中某个规则，则需要在"条件格式规则管理器"中完成。操作步骤如下。

步骤1：选定已设置条件格式的单元格或单元格区域。

步骤2：打开"条件格式规则管理器"对话框。在"开始"选项卡的"样式"命令组中，单击"条件格式"→"管理规则"命令，打开"条件格式规则管理器"对话框，如图4-10所示。

图4-10 "条件格式规则管理器"对话框

步骤3：删除规则。选择某个格式规则，单击"删除规则"按钮。

3. 更改条件格式

步骤 1：选定含有要更改条件格式的单元格或单元格区域。

步骤 2：打开"条件格式规则管理器"对话框。在"开始"选项卡的"样式"命令组中，单击"条件格式"→"管理规则"命令，打开"条件格式规则管理器"对话框。

步骤 3：编辑规则。在对话框下面的列表框中选择要进行更改的格式规则，然后单击"编辑规则"按钮，打开"编辑格式规则"对话框，编辑修改该规则即可。

注意

若多张工作表具有相同格式，可以先设置为工作表组，再进行格式设置。

4. 管理条件格式规则优先级

对于一个单元格区域，可以有多个条件格式设置。这些设置规则可能冲突，也可能不冲突。如果两个规则间没有冲突，则两个规则都得到应用。例如，一个规则将单元格格式设置为字体加粗，而另一个规则将同一个单元格的字体颜色设置为红色，则该单元格格式设置为字体加粗且为红色。如果两个规则有冲突，则应用优先级较高的规则。例如，一个规则将单元格字体颜色设置为红色，而另一个规则将单元格字体颜色设置为绿色。因为这两个规则冲突，所以只应用优先级靠前的规则。

在图 4-10 所示的"条件格式规则管理器"对话框下方的列表框中，处于上面的规则优先级高于处于下面规则的优先级，越往下优先级越低。默认情况下，新规则总是添加到列表的顶部，因此具有较高的优先级。

在"条件格式规则管理器"对话框中，选择某个格式规则，单击"上移"箭头，可以调高其优先级，单击"下移"箭头，可以调低其优先级。

当一个单元格区域有多个规则时，如果要在某个规则处停止规则评估，则选中该规则右侧的"如果为真则停止"复选框。例如，某单元格区域有三个条件格式规则，默认情况下，如果三个规则间没有冲突，则三个规则都得到应用。如果想第二个规则评估为真时不再应用第三个规则，则在第二个规则的右侧勾选"如果为真则停止"复选框。

4.3 设置工作表格式

上一节主要针对单元格或单元格区域的格式化操作进行了介绍，本节将介绍对整个工作表进行的一些较综合的整表格式化操作，包括设置工作表背景、自动套用格式等。熟练掌握这部分内容，将会提高工作表的质量和编辑速度。

4.3.1 设置工作表背景

默认情况下，工作表的背景是白色的。可以选择有个性、有品位的图片文件作为工作表的背景，使做出的表格更具有个性化。

1. 添加工作表背景

单击"页面布局"选项卡"页面设置"命令组中的"背景"命令按钮，弹出"工作表背景"对话框，在对话框中选择要作为工作表背景的图片文件，单击"插入"按钮即可。

2. 删除工作表背景

单击"页面布局"选项卡"页面设置"命令组中的"删除背景"命令，即可删除工作表背景图案。

添加工作表背景后，"页面布局"选项卡"页面设置"命令组中的"背景"命令按钮被取代为"删除背景"命令按钮。

4.3.2 改变工作表标签颜色

Excel 工作簿可以包含若干张工作表，每张工作表都有一个名称，也叫做工作表标签，显示在工作簿窗口底部的标签显示区中。在 Excel 中可以给工作表标签添加各种颜色，使各张工作表更加醒目。其操作步骤如下。

步骤 1：选中需要添加颜色的工作表标签。

步骤 2：设置标签颜色。在"开始"选项卡的"单元格"命令组中，单击"格式"→"工作表标签颜色"命令，从弹出的级联菜单中选择所需颜色。

也可用鼠标右键单击要设置颜色的工作表标签，在弹出的快捷菜单中进行设置。

位于标签栏和水平滚动条之间的小竖块是标签拆分框。当鼠标指针指向标签拆分框时，指针变成两条竖直短线并带有一对水平方向箭头。拖动标签拆分框可增加水平滚动条或标签框的长度，双击标签拆分框可恢复其默认位置。

4.3.3 套用表格格式

为了使设置的表格标准、规范，可以通过套用 Excel 提供的多种专业表格样式来对整个工作表进行多重综合格式的同时设置，自动快速地格式化表格。

1. 套用表格格式

套用表格格式的操作步骤如下。

步骤 1：选取要格式化的表格区域。

步骤 2：打开表样式下拉列表。在"开始"选项卡的"样式"命令组中，单击"套用表格格式"命令，弹出表样式下拉列表，如图 4-11 所示。

步骤 3：套用表格格式。单击要使用的表样式，打开"套用表格式"对话框，如图 4-12 所示。在"表数据的来源"文本框中默认显示已选取的表格区域，可以根据需要重新设定，确认后单击"确定"按钮。

套用表格格式后，在表格的首行标题处会分别出现下三角按钮，单击这些按钮可以对表格进行排序和筛选。

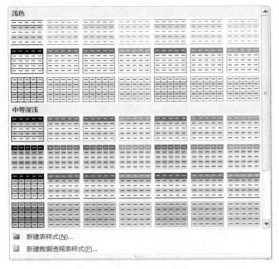

图 4-11　表样式　　　　　　　　　　图 4-12　"套用表格式"对话框

2. 更改/删除套用的表格格式

当选择套用了表格样式的单元格区域或区域中的任一单元格时，在 Excel 的功能区中自动出现"表格工具"上下文选项卡，其中包括"设计"子卡。如果需要更改表样式，则单击"表格样式"命令组中的"上""下"或"其他"命令按钮，在展开的表样式列表中选择所需要的样式即可；如果要删除已套用的表格样式，则单击"其他"命令按钮，在展开的样式列表中执行"清除"命令；如果要将套用了表样式的表格区域转换为普通区域，则单击"工具"命令组中的"转换为区域"命令按钮，在弹出的提示对话框中单击"确定"按钮即可。转换为普通区域后，表格的首行标题处不再有下三角按钮，但是套用的格式仍然保留。

4.4 使用对象美化工作表

在 Excel 工作表中可以插入图形、图片、艺术字等对象，以美化表格，使工作表更加生动直观。

4.4.1　插入图片

在工作表中插入图片对象，可以丰富工作表的内容并提高工作表的可读性。图片对象可以是"计算机"中的任意图片文件，也可以是 Office 自带的剪贴画，还可以直接从网上搜寻需要的图片。

1. 插入剪贴画

插入剪贴画的操作步骤如下。

步骤 1：选定目标位置。选定要插入剪贴画的单元格区域左上角的单元格。

步骤 2：打开"剪贴画"任务窗格。在"插入"选项卡的"插图"命令组中，单击"剪贴画"命令，窗口右侧出现"剪贴画"任务窗格。

步骤 3：搜索剪贴画。在"搜索文字"文本框中输入说明剪贴画的文字，比如输入动物；在"结果类型"下拉列表框中选择搜索的剪贴画类型，然后单击"搜索"按钮，结果如图 4-13 所示。

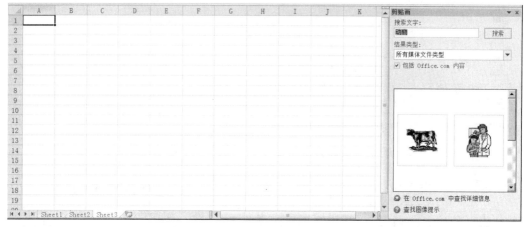

图 4-13　搜索剪贴画

步骤 4：插入剪贴画。单击所需要的剪贴图片或单击图片右侧的下拉箭头，从下拉菜单中选择"插入"命令，即可插入剪贴画。

2．插入图片文件

在工作表中可以插入来自文件的图片，操作步骤如下。

步骤 1：选中要插入图片的单元格区域的左上角单元格。

步骤 2：打开"插入图片"对话框。在"插入"选项卡的"插图"命令组中，单击"图片"命令，打开"插入图片"对话框。

步骤 3：插入图片。在"插入图片"对话框中选择需要插入的图片文件，单击"插入"按钮。

　　图片对象处于选定状态时，在 Excel 的功能区自动出现"图片工具"的"格式"上下文选项卡，可以对插入的图片、剪贴画进行修改、编辑等操作。通过单击该选项卡上的各个命令按钮或通过右击图片→"设置图片格式"命令，打开"设置图片格式"对话框，实现对图片的编辑处理。

4.4.2　使用形状

利用 Excel 的形状工具可以方便快捷地绘制出各种线条、基本形状、流程图、标注等形状，并可对形状进行旋转、翻转，添加颜色、阴影、立体效果等操作。绘制形状的操作步骤如下。

步骤 1：选择所需形状。在"插入"选项卡的"插图"命令组中，单击"形状"命令按钮，打开"形状"库，如图 4-14 所示。单击所需形状按钮，鼠标指针变为十字形状。

步骤 2：绘制形状。在要插入形状的位置拖曳鼠标至所需大小后释放鼠标。

图形对象处于选中状态时，在 Excel 的功能区自动出现"绘图工具"的"格式"上下文选项卡，可以对绘制的形状进行各种编辑操作。

图 4-14　自选图形中基本图形的列表

在绘制图形的过程中，若拖曳鼠标的同时按下【Shift】键，则画出的是正多边形。

4.4.3　使用艺术字

艺术字是具有特殊效果的文字。Excel 内部提供了大量的艺术字样式，用户可以利用艺术字样式库在工作表中插入艺术字。

单击"插入"选项卡"文本"命令组中的"艺术字"命令按钮，打开"艺术字样式"库，如图 4-15 所示。单击所需的艺术字样式，即可在工作表中插入艺术字。

可以对插入的艺术字进行修改、编辑。由于艺术字本身就是绘图对象，因此当艺术字对象处于选中状态时，在 Excel 的功能区自动出现"绘图工具"的"格式"上下文选项卡，可以根据需要调整艺术字样式、形状效果等。

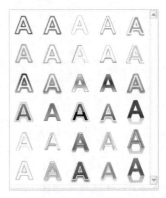

图 4-15　艺术字样式

4.5

应用实例——修饰人事档案表

上一章的人事档案表编辑完成后，为了更加美观、规范，需要进行一定的修饰。例如，添加标题、调整行高列宽，进行对齐方式、字体、边框等格式设置的操作。本节将通过 Excel 的格式设置功能实现对"人事档案调整"工作表的美化修饰。

4.5.1　添加标题

先为"人事档案调整"工作表添加标题，具体操作步骤如下。

步骤 1：插入一个空行。用鼠标右键单击第 1 行行号，然后在弹出的快捷菜单中选择"插入"命令，在工作表的最上方插入一个空行。

步骤 2：输入标题。选择 A1 单元格，输入人事档案表。

步骤 3：设置标题行合并及居中。用鼠标选择 A1 到 M1 的所有单元格，然后在"开始"选项卡的"对齐方式"命令组中，单击"合并后居中"命令，这些单元格即合并成了一个大单元格，标题居中显示在整个表格的正上方。

步骤 4：设置标题的字体、字号。在"开始"选项卡的"字体"命令组中，单击"字体"下拉列表框的下拉箭头，从列表框中选择"黑体"；单击"字号"下拉列表框的下拉箭头，从列表框中选择"20"；单击"加粗"命令按钮。

设置好标题的工作表如图 4-16 所示。

	A	B	C	D	E	F	G	H	I	J	K	L	M
1							人事档案表						
2	序号	部门	姓名	性别	出生日期	职务	职称	学历	参加工作日期	婚姻状况	籍贯	联系电话	基本工资
3	7101	经理室	黄振华	男	1966/4/10	董事长	高级经济师	大专	1987/11/23	已婚	北京	13512341234	3430
4	7102	经理室	尹洪群	男	1958/9/18	总经理	高级工程师	大本	1981/4/18	已婚	山东	13512341235	2430
5	7104	经理室	扬灵	男	1973/3/19	副总经理	经济师	博士	2000/12/4	已婚	北京	13512341236	2260
6	7107	经理室	沈宁	女	1977/10/2	秘书	工程师	大专	1999/10/23	未婚	北京	13512341237	1360
7	7201	人事部	赵文	女	1967/12/30	部门主管	经济师	大本	1991/1/18	已婚	北京	13512341238	1360
8	7203	人事部	胡方	男	1960/4/8	业务员	高级经济师	大本	1982/12/24	已婚	四川	13512341239	2430
9	7204	人事部	郭新	女	1961/3/26	业务员	经济师	大本	1983/12/12	已婚	北京	13512341240	1360
10	7205	人事部	周晓明	女	1960/6/20	业务员	经济师	大专	1979/3/6	已婚	北京	13512341241	1360
11	7207	人事部	张淑纺	女	1968/11/9	统计	助理统计师	大专	2001/3/6	已婚	安徽	13512341242	1200
12	7301	财务部	李忠旗	男	1965/2/10	财务总监	高级会计师	大本	1987/1/1	已婚	北京	13512341243	2880
13	7302	财务部	焦戈	女	1970/2/26	成本主管	高级会计师	大本	1989/11/1	已婚	北京	13512341244	2430
14	7303	财务部	张进明	男	1974/10/27	会计	助理会计师	大本	1996/7/14	已婚	北京	13512341245	1200
15	7304	财务部	傅华	女	1972/11/29	会计	会计师	大专	1997/9/19	已婚	北京	13512341246	1360

图 4-16　设置好标题的工作表

4.5.2　设置表头格式

从图 4-16 所示可以看出，现在的表头和表体的格式相同，下面通过单元格格式的设置使其更加突出。具体操作步骤如下。

步骤 1：调整表头的行高。用鼠标指向表头所在行的行号下沿（此时鼠标指针会变成黑色上下箭头形状），向下拖曳至合适的位置，这里调整为 27.00（36 像素）。

步骤 2：设置表头居中对齐。用鼠标右键单击表头所在行号 2，在弹出的快捷菜单中选择"设置单元格格式"命令，打开"设置单元格格式"对话框，单击"对齐"选项卡，在"水平对齐"和"垂直对齐"下拉列表框中均选择"居中"。

如果只是设置单元格水平居中对齐，可以在选定相应单元格后，直接单击"开始"选项卡上"对齐"命令组中的"居中"命令按钮。

步骤 3：设置表头的字体和字形。在"设置单元格格式"对话框中选择"字体"选项卡，在"字体"下拉列表框中选择"黑体"，在"字形"下拉列表框中选择"加粗"，单击"确定"按钮。设置好的表头如图 4-17 所示。

	A	B	C	D	E	F	G	H	I	J	K	L	M
1							人事档案表						
2	序号	部门	姓名	性别	出生日期	职务	职称	学历	参加工作日期	婚姻状况	籍贯	联系电话	基本工资
3	7101	经理室	黄振华	男	1966/4/10	董事长	高级经济师	大专	1987/11/23	已婚	北京	13512341234	3430
4	7102	经理室	尹洪群	男	1958/9/18	总经理	高级工程师	大本	1981/4/18	已婚	山东	13512341235	2430
5	7104	经理室	扬灵	男	1973/3/19	副总经理	经济师	博士	2000/12/4	已婚	北京	13512341236	2260
6	7107	经理室	沈宁	女	1977/10/2	秘书	工程师	大专	1999/10/23	未婚	北京	13512341237	1360
7	7201	人事部	赵文	女	1967/12/30	部门主管	经济师	大本	1991/1/18	已婚	北京	13512341238	1360
8	7203	人事部	胡方	男	1960/4/8	业务员	高级经济师	大本	1982/12/24	已婚	四川	13512341239	2430
9	7204	人事部	郭新	女	1961/3/26	业务员	经济师	大本	1983/12/12	已婚	北京	13512341240	1360
10	7205	人事部	周晓明	女	1960/6/20	业务员	经济师	大专	1979/3/6	已婚	北京	13512341241	1360
11	7207	人事部	张淑纺	女	1968/11/9	统计	助理统计师	大专	2001/3/6	已婚	安徽	13512341242	1200
12	7301	财务部	李忠旗	男	1965/2/10	财务总监	高级会计师	大本	1987/1/1	已婚	北京	13512341243	2880
13	7302	财务部	焦戈	女	1970/2/26	成本主管	高级会计师	大本	1989/11/1	已婚	北京	13512341244	2430
14	7303	财务部	张进明	男	1974/10/27	会计	助理会计师	大本	1996/7/14	已婚	北京	13512341245	1200
15	7304	财务部	傅华	女	1972/11/29	会计	会计师	大专	1997/9/19	已婚	北京	13512341246	1360

图 4-17　表头格式的设置结果

4.5.3 设置表体格式

对于表体，也需要进行一些格式的设置，使其统一和规范。下面分别使用数字格式、表格框线、填充颜色等操作设置表体格式。

1. 设置数字格式

现在的人事档案表中显示的工资数据是整数，按要求应保留两位小数，需要进行格式调整。其操作步骤如下。

步骤 1：选择需要设置数字格式的单元格区域 M3:M102。首先单击 M3 单元格，利用滚动条使 M102 单元格显示在窗口中，在按住【Shift】键的同时单击 M102 单元格。

步骤 2：设置"基本工资"数字显示格式。用鼠标右键单击选择的单元格区域，在弹出的快捷菜单中选择"设置单元格格式"命令，打开"设置单元格格式"对话框。单击"数字"选项卡，在"分类"列表框中选择"数值"，指定"小数位数"为"2"，如图 4-18 所示。单击"确定"按钮。

增加小数位数后如列宽不够则需进行适当调整。

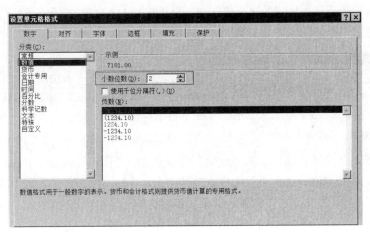

图 4-18　数字格式的设置

2. 设置边框

Excel 工作簿窗口显示的网格线比较单调，默认情况下在打印输出时并不显示。现欲自行设置个性化的表格框线，具体操作步骤如下。

步骤 1：选定要添加表格线的单元格区域。这里选择 A2:M102 单元格区域。

步骤 2：添加表格线。在"开始"选项卡的"字体"命令组中，单击"框线"命令按钮右侧的下拉箭头，在弹出的"框线"下拉列表中选择"所有框线"。

步骤 3：调整外框线。再次单击"字体"命令组中"框线"命令按钮的下拉箭头，在弹出的"框线"下拉列表中选择"粗闸框线"。

步骤 4：设置表头外框线。为了使表头部分突出，也为表头部分加上粗闸框线。先选定表头区域（A2:M2 单元格区域），然后直接单击"开始"选项卡"字体"组中的"框线"命令按钮即可。因为这时默认的边框线就是刚刚使用过的粗闸框线。设置好表格线的人事档案表如图 4-19 所示。

	A	B	C	D	E	F	G	H	I	J	K	L	M
1							人事档案表						
2	序号	部门	姓名	性别	出生日期	职务	职称	学历	参加工作日期	婚姻状况	籍贯	联系电话	基本工资
3	7101	经理室	黄振华	男	1966/4/10	董事长	高级经济师	大专	1987/11/23	已婚	北京	13512341234	3430.00
4	7102	经理室	尹洪群	男	1958/9/18	总经理	高级工程师	大本	1981/4/18	已婚	山东	13512341235	2430.00
5	7104	经理室	扬灵	男	1973/3/19	副总经理	经济师	博士	2000/12/4	已婚	北京	13512341236	2260.00
6	7107	经理室	沈宁	女	1977/10/2	秘书	工程师	大专	1999/10/23	未婚	北京	13512341237	1360.00
7	7201	人事部	赵文	女	1967/12/30	部门主管	经济师	大本	1991/1/18	已婚	北京	13512341238	1360.00
8	7203	人事部	胡方	男	1960/4/8	业务员	高级经济师	大本	1982/12/24	已婚	四川	13512341239	2430.00
9	7204	人事部	郭新	女	1961/3/26	业务员	经济师	大本	1983/12/12	已婚	北京	13512341240	1360.00
10	7205	人事部	周晓明	女	1960/6/20	业务员	经济师	大专	1979/3/6	已婚	北京	13512341241	1360.00
11	7207	人事部	张淑纺	女	1968/11/9	统计	助理统计师	大本	2001/3/6	已婚	安徽	13512341242	1200.00
12	7301	财务部	李忠旗	男	1965/2/10	财务总监	高级会计师	大本	1987/1/1	已婚	北京	13512341243	2880.00
13	7302	财务部	焦戈	女	1970/2/26	成本主管	高级会计师	大本	1989/11/1	已婚	北京	13512341244	2430.00
14	7303	财务部	张道明	男	1974/10/27	会计	助理会计师	大本	1996/7/14	已婚	北京	13512341245	1200.00
15	7304	财务部	傅华	女	1972/11/29	会计	会计师	大专	1997/9/19	已婚	北京	13512341246	1360.00

图 4-19　表格线的设置结果

4.5.4　强调显示某些数据

现在需要将人事档案表中工资较高或较低的数据强调显示，可以通过条件格式来实现。假设要将人事档案表中基本工资低于 1300，以及高于 2500 的工资数据分别用不同的颜色显示出来，具体操作步骤如下。

步骤 1：选定要设置条件格式的单元格区域。这里选择 M3:M102 单元格区域。

步骤 2：设置第 1 个条件格式。在"开始"选项卡上的"样式"命令组中，单击"条件格式"→

图 4-20　设置条件格式

"突出显示单元格规则"→"小于"命令，打开"小于"对话框。在"为小于以下值的单元格设置格式"文本框中输入 1300；在"设置为"下拉列表框中选择"红色文本"，设置完成后的"条件格式"对话框如图 4-20 所示，单击"确定"按钮。

步骤 3：设置第 2 个条件格式。在"开始"选项卡上的"样式"命令组中，单击"条件格式"→"突出显示单元格规则"→"大于"命令，打开"大于"对话框。在"为大于以下值的单元格设置格式"文本框中输入 2500；在"设置为"下拉列表框中选择"自定义格式"，打开"设置单元格格式"对话框，在"字体"选项卡的"颜色"列表中选择"蓝色"，单击"确定"按钮返回"大于"对话框，单击"确定"按钮完成设置。

步骤 4：查看条件格式设置规则。在"开始"选项卡的"样式"命令组中，单击"条件格式"→"管理规则"命令，打开"条件格式规则管理器"对话框，查看本案例的条件格式设置规则，如图 4-21 所示。

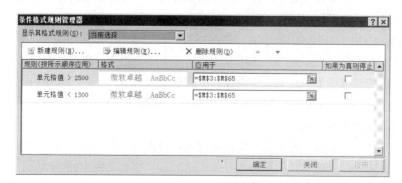

图 4-21　本案例条件格式设置

习　题

一、选择题

1. 以下叙述中，正确的是（　　）。

　　A．要显示隐藏的行，必须输入密码

　　B．隐藏一行后，该行中的数据被同时删除

　　C．隐藏一行后，该行中的行号被其他行使用

　　D．可以通过"开始"选项卡"单元格"命令组中的"格式"命令显示隐藏的行

2. 以下关于列宽的叙述中，错误的是（　　）。

　　A．可以用鼠标拖放调整列宽

　　B．标准列宽不可以随意改变

　　C．选取若干列后，当调整其中一列的列宽时，所有选中列会有相同的改变

　　D．使用"自动调整列宽"命令调整列宽，与双击列标右侧的分隔线效果一样

3. 若将 A1 单元格的格式复制到 A2 单元格，正确的操作是（　　）。

　　A．单击"格式刷"命令按钮，单击 A1，再单击 A2

　　B．选中 A2，单击"格式刷"命令按钮，再单击 A1

　　C．选中 A1，单击"格式刷"命令按钮，再单击 A2

　　D．选中 A1，单击"复制"命令按钮，选中 A2，再单击"粘贴"命令按钮

4. 以下关于 Excel 的"设置单元格格式"功能的叙述中，错误的是（　　）。

　　A．可以实现将输入的 1/4 作为分数

　　B．可以实现将输入的 23.56 自动转换为"贰拾叁.伍陆"显示

　　C．可以实现将输入的 23.56 自动转换为"二十三.五六"显示

　　D．可以将输入的 65977788 作为电话号码

5. Excel 提供的"格式刷"命令按钮可以复制（　　）。

　　A．全部　　　　　　　B．格式　　　　　　　C．内容　　　　　　　D．批注

6. 在工作表中，将第 3 行和第 4 行选定，然后进行插入行操作。以下关于此操作的叙述中，正确的是（　　）。

　　A．在原来的行号 2 和 3 之间插入两个空行　　　B．在原来的行号 2 和 3 之间插入一个空行

　　C．在原来的行号 3 和 4 之间插入两个空行　　　D．在原来的行号 3 和 4 之间插入一个空行

7. 以下叙述中，正确的是（　　）。

　　A．只能实现跨列居中　　　　　　　　　　B．可以实现跨行、跨列居中

　　C．只能实现跨行居中　　　　　　　　　　D．以上都不对

8. 在 Excel 中，某个单元格自定义数字格式为 000.00，值为 23.7，则显示的内容为（　　）。

　　A．023.70　　　　B．23.70　　　　　　C．23.7　　　　　　D．24

9. 系统默认的文本型数据的对齐方式是（　　）。

　　A．左对齐　　　　B．右对齐　　　　　　C．居中对齐　　　　D．不确定

10. 用户输入了数值型数据 123，其默认对齐方式是（　　）。

　　A．左对齐　　　　B．右对齐　　　　　　C．居中对齐　　　　D．不确定

二、填空题

1．单元格中只显示一部分文字或显示为"######"的原因是_____。

2．利用 Excel 的_____功能，可以根据指定的公式或数值动态地设置不同条件下数据的不同显示格式。

3．若要多次复制格式，则应选定包含格式信息的单元格后，_____"开始"选项卡上的"格式刷"命令按钮。

4．如果要清除某个条件格式规则，需要在_____中完成。

5．在绘制图形的过程中，若拖曳鼠标的同时按下_____键，则画出的是正多边形。

三、问答题

1．调整表格行高的方法有几种？各自的特点是什么？

2．怎样隐藏工作表中的行与列？

3．设置条件格式的作用是什么？

4．怎样理解"自动套用格式"？

5．怎样使用格式刷？

实　　训

请对第 3 章实训中编辑完成的"员工信息调整"表进行以下格式设置操作。

1．将"移动电话"列设为文本格式。

2．调整所有列宽为"最适合的列宽"。

3．添加表标题，内容为"员工信息表"；设置标题格式，字体为隶书、字号为20、合并居中。

4．设置表头字体为黑体，并为表格加表格线。

5．将 1998-1-1 前参加工作人员的"参加工作日期"数据用红色、加粗、倾斜字体显示。

设置结果如图 4-22 所示。

工号	姓名	性别	部门	岗位	参加工作日期	办公电话	移动电话	E-mail地址	备注
					员工信息表				
CK01	孙家龙	男	办公室	董事长	*1984/8/3*	010-65971111	13311211011	sunjialong@cheng-wen.com.cn	
CK02	张卫华	男	办公室	总经理	*1990/8/28*	010-65971112	13011101010	zhanghuihua@cheng-wen.com.cn	
CK03	王叶	女	办公室	主任	1996/9/19	010-65971113	13511212121	wangye@cheng-wen.com.cn	
CK04	梁勇	男	办公室	职员	2006/9/1	010-65971113	13511212122	liangyong@cheng-wen.com.cn	
CK05	朱思华	女	办公室	文秘	2009/7/3	010-65971115	13511212123	zhusihua@cheng-wen.com.cn	
CK06	陈关敏	女	财务部	主任	1998/8/2	010-65971115	13511212124	chungm@cheng-wen.com.cn	
CK07	陈德生	男	财务部	出纳	2008/9/12	010-65971115	13511212125	chunds@cheng-wen.com.cn	
CK08	陈桂兰	女	财务部	会计	*1996/8/1*	010-65971115	13511212126	chunguilan@cheng-wen.com.cn	
CK09	彭庆华	男	工程部	主任	2009/8/3	010-65971115	13511212127	pqh@cheng-wen.com.cn	
CK10	王成祥	男	工程部	总工程师	1999/8/4	010-65971120	13511212128	wangcxyang@cheng-wen.com.cn	
CK11	何家强	男	工程部	工程师	2004/12/3	010-65971120	13511212129	hejq@cheng-wen.com.cn	
CK12	曾伦清	男	工程部	技术员	1999/8/3	010-65971120	13511212130	zlq@cheng-wen.com.cn	
CK13	张新民	男	工程部	工程师	2003/8/25	010-65971121	13511212131	zhangxm@cheng-wen.com.cn	
CK14	张跃平	男	技术部	主任	*1990/9/13*	010-65971124	13511212132	zhangyuh@cheng-wen.com.cn	
CK15	邓都平	男	技术部	技术员	2011/2/28	010-65971125	13511212133	dengdp@cheng-wen.com.cn	
CK16	朱京丽	女	技术部	技术员	2013/7/17	010-65971126	13511212134	zhuj18041@cheng-wen.com.cn	
CK17	蒙继炎	男	市场部	主任	*1996/9/3*	010-65971127	13511212135	penjy@cheng-wen.com.cn	
CK18	王丽	女	市场部	业务主管	2008/8/3	010-65971128	13511212136	wl_1996@cheng-wen.com.cn	
CK19	梁鸿	男	市场部	主任	*1984/2/1*	010-65971129	13511212137	lianghong_62@cheng-wen.com.cn	
CK20	刘尚武	男	销售部	业务主管	1991/5/22	010-65971130	13511212138	liu_shangwu@cheng-wen.com.cn	
CK21	朱强	男	销售部	销售主管	*1993/8/3*	010-65971131	13511212139	zhuqiang@cheng-wen.com.cn	
CK22	丁小飞	女	销售部	销售员	2013/6/14	010-65971132	13511212140	dignxiaofei@cheng-wen.com.cn	
CK23	孙宝彦	男	销售部	销售员	2004/9/27	010-65971133	13511212141	sby@cheng-wen.com.cn	
CK24	张港	男	销售部	销售员	2014/9/21	010-65971134	13511212142	zhangg@cheng-wen.com.cn	

图 4-22　"办公信息调整"表格式设置结果

打印工作簿文件

第5章

内容提要

本章主要介绍工作表的显示、工作表的页面设置以及工作表的打印输出。重点是通过对人事档案工作表的显示设置、页面设置以及打印设置，掌握 Excel 显示工作表和打印工作表的操作。这部分内容是应用 Excel 实现工作表打印的重要方法，理解和应用好这些方法，可以轻松实现工作表的显示和打印。

主要知识点

- 缩放窗口
- 拆分窗口
- 冻结窗格
- 页面设置
- 打印设置

建立和编排了版面整齐、外观漂亮的工作表后，就可以按照需要显示和打印输出。Excel 提供了丰富的打印功能，用户可以根据需求选择打印范围、打印顺序，可以设置形式多样的页眉/页脚和标题、表头打印方式。

5.1 显示工作表

在打印工作表前，或在编辑、美化工作表的过程中，常常需要显示工作表中相关内容。例如希望显示工作表的不同部分，或显示工作表中更多的数据。利用 Excel 的拆分窗口、冻结窗格和并排查看功能，或调整窗口的显示比例可以满足上述需求。

5.1.1 缩放窗口

当工作表内容字体较小不容易分辨，或者工作表内容较多无法在一个窗口中纵览全局时，可以将工作表的显示比例调整为所需的大小。其具体操作步骤如下。

步骤 1：打开"显示比例"对话框。在"视图"选项卡的"显示比例"命令组中，单击"显示比例"命令，或直接单击状态栏上的"缩放级别"按钮，系统弹出"显示比例"对话框。

步骤 2：确定显示比例。在该对话框中，选择需要的显示比例，或者在"自定义"右侧文本框中输入所需的显示比例值，然后单击"确定"按钮。

除使用"显示比例"对话框调整工作表的显示比例外，按住【Ctrl】键的同时滚动鼠标滚轮，也可以更方便、直观的调整显示比例。

窗口缩放比例设置只对当前工作表窗口有效，用户可对不同的工作表设置不同的缩放比例，或是为同一工作表的不同窗口设置不同的缩放显示比例。另外，更改了显示比例并不会影响打印比例，工作表仍将按照100%的比例进行打印输出。

5.1.2　拆分窗口

当工作表内容较多时，其数据就无法全部显示在当前屏幕上。若希望同时显示工作表中不同部分的数据，可以使用 Excel 提供的拆分窗口功能。拆分窗口是以工作表当前单元格为分隔点，拆分成多个窗格，并且在每个被拆分的窗格中都可以通过滚动条来显示工作表的某一部分数据。其具体操作步骤如下。

步骤 1：选定拆分位置。选定作为拆分点的单元格。例如，选定 F13 单元格。

步骤 2：拆分窗口。在"视图"选项卡的"窗口"命令组中，单击"拆分"命令，Excel 自动在选定的单元格处将工作表分为 4 个独立的窗格，如图 5-1 所示。

	A	B	C	D	E	F	G	H	I	J	K	L	M
1							人事档案表						
2	序号	部门	姓名	性别	出生日期	职务	职称	学历	参加工作日期	婚姻状况	籍贯	联系电话	基本工资
3	7101	经理室	黄振华	男	1966/4/10	董事长	高级经济师	大专	1982/11/23	已婚	北京	13512341234	3430.00
4	7102	经理室	尹洪群	男	1958/9/18	总经理	高级工程师	大本	1981/4/18	已婚	山东	13512341235	2430.00
5	7104	经理室	扬灵	男	1973/3/19	副总经理	经济师	博士	2000/12/4	已婚	北京	13512341236	2260.00
6	7107	经理室	沈宁	女	1977/10/2	秘书	工程师	大专	1999/10/23	未婚	北京	13512341237	1360.00
7	7201	人事部	赵文	女	1967/12/30	部门主管	经济师	大本	1991/1/10	已婚	北京	13512341238	1360.00
8	7203	人事部	胡方	男	1960/4/8	业务员	高级经济师	大本	1982/12/24	已婚	四川	13512341239	2430.00
9	7204	人事部	郭新	女	1961/3/26	业务员	经济师	大本	1983/12/12	已婚	北京	13512341240	1360.00
10	7205	人事部	周晓明	女	1960/6/20	业务员	经济师	大专	1979/3/6	已婚	北京	13512341241	1360.00
11	7207	人事部	张淑纺	女	1968/11/9	统计	助理统计师	大专	2001/3/6	已婚	安徽	13512341242	1360.00
12	7301	财务部	李忠旗	男	1965/2/10	财务总监	高级会计师	大本	1987/1/1	已婚	北京	13512341243	2880.00
13	7302	财务部	焦戈	女	1970/2/26	成本主管	高级会计师	大专	1989/11/1	已婚	北京	13512341244	2430.00
14	7303	财务部	张进明	男	1974/10/27	会计	助理会计师	大本	1996/7/14	已婚	北京	13512341245	1200.00
15	7304	财务部	傅华	女	1972/11/29	会计	会计师	大专	1997/9/19	已婚	北京	13512341246	1360.00
16	7305	财务部	杨阳	男	1973/3/19	会计	经济师	硕士	1998/12/5	已婚	湖北	13512341247	1360.00
17	7306	财务部	任萍	女	1979/10/5	出纳	助理会计师	大本	2004/1/31	未婚	北京	13512341248	1360.00
18	7401	行政部	郭永红	女	1969/8/24	部门主管	经济师	大本	1993/1/2	已婚	天津	13512341249	1360.00
19	7402	行政部	李龙吟	男	1973/2/24	业务员	助理经济师	大专	1992/11/11	未婚	吉林	13512341250	1200.00
20	7405	行政部	张玉丹	女	1971/6/11	业务员	经济师	大专	1993/2/25	已婚	北京	13512341251	1360.00
21	7406	行政部	周金馨	女	1972/7/7	业务员	经济师	大本	1996/3/24	已婚	北京	13512341252	1360.00

图 5-1　拆分窗口

如果要将窗口拆分为左右两个窗格，应选定第一行的某个单元格；如果要将窗口拆分为上下两个窗格，应选定第一列的某个单元格。

每个拆分得到的窗格都是独立的，用户可以根据需要使其显示同一个工作表不同位置的内容。如果不再使用拆分的窗格，可以再次单击"视图"选项卡"窗口"命令组中的"拆分"命令，将其取消。

5.1.3　冻结窗格

对于比较复杂的大型表格，一般都会有标题行或者标题列，如果向右或向下移动工作表，这些标题行或标题列就会被移出屏幕，使用户无法清楚当前单元格所属的行或列。解决此问题最好的方法是利用 Excel 提供的冻结窗格功能。冻结窗格是将当前单元格以上行和以左列进行冻结。

通常用来冻结标题行或标题列，以便通过滚动条来显示工作表其他部分的内容。其具体操作步骤如下。

步骤 1：选定冻结位置。选定作为冻结点的单元格。例如，选定 D3 单元格。

步骤 2：冻结窗格。在"视图"选项卡的"窗口"命令组中，单击"冻结窗格"→"冻结拆分窗格"命令，Excel 自动将选定单元格以上和以左的所有单元格冻结，并一直保留在屏幕上，如图 5-2 所示。

	序号	部门	姓名	性别	出生日期	职务	职称	学历	参加工作日期	婚姻状况	籍贯	联系电话	基本工资
12	7301	财务部	李忠嫦	男	1965/2/10	财务总监	高级会计师	大本	1987/1/1	已婚	北京	13512341243	2880.00
13	7302	财务部	焦戈	女	1970/2/26	成本主管	高级会计师	大专	1989/11/1	已婚	北京	13512341244	2430.00
14	7303	财务部	张进明	男	1974/10/27	会计	会计师	大本	1996/7/14	已婚	北京	13512341245	1200.00
15	7304	财务部	傅华	女	1972/11/29	会计	会计师	大专	1997/9/19	已婚	北京	13512341246	1360.00
16	7305	财务部	杨阳	男	1973/3/19	会计	经济师	硕士	1998/12/5	已婚	湖北	13512341247	1360.00
17	7306	财务部	任萍	女	1979/10/5	出纳	助理会计师	大本	2004/1/31	未婚	北京	13512341248	1360.00
18	7401	行政部	郭永红	女	1969/8/24	部门主管	经济师	大本	1993/1/2	已婚	天津	13512341249	1360.00
19	7402	行政部	李龙吟	男	1973/2/24	业务员	助理经济师	大专	1992/11/11	未婚	吉林	13512341250	1200.00
20	7405	行政部	张玉丹	女	1971/6/11	业务员	经济师	大本	1993/2/25	已婚	北京	13512341251	1360.00
21	7406	行政部	周金馨	女	1972/7/7	业务员	经济师	大本	1996/3/24	已婚	北京	13512341252	1360.00
22	7407	行政部	周新联	男	1975/1/29	业务员	助理经济师	大本	1996/10/15	已婚	北京	13512341253	1360.00
23	7408	行政部	张玫	女	1984/8/4	业务员	助理经济师	硕士	2008/8/10	未婚	北京	13512341254	1200.00
24	7501	公关部	安晋文	男	1971/3/31	部门主管	高级经济师	大专	1995/2/28	已婚	陕西	13512341255	2430.00
25	7502	公关部	刘润杰	男	1973/8/31	外勤	经济师	大本	1998/1/16	未婚	河南	13512341256	1360.00
26	7503	公关部	胡大冈	男	1975/5/19	外勤	经济师	高中	1995/5/10	已婚	北京	13512341257	1360.00
27	7504	公关部	高俊	男	1957/3/26	外勤	经济师	大本	1977/12/12	已婚	山东	13512341258	1360.00
28	7505	公关部	张乐	女	1962/8/11	外勤	工程师	大本	1975/4/29	已婚	四川	13512341259	1360.00
29	7506	公关部	李小东	女	1974/10/28	业务员	助理经济师	大本	1996/7/15	已婚	湖北	13512341260	1200.00
30	7507	公关部	王霞	女	1983/3/20	业务员	经济师	硕士	2006/12/5	未婚	安徽	13512341261	1360.00

人事档案表

图 5-2　冻结窗格

从图 5-2 可以看到，C 列右侧和第 2 行下方出现了一条实的黑细线，表示 D 列以左和第 3 行以上被冻结，这时当使用滚动条上下或左右滚动时，A、B、C 3 列和第 1、2 行将不会移出窗口。当不再需要冻结窗格时，可以在"视图"选项卡的"窗口"命令组中，单击"冻结窗格"→"取消冻结窗格"命令，将其取消。

注意

冻结窗格与拆分窗口无法在同一工作表上同时使用。

5.1.4　并排查看

有时，用户需要浏览的内容可能保存在一个工作簿的两张工作表，或者两个工作簿中。如果希望同步滚动浏览其中的内容，可以使用 Excel 的"并排查看"功能。

同时浏览同一工作簿内两张工作表中的内容。其操作步骤如下。

步骤 1：打开工作簿。

步骤 2：新建窗口。在"视图"选项卡的"窗口"命令组中，单击"新建窗口"命令。

步骤 3：重排窗口。在"视图"选项卡的"窗口"命令组中，单击"全部重排"命令，在弹出的"重排窗口"对话框中，选定所需的排列方式，然后单击"确定"按钮。

步骤 4：并排查看。在"视图"选项卡的"窗口"命令组中，单击"并排查看"命令，Excel 自动将选定同一工作簿的两张工作表并排显示在 Excel 工作窗口中。

图 5-3 所示内容即为同时浏览和比较"工资管理"工作簿中的"人员清单"和"工资计算"两张工作表。

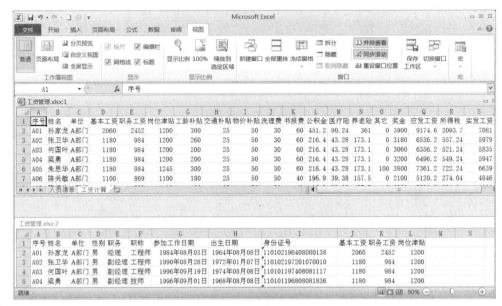

图 5-3　并排显示

当用户在其中有一个窗口中滚动浏览内容时，另一个窗口也会随之同步滚动，这个"同步滚动"功能是并排查看与单纯的重排窗口之间功能上的最大区别。要关闭并排查看工作模式，可以再次单击"窗口"命令组中的"并排查看"命令。

并排查看只能作用于两个工作簿窗口，而无法作用于两个以上的工作簿窗口。参加并排查看的工作簿窗口，可以是同一个工作簿的不同窗口，也可以是完全不相同的两个工作簿。

5.2 设置工作表页面

在打印工作表之前，需要对工作表进行页面设置，包括设置页面、页边距、页眉/页脚、打印标题等。下面分别进行介绍。

5.2.1　设置页面

设置页面主要设置待打印工作表的纸张大小、打印方向、打印范围和打印质量等。其具体操作步骤如下。

步骤 1：打开"页面设置"对话框。单击"页面布局"选项卡"页面设置"命令组的对话框启动按钮，系统弹出"页面设置"对话框。

步骤 2：设置页面。单击"页面"选项卡，根据需要对"方向""缩放""纸张大小""打印质量""起始页码"等进行设置，如图 5-4 所示，然后单击"确定"按钮。

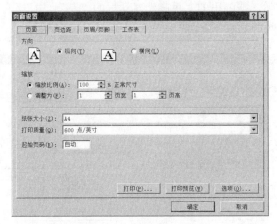

图 5-4 "页面"选项卡

"页面"选项卡中各选项的功能如表 5-1 所示。

表 5-1 "页面"选项卡中各选项功能

选 项	功 能
方向	用于指定打印纸的打印方向，可以选择"纵向"或"横向"。系统默认为"纵向"打印
缩放	缩放比例用于指定打印比例，可以输入 10%~400%，也可以通过"调整为"选项调整页宽和页高，其中页宽与页高的调整互不影响。注意，在此指定的是打印的缩放比例，并不影响工作表在屏幕上的显示比例
纸张大小	用于选择所需的打印纸规格
打印质量	用于设置打印质量。点数越大，打印质量越好，但打印时间也越长
起始页码	用于设置要打印工作表的起始页码。页码可以从需要的任何数值开始。若页码从 1 或下一个顺序数字开始，则选择"自动"

5.2.2　设置页边距

页边距是指打印内容的位置与纸边的距离，一般以厘米为单位。设置页边距的操作步骤如下。

步骤 1：打开"页面设置"对话框。

步骤 2：设置页边距。单击"页边距"选项卡，根据需要分别在"上""下""左""右"等微调框中输入相应的值，并对"居中方式"进行选择，然后单击"确定"按钮。

5.2.3　设置页眉/页脚

页眉用来显示每一页顶部的信息，通常包括标题的名称等内容；页脚用来显示每一页底部的信息，通常包括页数、打印日期或打印时间等。Excel 提供了许多预定义的页眉/页脚格式。例如页码、日期、时间、文件名、工作表名等。如果希望使用 Excel 提供的页眉/页脚格式，可以单击"页眉"或"页脚"右侧的下拉箭头，并从弹出的下拉列表中选择一个合适的页眉或页脚。如果希望设置个性化的页眉或页脚，可按以下步骤进行操作。

步骤 1：打开"页面设置"对话框。

步骤 2：设置页眉/页脚。单击"页眉/页脚"选项卡。若自定义页眉，则单击"自定义页眉"按钮，在弹出的"页眉"对话框的"左""中""右"编辑框中输入希望显示的内容；若自定义页脚，则单击"自定义页脚"按钮，在弹出的"页脚"对话框的"左""中""右"编辑框中输入希望显示的内容，如图5-5所示，然后单击"确定"按钮。

图5-5　自定义页脚

自定义页眉/页脚时，需要打开"页眉"或"页脚"对话框。该对话框中各工具按钮的功能如表5-2所示。

表5-2　　　　　　　　　　　"页眉"或"页脚"对话框中各工具按钮的功能

按　钮	代　码	功　能
A	无	设置选定文本的字体、大小、字形和下划线等
	&[页码]	用于插入页号
	&[总页数]	用于插入总页数
	&[日期]	用于插入日期
	&[时间]	用于插入时间
	&[路径]&[文件]	用于插入文件所在位置路径名及文件名
	&[文件]	用于插入文件名
	&[标签名]	用于插入工作表标签名
	&[图片]	用于插入图片
	无	用于设置图片格式

5.2.4　设置打印标题

如果需要打印的工作表比较大，那么工作表将被打印在多页上，这样有些页可能不显示标题行，有些页可能不显示标题列，而有些页可能只显示数据项。本章5.1.3小节介绍了利用冻结窗格功能固定显示标题行或标题列，但此方法对打印没有任何影响。如果需要在打印时能够在每页的顶端或左端打印出标题，可以通过设置打印标题来实现。其具体操作步骤如下。

步骤1：打开"页面设置"对话框。

步骤2：设置重复打印的标题行或标题列。单击"工作表"选项卡。如果需要指定在顶部重复一行或连续几行，则单击"顶端标题行"框右侧的"折叠"按钮，然后在工作表中进行相应的选定；如果需要指定在左侧重复一列或连续几列，则单击"左端标题列"框右侧的"折叠"按钮，然后在工作表中进行相应的选定。选定结果如图5-6所示。

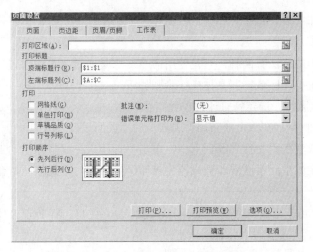

图 5-6　设置重复的标题行和标题列

步骤 3：结束设置。单击"确定"按钮，关闭"页面设置"对话框。

这样当打印的内容一页打不下时，每页都会在页面上方或左侧打印出指定的标题行和标题列的内容。

在进行页面设置时，对于页边距、纸张方向、纸张大小、打印区域、打印标题等内容的设置，可以直接使用"页面布局"选项卡"页面设置"命令组中的相应命令。

Excel 的每张工作表都可以进行不同的设置，如纸张大小、打印方向、页边距、页眉页脚、打印标题等。但在实际应用时，用户经常需要为多张工作表做相同或相近的页面设置。事实上，可以复制工作表的页面设置。具体操作步骤如下。

步骤 1：选定需要进行页面设置的工作表。先选定进行过页面设置的工作表，然后按住【Ctrl】键，逐个单击需要进行页面设置的工作表标签，以选定所有目标工作表。

步骤 2：复制页面设置。单击"页面布局"选项卡"页面设置"命令组右下角的对话框启动按钮，系统弹出"页面设置"对话框，然后直接单击"确定"按钮，关闭"页面设置"对话框。

按照上述操作，源工作表的页面设置将会被复制到所有目标工作表上。

5.3　工作表的打印设置及打印

在完成了各项页面设置后，就可以打印工作表了。打印工作表时，可以打印指定的区域，也可以打印指定的工作表或整个工作簿。但是在打印之前，最好先对设置后的工作表进行打印预览，待满意后再进行打印输出。

5.3.1　设置打印区域

如果需要打印工作表中的部分数据，可以设置打印区域。打印区域是在不需要打印整个工作表时指定打印的一个或多个单元格区域。定义了打印区域之后打印工作表时，将只打印该区域。一个工作表可以有多个打印区域，每个打印区域都将作为一个单独的页打印。

1. 设置打印区域

设置打印区域常用的方法有两种，一是使用命令；二是通过"页面设置"对话框。

（1）使用命令设置打印区域，其具体操作步骤如下。

步骤1：选定打印区域。选定待打印的单元格区域。

步骤2：设置打印区域。在"页面布局"选项卡的"页面设置"组中，单击"打印区域"→"设置打印区域"命令；或者在"文件"选项卡中，单击"打印"→"打印活动工作表"→"打印选定区域"命令。此时选定的单元格区域即被设置为打印区域，同时单元格区域会出现虚线框。

此方法适用于当次打印，下次再打印时，需要使用同样的步骤进行设置，而不能直接打印。

有时打印的区域可能是多个不连续的行或列，并希望打印在同一页上。此时可以先将不需要打印的行或列隐藏起来，然后再打印工作表。

（2）使用"页面设置"对话框设置打印区域，其具体操作步骤如下。

步骤1：打开"页面设置"对话框。

步骤2：设置打印区域。单击"工作表"选项卡，然后在"打印区域"文本框中输入待打印单元格区域地址。若需打印多个单元格区域，则在输入时使用逗号（，）将待打印单元格区域地址分开。也可以单击"打印区域"文本框右侧的"折叠"按钮，使用鼠标选定待打印的单元格区域，如图5-7所示。

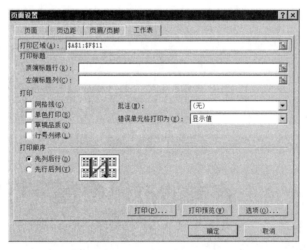

图5-7 打印区域的设置

步骤3：结束设置。单击"确定"按钮。

2. 取消打印区域

取消打印区域的操作步骤如下。

步骤1：选定单元格。单击要清除打印区域的工作表上的任意单元格。

步骤2：取消打印区域。在"页面布局"选项卡的"页面设置"组中，单击"打印区域"→"取消打印区域"命令。

如果工作表包含多个打印区域，则清除一个打印区域将删除工作表上的所有打印区域。

5.3.2　打印预览

页面设置完成后，在打印之前，应利用打印预览功能查看打印的模拟效果，通过预览，可以更精细地设置打印效果，直到满意后再打印。在打开的"页面设置"对话框中，每个选项卡里都有"打印预览"命令按钮，单击该按钮可以看到打印预览的效果；也可以使用"文件"选项卡的"打印"命令进行打印预览。

如果希望直接进入打印预览窗口，可以按【Ctrl】+【F2】组合键。

5.3.3　打印工作表

对工作表进行页面设置和预览后，如果对设置效果满意，就可以进行打印。打印时，可以打印整个工作簿，也可以打印部分工作表，还可以打印多份相同的工作表。

1. 打印整个工作簿

如果需要打印当前工作簿中的所有工作表，可以按以下步骤进行操作。

步骤1：执行"打印"命令。单击"文件"→"打印"命令。

步骤2：设置打印整个工作簿。单击"打印活动工作表"→"打印整个工作簿"命令。

步骤3：打印整个工作簿。单击"打印"按钮进行打印。

设置为"打印整个工作簿"后，会一次性将工作簿中的所有工作表都打印出来。

2. 打印部分工作表

如果希望打印工作簿上的某几张工作表，可以在按住【Ctrl】键的同时，逐个单击待打印的工作表的标签，然后单击"文件"选项卡中的"打印"→"打印"命令按钮。

如果希望打印的多张工作表具有连续的页码，则可按以下步骤进行设置。

步骤1：选定待打印的工作表，并打开"页面设置"对话框。

步骤2：设置页码。单击"页眉/页脚"选项卡，然后单击"自定义页眉"或"自定义页脚"按钮，在弹出的对话框的"左""中"或"右"编辑框中插入页码。

步骤3：结束设置。单击"确定"按钮，关闭"页眉"或"页脚"对话框。然后单击"确定"按钮，关闭"页面设置"对话框。

3. 打印多份相同的工作表

如果需要打印多份相同的工作表，可按以下步骤进行设置。

步骤1：执行"打印"命令。单击"文件"→"打印"命令。

步骤2：设置打印份数。在"打印"下方微调框中输入待打印的份数，如图5-8所示。

从图5-8所示可以看出，在当前状态下还可以设置打印机属性、打印页数的范围、打印纸张的方向、纸张的大小等。

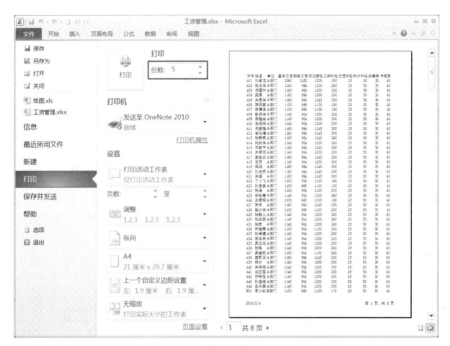

图5-8　打印份数的设置

5.4
应用实例——打印人事档案表

打印人事档案是档案管理比较基础也是经常性的工作。例如有时需要打印某部门职工的人事档案信息，有时需要打印所有职工的人事档案信息等。一般在打印前，应根据需要对打印的工作表进行页面等相关设置，然后再进行打印。本节将通过对人事档案表进行打印设置，进一步介绍Excel有关打印设置操作的方法和技巧。

5.4.1　设置人事档案表页面

Excel的页面设置和Word类似，但是在某些方面比Word功能更为复杂，主要包括页面、页边距、页眉/页脚和工作表的设置。下面将重点对人事档案表的页面、页边距和工作表进行设置。

由于人事档案表比较宽，并且包含的数据行比较多，因此需要将页面设置成A4纸、横向打印，将页边距设置成左右边距为0；为了使人事档案表打印在纸张的正中位置，需要将居中方式设置为水平居中；为了使打印在每一页上的表格都能够显示出第1行的标题和第2行的表头，需要设置顶端标题行。完成这些设置的操作步骤如下。

步骤 1：打开"页面设置"对话框。

步骤 2：设置方向。单击"页面"选项卡，在"方向"选项中选定"横向"单选按钮。

步骤 3：设置纸张。在"纸张大小"下拉列表中选择"A4"。设置完毕的"页面"选项卡的"页面设置"对话框如图 5-9 所示。

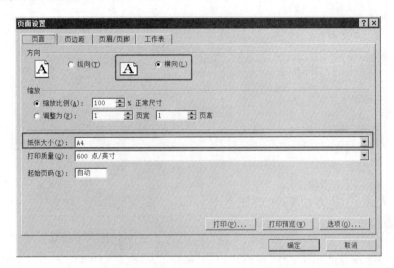

图 5-9　纸张方向及纸张大小的设置结果

步骤 4：设置页边距。单击"页边距"选项卡，将"左""右"两项设置为"0"。

步骤 5：设置居中方式。在"居中方式"选项区域中，勾选"水平"复选框。设置完毕后的"页边距"选项卡的"页面设置"对话框如图 5-10 所示。

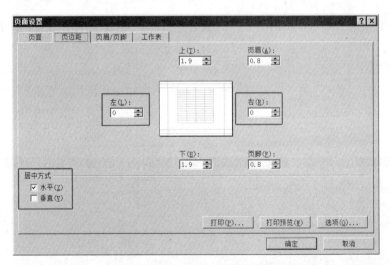

图 5-10　页边距及居中方式的设置结果

步骤 6：设定顶端标题行。单击"工作表"选项卡，单击"顶端标题行"右侧的"折叠"按钮，选择"人事档案"工作表的标题行和表头行（第 1 行和第 2 行）。设置完毕的"工作表"选项卡的"页面设置"对话框如图 5-11 所示。

步骤 7：结束设置。单击"确定"按钮，关闭"页面设置"对话框。

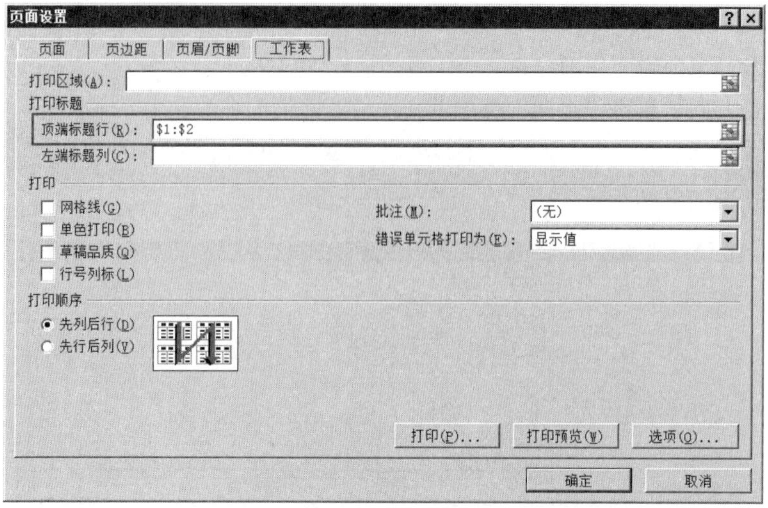

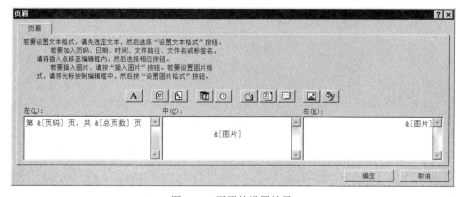

图 5-11　顶端标题行的设置结果

5.4.2　设置人事档案表页眉和页脚

由于人事档案表由多页组成，为了便于装订，也为了使整个表的布局显得更加专业，设置每页的左上角显示"第*页 共*页"字样，每页的右上角显示某学校 LOGO，并在所设内容的下方显示一条横线；同时设置每页的右下角为打印日期。

其具体操作步骤如下。

步骤 1：绘制直线。打开一个画图程序（如 Windows 画图），使用直线工具画一条长度合适的直线，将其以 JPG 格式保存到磁盘中。

步骤 2：打开"页面设置"对话框。

步骤 3：设置页眉。单击"页眉/页脚"选项卡；单击"页眉"下拉列表框的下拉箭头，从中选择"第 1 页，共? 页"；单击"自定义页眉"按钮，弹出"页眉"对话框，将"中"编辑框中的内容移至"左"编辑框中；将光标定位到"中"编辑框中，按一次【Enter】键，然后单击"插入图片"按钮 ，在弹出的"插入图片"对话框中选择已制作的直线图片，单击"插入"按钮；将光标定位到"右"编辑框中，单击"插入图片"按钮，在弹出的"插入图片"对话框中选定已准备好的 LOGO 图片，单击"插入"按钮。设置结果如图 5-12 所示。最后单击"确定"按钮。

图 5-12　页眉的设置结果

插入图片后，如果需要，可以单击"设置图片格式"按钮 ，对图片进行格式设置。

步骤4：设置页脚。由于 Excel 预设的页脚中没有需要的格式，因此单击"自定义页脚"按钮，弹出"页脚"对话框。将光标定位到"右"编辑框中，单击"插入日期"按钮。设置完毕后的"页眉/页脚"选项卡的"页面设置"对话框如图 5-13 所示。单击"确定"按钮完成设置。

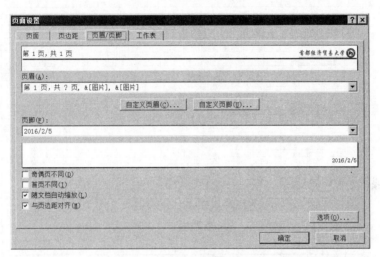

图 5-13 页眉/页脚的设置结果

5.4.3 打印预览人事档案表

完成上述设置后，在打印之前，还应预览打印的效果。打印预览效果如图 5-14 所示。

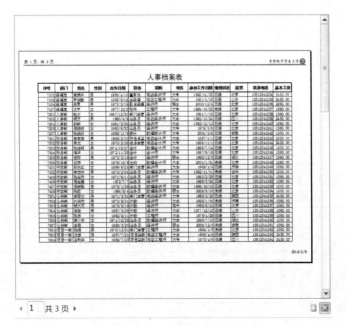

图 5-14 打印预览

单击预览窗口下方的向右箭头按钮或向左箭头按钮，可浏览其他页面；在数值框中直接输入数值，可浏览指定的页面。

如果希望将不同部门的人事档案表分别打印在不同页面上，可以利用分页预览视图进行调整。其具体操作步骤如下。

步骤1：进入分页预览视图。在"视图"选项卡的"工作簿视图"命令组中，单击"分页预览"命令，这时将进入"分页预览"视图，如图5-15所示。

序号	部门	姓名	性别	出生日期	职务	职称	学历	参加工作日期	婚姻状况	籍贯	联系电话	基本工资
					人事档案表							
7101	经理室	黄振华	男	1966/4/10	董事长	高级经济师	大专	1987/11/23	已婚	北京	13512341234	3430.00
7102	经理室	尹洪群	男	1958/9/18	总经理	高级工程师	大本	1981/4/18	已婚	山东	13512341235	2430.00
7104	经理室	杨灵	男	1973/3/19	副总经理	经济师	博士	2000/12/4	已婚	北京	13512341236	2260.00
7107	经理室	沈宁	女	1977/10/2	秘书	工程师	大本	1999/10/23	未婚	北京	13512341237	1360.00
7201	人事部	赵文	女	1967/12/30	部门主管	经济师	大本	1991/1/18	已婚	北京	13512341238	
7203	人事部	胡方	男	1960/4/8	业务员	高级经济师	大本	1962/12/24	已婚	四川	13512341239	2430.00
7204	人事部	郭新	女	1961/3/26	业务员	经济师	大本	1963/12/12	已婚	北京	13512341240	1360.00
7205	人事部	周晓明	女	1960/6/20	业务员	经济师	大本	1979/3/6	已婚	北京	13512341241	1360.00
7207	人事部	张淑玲	女	1968/11/9	统计	助理统计师	大本	2001/3/6	已婚	安徽	13512341242	1200.00
7301	财务部	辛忠耀	男	1965/2/10	财务总监	高级会计师	大本	1987/1/1	已婚	北京	13512341243	2880.00
7302	财务部	焦戈	女	1970/2/26	成本主管	高级会计师	大本	1989/11/1	已婚	北京	13512341244	2430.00
7303	财务部	张进明	男	1974/10/27	会计	助理会计师	大本	1996/7/14	已婚	北京	13512341245	1200.00
7304	财务部	傅华	女	1972/11/29	会计	会计师	大专	1997/9/19	已婚	北京	13512341246	1360.00
7305	财务部	杨阳	男	1973/3/19	会计	经济师	项士	1998/12/5	已婚	湖北	13512341247	1360.00
7306	财务部	任琼	女	1979/10/5	出纳	助理会计师	大专	2004/1/31	未婚	北京	13512341248	1360.00
7401	行政部	郭永红	女	1969/8/24	部门主管	经济师	大本	1993/1/2	已婚	天津	13512341249	1360.00
7402	行政部	李龙吟	男	1973/2/24	业务员	助理经济师	大本	1992/11/11	未婚	吉林	13512341250	1360.00
7405	行政部	张玉丹	女	1971/6/11	业务员	经济师	大专	1993/2/25	已婚	北京	13512341251	1360.00
7406	行政部	周金馨	女	1972/7/7	业务员	经济师	大本	1996/3/24	已婚	北京	13512341252	1360.00
7407	行政部	周新聪	男	1975/1/29	业务员	助理经济师	大本	1996/10/15	已婚	北京	13512341253	1200.00
7408	行政部	张政	女	1984/8/4	业务员	助理经济师	项士	2008/8/10	未婚	北京	13512341254	1200.00
7501	公关部	安馨文	女	1971/3/31	部门主管	高级经济师	大本	1995/2/28	已婚	陕西	13512341255	2430.00
7502	公关部	刘润杰	男	1973/8/31	外勤	经济师	大本	1998/1/16	未婚	河南	13512341256	1360.00
7503	公关部	胡大风	男	1975/5/19	外勤	经济师	高中	1995/5/10	已婚	北京	13512341257	1360.00
7504	公关部	高俊	男	1957/3/26	外勤	经济师	大本	1977/12/12	已婚	山东	13512341258	1360.00
7505	公关部	张乐	女	1962/8/11	外勤	工程师	大本	1975/4/29	已婚	四川	13512341259	1360.00
7506	公关部	李小东	女	1974/10/28	业务员	助理经济师	大专	1996/7/15	已婚	湖北	13512341260	1200.00
7507	公关部	王晟	男	1983/3/20	业务员	经济师	大本	2006/12/5	未婚	北京	13512341261	1360.00
7601	项目一部	张涛	男	1970/12/21	部门主管	工程师	大本	1994/1/5	已婚	北京	13512341262	1360.00
7603	项目一部	沈桉	男	1957/7/21	项目监理组长	高级工程师	大本	1979/4/6	已婚	陕西	13512341263	2430.00
7604	项目一部	王利华	男	1959/7/20	项目监理组长	高级工程师	大本	1980/4/6	已婚	四川	13512341264	2430.00
7605	项目一部	郭管夏	女	1969/2/17	项目监理组长	高级经济师	大本	1980/11/5	已婚	山东	13512341265	2430.00
7606	项目一部	赵开平	男	1958/6/19	业务员	经济师	大本	1981/3/7	已婚	北京	13512341266	1360.00
7607	项目一部	李燕	女	1974/4/28	业务员	经济师	大本	1983/12/12	已婚	北京	13512341267	1360.00
7608	项目一部	郝海为	男	1960/9/11	业务员	工程师	大本	1985/5/29	已婚	北京	13512341268	1360.00
7609	项目一部	盛代国	男	1962/9/29	业务员	工程师	大本	1983.6.16	已婚	湖北	13512341269	1360.00

图5-15　分页预览视图

步骤2：设置按部门分页。在"分页预览"视图中显示的蓝色虚线就是Excel设置的分页符。可以用鼠标拖动蓝色虚线（分页符）到适当的位置。这里将第1页的分页符拖动到第6行（经理室的最后一行）下方。类似地，在其他部门之间设置人工分页符。结果如图5-16所示。

序号	部门	姓名	性别	出生日期	职务	职称	学历	参加工作日期	婚姻状况	籍贯	联系电话	基本工资
					人事档案表							
7101	经理室	黄振华	男	1966/4/10	董事长	高级经济师	大专	1987/11/23	已婚	北京	13512341234	3430.00
7102	经理室	尹洪群	男	1958/9/18	总经理	高级工程师	大本	1981/4/18	已婚	山东	13512341235	2430.00
7104	经理室	杨灵	男	1973/3/19	副总经理	经济师	博士	2000/12/4	已婚	北京	13512341236	2260.00
7107	经理室	沈宁	女	1977/10/2	秘书	工程师	大本	1999/10/23	未婚	北京	13512341237	1360.00
7201	人事部	赵文	女	1967/12/30	部门主管	经济师	大本	1991/1/18	已婚	北京	13512341238	
7203	人事部	胡方	男	1960/4/8	业务员	高级经济师	大本	1982/12/24	已婚	四川	13512341239	2430.00
7204	人事部	郭新	女	1961/3/26	业务员	经济师	大本	1983/12/12	已婚	北京	13512341240	1360.00
7205	人事部	周晓明	女	1960/6/20	业务员	经济师	大本	1979/3/6	已婚	北京	13512341241	1360.00
7207	人事部	张淑玲	女	1968/11/9	统计	助理统计师	大本	2001/3/6	已婚	安徽	13512341242	1200.00
7301	财务部	辛忠耀	男	1965/2/10	财务总监	高级会计师	大本	1987/1/1	已婚	北京	13512341243	2880.00
7302	财务部	焦戈	女	1970/2/26	成本主管	高级会计师	大本	1989/11/1	已婚	北京	13512341244	2430.00
7303	财务部	张进明	男	1974/10/27	会计	助理会计师	大本	1996/7/14	已婚	北京	13512341245	1200.00
7304	财务部	傅华	女	1972/11/29	会计	会计师	大专	1997/9/19	已婚	北京	13512341246	1360.00
7305	财务部	杨阳	男	1973/3/19	会计	经济师	项士	1998/12/5	已婚	湖北	13512341247	1360.00
7306	财务部	任琼	女	1979/10/5	出纳	助理会计师	大专	2004/1/31	未婚	北京	13512341248	1360.00
7401	行政部	郭永红	女	1969/8/24	部门主管	经济师	大本	1993/1/2	已婚	天津	13512341249	1360.00
7402	行政部	李龙吟	男	1973/2/24	业务员	助理经济师	大本	1992/11/11	未婚	吉林	13512341250	1360.00
7405	行政部	张玉丹	女	1971/6/11	业务员	经济师	大专	1993/2/25	已婚	北京	13512341251	1360.00
7406	行政部	周金馨	女	1972/7/7	业务员	经济师	大本	1996/3/24	已婚	北京	13512341252	1360.00
7407	行政部	周新聪	男	1975/1/29	业务员	助理经济师	大本	1996/10/15	已婚	北京	13512341253	1200.00
7408	行政部	张政	女	1984/8/4	业务员	助理经济师	项士	2008/8/10	未婚	北京	13512341254	1200.00
7501	公关部	安馨文	女	1971/3/31	部门主管	高级经济师	大本	1995/2/28	已婚	陕西	13512341255	2430.00
7502	公关部	刘润杰	男	1973/8/31	外勤	经济师	大本	1998/1/16	未婚	河南	13512341256	1360.00
7503	公关部	胡大风	男	1975/5/19	外勤	经济师	高中	1995/5/10	已婚	北京	13512341257	1360.00
7504	公关部	高俊	男	1957/3/26	外勤	经济师	大本	1977/12/12	已婚	山东	13512341258	1360.00
7505	公关部	张乐	女	1962/8/11	外勤	工程师	大本	1975/4/29	已婚	四川	13512341259	1360.00
7506	公关部	李小东	女	1974/10/28	业务员	助理经济师	大专	1996/7/15	已婚	湖北	13512341260	1200.00
7507	公关部	王晟	男	1983/3/20	业务员	经济师	大本	2006/12/5	未婚	北京	13512341261	1360.00
7601	项目一部	张涛	男	1970/12/21	部门主管	工程师	大本	1994/1/5	已婚	北京	13512341262	1360.00

图5-16　按部门分页预览设置结果

若要结束"分页预览"视图，可单击"视图"选项卡"工作簿视图"命令组中的"普通"命令，返回到普通视图。按部门设置好分页的人事档案表，其最后一页打印预览窗口如图 5-17 所示。

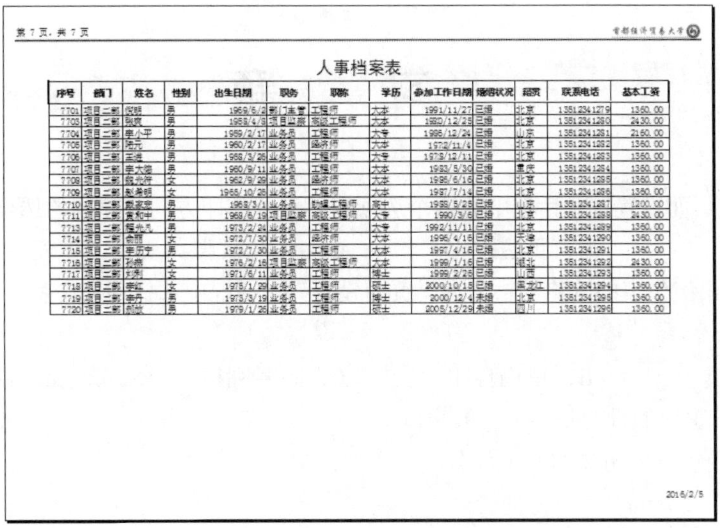

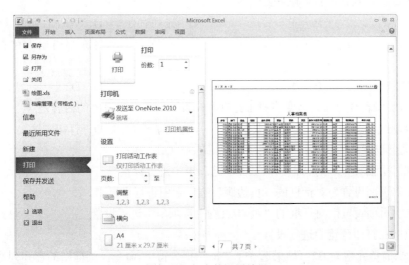

图 5-17　按部门分页后的打印预览效果

5.4.4　打印人事档案表

所有设置完成且预览结果也符合要求后，就可以开始打印了。打印人事档案表的操作步骤如下。

步骤 1：执行"打印"命令。单击"文件"→"打印"命令。

步骤 2：设置打印机名称。在"打印机"下拉列表中选择合适的打印机。

步骤 3：选择打印对象。在"设置"下拉列表中选择"打印活动工作表"。

步骤 4：设定打印份数。在"打印"下方微调框中输入 1。还可以设置纸张方向和纸张大小等。设置结果如图 5-18 所示。

图 5-18　打印的设置结果

步骤 5：打印工作表。单击"打印"按钮，即可开始打印人事档案表。

通常情况下，都需要将建立好的 Excel 表格打印输出。因此掌握上述介绍的打印输出设置技巧，可以使打印输出的文档能够更加符合自己的显示需要。

习　题

一、选择题

1．以下是"页面设置"对话框中的四个选项卡，设置打印方向应使用的选项卡是（　　）。

　　A．页面　　　　　B．页边距　　　　　C．页眉/页脚　　D．工作表

2．若要打印出工作表的网络线，需在"页面设置"对话框中选择"工作表"选项卡，然后应勾选的复选框是（　　）。

　　A．网格线　　　　B．单色打印　　　　C．行号列标　　D．草稿品质

3．Excel 拆分窗口的目的是（　　）。

　　A．使表内容分成明显的两个部分

　　B．将工作表分成多个以方便管理

　　C．拆分工作表以方便看到工作表不同部分

　　D．将大工作表拆分为两个以上的小工作表

4．以下关于打印工作簿的叙述中，错误的是（　　）。

　　A．一次可以打印整个工作簿

　　B．一次可以打印一个工作簿中的一个或多个工作表

　　C．在一个工作表中可以只打印某一页

　　D．不能打印一个工作表中的一个区域

5．在 Excel 的"页眉"对话框中，无法自动插入的内容是（　　）。

　　A．计算机名　　B．文件名　　　　C．工作表名　　D．文件路径

6．在 Excel 中，默认的打印顺序是（　　）。

　　A．先左后右　　B．先右后左　　　C．先列后行　　D．先行后列

7．若希望在浏览工作表时，最上一行和最左三列固定，应将冻结窗格的位置单元格设置在（　　）。

　　A．C1　　　　　B．D1　　　　　C．C2　　　　D．D2

8．在打印工作表时，如果需要将第 1 行打印在每页上端，应设置的内容是（　　）。

　　A．打印区域　　B．顶端标题行　　C．左端标题列　D．打印顺序

9．以下关于设置页眉和页脚的叙述中，正确的是（　　）。

　　A．在"页面设置"对话框的"页面"选项卡中进行设置

　　B．在"页面设置"对话框的"页边距"选项卡中进行设置

　　C．在"页面设置"对话框的"页眉/页脚"选项卡中进行设置

　　D．只能在打印预览中进行设置

10．假设当前单元格为 B2，如果选择了"冻结拆分窗格"命令，则冻结的行和列是（　　）。

　　A．第 1 行和第 1 列　　　　　　　B．第 1 行和第 2 列

　　C．第 2 行和第 1 列　　　　　　　D．第 2 行和第 2 列

二、填空题

1. 在 Excel 中，按_____组合键可以选择整个工作表。

2. 在打印工作表时，可以通过设置_____，将工作表某一行内容打印在每页最上端。

3. 在 Excel 中，为了查看对比大型工作表不同位置的数据，应该进行_____操作。

4. 并排查看与单纯的重排窗口在功能上最大的区别是_____。

5. 按下_____组合键可以直接进入打印预览窗口。

三、问答题

1. 使用 Excel 提供的拆分窗口功能和冻结窗格功能的目的是什么？

2. 打印预览时，分页预览的作用是什么？

3. 如何将某一工作表的页面设置复制到其他一张或多张工作表中？

4. 怎样控制打印输出的比例？

5. 图 5-19 所示是使用 Excel 制作的绩效奖金表，在"页面设置"对话框中设置了打印区域为 A1:G6，在不清除打印区域的情况下，如何将 A1:C6 和 G1:G6 打印出来？

	A	B	C	D	E	F	G
1	工号	姓名	部门	评分	评定等级	评定系数	绩效奖金
2	0001	孙家龙	办公室	78	较好	0.7	2730
3	0002	张卫华	办公室	88	良好	1	2600
4	0003	王叶	办公室	90	优秀	1.3	3120
5	0004	梁勇	办公室	76	较好	0.7	1680
6	0005	朱思华	办公室	60	合格	0.5	1200
7	0006	陈关敏	财务部	88	良好	1	3600
8	0007	陈德生	财务部	76	较好	0.7	1680
9	0008	陈桂兰	财务部	90	优秀	1.3	2860
10	0009	彭庆华	工程部	79	较好	0.7	2289
11	0010	王成祥	工程部	89	良好	1	2170
12	0011	何家强	工程部	45	需要改进	0	100

图 5-19　已设置了打印区域的绩效奖金表

实　　训

对第 4 章实训中完成的"办公信息调整"表（如图 4-22 所示），按照以下要求完成打印设置。

1. 冻结第 3 列以左、第 3 行以上数据。

2. 设置页眉和页脚，使页眉右侧显示报表制作时间，页脚中间显示报表当前页数和总页数。

3. 设置工作表，使每页报表均显示工作表第 2 列和第 2 行的数据。

4. 按部门输出员工信息

第 2 篇　数据处理篇

第6章 | 使用公式计算数据

内容提要

本章主要介绍数据计算的步骤和要点，包括公式的使用与审核、单元格的引用、数据的合并计算等。重点是通过计算工资管理工作簿中的各项工资数据和计算销售管理工作簿中业务员的销售业绩奖金，掌握应用 Excel 完成各种不同计算的方法。这部分是学习和应用 Excel 最重要也是最灵活的方面，是学习和掌握 Excel 的重点。

主要知识点

- 公式组成
- 运算符种类及用法
- 公式输入与编辑
- 单元格引用
- 合并计算
- 公式审核

Excel 作为电子数据表软件其强大的数据计算、数据分析功能主要体现在公式和函数的应用上。使用公式，可以进行加、减、乘、除等简单计算，也可以完成统计分析等复杂计算，还可以利用公式对文本字符串进行比较和连接等操作。

6.1 | 认识公式

公式是 Excel 电子数据表的核心，使用公式可以轻松而快速地进行计算处理。

6.1.1　公式的概念

公式是指以 "=" 开始，通过使用运算符将数据、函数等元素按一定顺序连接在一起，从而实现对工作表中的数据进行计算和操作的等式。用户使用公式是为了计算结果，因此 Excel 公式的计算结果是数据值。

6.1.2　公式的组成

公式由前导符等号（=）、常量、单元格引用、区域名称、函数、括号及相应的运算符组成。其中，常量是指通过键盘直接输入到工作表中的数字或者文本。例如 115、"day" 等。单元格引用是指通过使用一些固定的格式引用单元格中的数据。例如 B5、$B$10、$A1:C$10 等。区域名称是指直接引用为该区域定义的名称。假设将区域 E1:F10 命名为 "day"，那么在计算时可以使用该名称代替此区域。例如求该区域数据之和，可将计算公式写为：=sum(day)。函数是 Excel 提供的各种内置函数，使用时直接给出函数名及参数即可。例如=sum(day)。括号是为了区分运算顺序而增加的一种符号。运算符是连接公式中基本运算量并完成特定计算的符号。例如 "+" "&" 等。

公式中的 "=" 不可省略，否则 Excel 会将其识别为文本。

6.1.3　公式中的运算符

运算符是公式中不可缺少的部分，主要包括算术运算符、关系运算符和文本运算符。

1.　算术运算符

使用算术运算符可以实现基本的算术运算。算术运算符包括加（+）、减（−）、乘（*）、除（/）、百分号（%）和乘方（^）。由算术运算符、数值常量、值为数值的单元格引用以及数值函数等组成的表达式称为算术表达式。算术表达式运算的结果为数值型。例如，C3 和 D3 单元格中存放的是数值型数据，那么 C3/D3*100 就属于算术表达式。

2.　文本运算符

使用文本运算符可以实现文本型数据的连接运算。文本运算符只有一个，即连接符（&），其功能是将两个文本型数据首尾连接在一起，形成一个新的文本型数据。由文本运算符、文本型常量、值为文本的单元格引用以及文本型函数等组成的表达式称为文本表达式。文本表达式运算结果为文本型。例如，"中国" & "计算机用户" 的运算结果为 "中国计算机用户"；又如，1234&567 的运算结果为 1234567。

计算连接的是数值型数据时，数据两侧的双引号可以省略；但计算连接的是文本型数据时，数据两侧的双引号不能省略，否则将返回错误值。

3.　关系运算符

使用关系运算符可以实现比较运算。关系运算符包括大于（>）、大于等于（>=）、小于（<）、小于等于（<=）、等于（=）和不等于（<>）6 种。关系运算用于比较两个数据的大小。由关系运算符、数值表达式、文本表达式等组成的表达式称为关系表达式。关系表达式运算的结果为一个逻辑值：TURE 或 FALSE。这里需要注意的是，关系运算符两侧的表达式应为同一种类型。例如，"ABC" > "BAC" 是一个关系表达式，关系运算符两侧均为文本表达式，比较结果为 FALSE。在 Excel 中，除错误值外，数值、文本和逻辑值之间均存在大小关系，即数值小于文本、文本小于逻辑值。

文本型数值与数值是两个不同的概念，Excel 允许数值以文本类型存储。如果一定要比较文本型数值与数值的大小，可将二者相减的结果与 0 比较大小来实现。

4. 运算符的优先级

如果一个表达式用到了多个运算符，那么这个表达式中的运算将按一定的顺序进行，这种顺序称为运算的优先级。运算符的优先级为：^（乘方）→－（负号）→%（百分比）→*、/（乘或除）→+、－（加或减）→&（文本连接）→>、>=、<、<=、=、<>（比较）。

如果公式中包含了相同优先级的运算符，例如公式中同时包含了乘法和除法，Excel 将从左到右进行计算。如果要修改计算顺序，可将先计算的部分放在括号内。

括号的优先级最高。也就是说，如果在公式中包含括号，那么应先计算括号内的表达式，然后再计算括号外的表达式。

6.2 输入公式

输入公式与输入数据类似，可以在单元格中输入，也可以在编辑栏中输入。无论在什么位置上输入，均可以使用两种方法，即手工输入和单击单元格输入。

6.2.1 手工输入

手工输入就是完全通过键盘来输入整个公式。方法是先输入一个等号，然后依次输入公式中的各元素。例如，在 F4 单元格中输入=D4+E4。在输入过程中，可以发现当输入 D4 时，D4 单元格的边框变为蓝色，表示它已成为公式中的引用单元格；输入了 E4 后，E4 单元格的边框变为绿色，同样表示它已成为公式中的引用单元格。如果后面还有更多的引用单元格，将分别以不同的颜色显示出来。

6.2.2 单击单元格输入

除手工输入公式外，Excel 还提供了一种简捷、快速的输入公式方法，即通过单击单元格输入运算元素，手工输入运算符。例如，在 F4 单元格中输入公式=D4+E4，操作步骤如下。

步骤 1：输入公式前导符。选定输入公式的单元格 F4，输入=。

步骤 2：输入 D4。用鼠标单击 D4 单元格，这时 D4 单元格的边框变为一个活动虚线框，此时 F4 单元格中的内容变为 "=D4"。

步骤 3：输入运算符。输入+（加号），此时 D4 单元格的边框变为蓝色实线。

步骤 4：输入 E4。用鼠标单击 E4 单元格，这时 E4 单元格的边框变为一个活动虚线框，此时 F4 单元格中的内容变为 "=D4+E4"。

步骤 5：确认输入。单击编辑栏上的"输入"按钮✓。

当单元格 D4 或 E4 的数据发生变化时，F4 中的内容也随之发生变化，而不需要手工修改其中的信息，这正是公式的优势所在。

6.3 | 编辑公式

如果输入的公式有误，可以对其进行修改。修改公式的方法与修改单元格中数据的方法相同。除此之外，还可以对输入的公式进行复制、删除、显示等操作。

6.3.1 复制公式

可以使用自动填充的方法将公式复制到连续区域的单元格中，也可以使用"复制"命令实现不连续区域的公式复制。使用自动填充方法复制公式的操作步骤如下。

步骤1：选定要复制公式的单元格。

步骤2：执行复制操作。将鼠标移到所选单元格的填充柄处，当鼠标指针变成十字形状时，按住鼠标左键不放拖动至所需单元格放开。此时可以看到填充公式的单元格中立即显示出计算结果。

可以通过组合键实现公式的快速复制。具体操作步骤如下。

步骤1：选择单元格区域。选择公式所在单元格及需要复制公式的连续单元格区域。例如，将F4单元格中的公式"=D4+E4"复制到F5:F10中，应选择F4:F10。

步骤2：复制公式。按下【Ctrl】+【D】组合键。

6.3.2 显示公式

默认情况下，含有公式的单元格中显示的数据是公式的计算结果。但是，如果希望显示公式，则可以按以下步骤进行操作。

步骤1：切换到"公式"选项卡。单击"公式"选项卡。

步骤2：设置显示公式。单击"公式审核"命令组中的"显示公式"命令，这时工作表中所有的公式将立即显示出来。

如果希望使含有公式的单元格恢复显示计算结果，可以再次单击"公式"选项卡"公式审核"命令组中的"显示公式"命令。

6.3.3 删除公式

如果希望在含有公式的单元格中只显示和保留其中的数据，可以将公式删除。其操作步骤如下。

步骤1：复制含有公式的单元格。选定需要删除公式的单元格或单元格区域，然后单击"开始"选项卡"剪贴板"命令组中的"复制"命令，或者直接按下【Ctrl】+【C】组合键。

步骤2：打开"选择性粘贴"对话框。单击鼠标右键，从弹出的快捷菜单中选择"选择性粘贴" → "选择性粘贴"命令，此时弹出"选择性粘贴"对话框。

步骤3：设置粘贴内容。选定"粘贴"选项区中的"数值"单选按钮。设置结果如图6-1所示。

步骤4：确认删除。单击"确定"按钮，即可将选定单元格中的公式删除。

按【Delete】键，将删除包括数值和公式在内的所有内容。

图 6-1　粘贴内容设置结果

6.4 | 引用单元格

在 Excel 中处理数据时，几乎所有的公式都要引用单元格或单元格区域，引用的作用相当于链接，指明公式中使用的数据位置。公式的计算结果取决于被引用的单元格中的值，并随着其值的变化发生相应的变化。在 Excel 中，共有 3 种引用单元格的方式，分别是相对引用、绝对引用和混合引用。

6.4.1　相对引用

相对引用是指公式所在的单元格与公式中引用的单元格之间的相对位置。若公式所在单元格的位置发生了变化，那么公式中引用的单元格的位置也将随之发生变化，这种变化是以公式所在单元格为基点的。例如，在 F4 单元格中输入了公式=D4+E4，公式中使用了相对引用 D4 和 E4，被引用的 D4 是以公式所在单元格 F4 为基点，向左移动 2 列的单元格，被引用的 E4 是以公式所在单元格 F4 为基点，向左移动 1 列的单元格。当将 F4 单元格中的公式复制到 F5 单元格中时，公式中被引用的单元格是以公式所在的单元格 F5 为基点，向左移动 2 列的单元格是 D5，向左移动 1 列的单元格是 E5，因此 F5 单元格中的公式变为"=D5+E5"，这就是相对引用。也就是说，相对引用是随着公式所在单元格位置的变化而相对变化的。

6.4.2　绝对引用

有时在公式中需要引用某个固定的单元格，无论将引用该单元格的公式复制或者填充到什么位置，都不希望它发生任何改变，这时就要使用单元格的绝对引用。绝对引用的方法是在列标和行号前分别加上"$"符号。例如，$H$2 表示工作表 H2 单元格的绝对引用，而$A$1:$C$6 则表示 A1:C6 单元格区域的绝对引用。绝对引用与公式所在单元格位置无关，即使公式所在单元格位置发生了变化，引用的公式不会改变，引用的内容也不会发生任何变化。

6.4.3　混合引用

有时希望公式中使用的单元格引用的一部分固定不变，而另一部分自动改变。例如行号变化列标不变，或者列标变化行号不变，这时可以使用混合引用。混合引用有两种形式：一是行号使用相对引用，列标使用绝对引用；二是行号使用绝对引用，列标使用相对引用。例如$C3、C$3 均为混合引用。如果公式所在单元格位置改变，则相对引用改变，而绝对引用不改变。

若要改变公式中的引用方式，可以通过快捷键【F4】来完成。当输入一个单元格引用后，反复按【F4】键可以在 4 种类型中循环选择。例如，在编辑栏中输入=D4，按一下【F4】键，公式变为"=$D$4"；再按一下【F4】键，变为"=D$4"；再按一次【F4】键，变为"=$D4"；最后按一次【F4】键，又返回到开始时的"=D4"。

6.4.4 外部引用

在公式中引用单元格，不仅可以引用同一工作表中的单元格，还可以引用同一工作簿其他工作表中的单元格，以及不同工作簿中的单元格。

1. 引用同一工作簿不同工作表中的单元格

在同一工作簿中，引用其他工作表单元格的方法是：在单元格引用前加上相应工作表引用（即工作表的名字），并用感叹号"!"将工作表引用和单元格引用分开。引用格式如下。

工作表引用!单元格引用

例如要引用"工资计算"工作表中的 F6 单元格，则应输入的公式为计算工资!$F$6。一般来说，引用另一张工作表单元格的数据时都采用绝对引用，这样即使将该公式移到其他单元格，所引用的单元格也不会发生变化。

如果工作表的名字包含空格，则必须用单引号将工作表引用括起来。

2. 引用不同工作簿中的单元格

当需要引用其他工作簿中的单元格时，引用格式如下。

[工作簿名称]工作表引用!单元格引用

例如要引用"工资管理"工作簿的"人员清单"工作表中的 C15 单元格，则应输入的公式为[工资管理. xlsx]人员清单!$C$15。若引用的工作簿未打开，则在引用中应写出该工作簿存放位置的绝对路径，并用单引号括起来。例如，='D:\Excel\[工资管理.xlsx]人员清单'!$C$15。

3. 三维引用

如果需要同时引用工作簿中多张工作表的单元格或单元格区域，则使用三维引用是非常方便的。尤其当多张工作表的同一单元格或同一区域的数据相关，且要对它们进行统计计算时，三维引用将给用户带来极大的方便。其引用格式如下。

工作表名 1:工作表名 N!单元格引用

例如，在某个工作簿中存放了 12 个月销售情况表，名称依次为 1 月、2 月、3 月……12 月，每张表的结构相同，即相应单元格存放的内容是相同的。假定每张表的 F18 单元格存放的是月销售利润，现需要计算全年销售总利润。

在此，若利用三维引用，就会使问题变得异常简单。方法是：在存放"年销售总利润"的单元格中输入公式=SUM(1 月:12 月!$F$18)。

6.5 | 合并计算

在实际应用中，常常出现这样的情况：某公司分设几个分公司，各分公司已经分别建立好了各自的年终报表，现在该公司要想得到总的年终报表，了解全局情况，这就要将各分公司的数据合并汇总，需要使用 Excel 的合并计算功能。

合并计算可以方便地将多张工作表的数据合并计算存放到另一张工作表中。在合并计算中，存放合并计算结果的工作表称为"目标工作表"，其中接收合并数据的区域称为"目标区域"，目标工作表应是当前工作表，目标区域也应是当前单元格区域。而被合并计算的各张工作表称为"源工作表"，其中被合并计算的数据区域称为"来源区域"。源工作表可以是打开的，也可以是关闭的。

Excel 提供了两种合并计算，即按位置合并计算和按分类合并计算。

6.5.1 按位置合并计算

最简单也是最常用的合并计算是根据位置合并工作表。按位置合并工作表时，要求合并的各工作表格式必须相同。按位置合并计算的操作步骤如下。

步骤 1：选定目标区域。选定要存放合并数据的工作表（目标工作表），然后选定存放合并数据的单元格区域（目标区域）。

步骤 2：打开"合并计算"对话框。在"数据"选项卡的"数据工具"命令组中，单击"合并计算"命令，系统弹出"合并计算"对话框。

步骤 3：选择计算函数。在"函数"下拉列表框中选择一个函数。

步骤 4：添加来源区域。单击"引用位置"框中的"折叠"按钮，再选定要合并的工作表中的单元格区域，然后单击"还原"按钮。单击"添加"按钮，这时选定的要合并的单元格区域添加到"所有引用位置"列表框中。

步骤 5：添加其他来源区域。重复步骤 4，依次将所有要合并的单元格区域都添加到"所有引用位置"列表框中。

步骤 6：执行合并计算操作。单击"确定"按钮完成合并计算，并将合并计算的结果显示在目标区域中。

如果要自动保持合并结果与源数据的一致，应在"合并计算"对话框中勾选"创建指向源数据的链接"复选框。

如果在合并计算时，勾选了"创建指向源数据的链接"复选框，那么存放合并数据的工作表中存放的不是单纯的合并数据，而是计算合并数据的公式。此时在合并工作表的左侧将出现分级显示按钮，可以根据需要显示或隐藏源数据。而且当源数据变动时，合并数据会自动更新，保持一致，也就是说合并数据与源数据之间建立了链接关系。如果在合并计算时，未勾选"创建指向源数据的链接"复选框，则存放合并数据的工作表中仅保存单纯的合并数据，此时合并的工作表中不会出现分级显示按钮，当源数据变动时，还需要重新进行合并计算。

6.5.2 按分类合并计算

如果要合并计算的各工作表格式不完全相同，则不能简单地使用按位置合并计算的方法汇总数据，而应该按分类进行合并。按分类合并工作表的操作方法与按位置合并工作表的操作方法类似，其操作步骤如下。

步骤 1：选定目标区域。选定要存放合并数据的目标工作表，然后选定存放合并数据的目标区域。与按位置合并不同的是，这时应同时选定分类依据所在的单元格区域。

步骤 2：打开"合并计算"对话框。

步骤 3：选择计算函数。在"函数"下拉列表框中选择一个函数。

步骤 4：添加来源区域。添加各工作表需要合并的来源区域。

> 按分类合并时，来源区域除了包含待合并的数据区域以外，还包括合并分类的依据所对应的单元格区域，而且各工作表中待合并的数据区域可能不完全相同，因此要逐个选定。

步骤 5：指定"标签位置"。在"标签位置"区域指定分类合并依据所在的单元格位置。如果分类标志在顶端行，勾选"首行"复选框；如果分类标志在最左列，则应勾选"最左列"复选框，如图 6-2 所示。

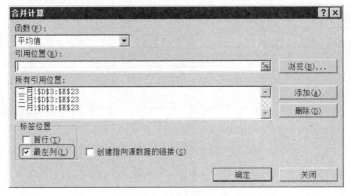

图 6-2　设置标签位置

> 按分类合并计算的关键步骤是要勾选"标签位置"区域中的"首行"或"最左列"复选框，或同时勾选"首行"和"最左列"复选框，这样 Excel 才能够正确地按指定的分类进行合并计算。

步骤 6：执行合并计算操作。单击"确定"按钮完成合并计算，并将合并计算的结果显示在目标区域中。

由于在合并计算时只能使用求和、平均值、计数、最大值等 11 种数值运算，因此 Excel 只合并计算源工作表中的数值，含有文字的单元格将被作为空白单元格。

6.6 审核公式

"正确的数据"是 Excel 进行数据计算最重要的基本条件之一。但是，如果工作表中的公式太多，就很难发现潜在的错误，这时可以使用公式审核工具来追踪引用单元格、从属单元格，以便了解某一单元格公式的来龙去脉。如果某单元格因为公式错误而出现错误信息，也可以通过公式审核工具找出公式错误的根源，找出引起错误的单元格。

6.6.1　错误信息

处理出错信息是审核公式的基本功能之一。在使用公式或函数进行计算的过程中，如果使用不正确，Excel 将在相应的单元格中显示一个错误值。例如在需要数字的公式中使用了文本、删除了被公式引用的单元格等，都将产生错误值。了解这些错误值的含义，将有助于发现和修正错误。表6-1 所示为 Excel 中常见的 8 种错误值及其功能。

表 6-1　　　　　　　　　　　常见的错误值

名　称	功　能
######	当列宽不够，或者使用了负的日期或负的时间时，产生此类错误
#DIV/0!	当数值被 0 除时，产生此错误值
#N/A	函数或公式中没有可用数值时，产生此错误值
#NAME?	公式中使用了 Excel 不能识别的名字时，产生此错误值
#NULL!	当指定两个并不相交的区域交叉点时，产生此错误值
#NUM!	公式或函数中使用了无效数值时，产生此错误值
#REF!	公式引用了无效的单元格时，产生此错误值
#VALUE!	当使用错误的参数或运算对象类型时，产生此错误值

6.6.2　追踪单元格

当工作表中使用的公式非常复杂时，往往很难搞清公式与值之间的关联关系。例如，某单元格的公式使用了许多其他单元格，而该单元格又被其他单元格中的公式所使用。利用 Excel 提供的单元格追踪功能，可以有效地解决此类问题。Excel 的审核工具追踪两种单元格，分别为引用单元格和从属单元格。

1. 追踪引用单元格

如果在选定的单元格中包含了一个公式或函数，在公式或函数中引用到的其他单元格称为引用单元格。追踪引用单元格的操作步骤如下。

步骤 1：选定要审核的单元格。

步骤 2：执行追踪引用单元格操作。在"公式"选项卡的"公式审核"命令组中，单击"追踪引用单元格"命令。

这时，Excel 将该公式的引用单元格用蓝色箭头标出。如果想要取消引用单元格追踪箭头，可单击"公式审核"命令组中的"移去箭头"命令，或单击"公式审核"命令组中的"移去箭头"右侧的下拉箭头，并从弹出的下拉菜单中选择"移去引用单元格追踪箭头"命令。

2. 追踪从属单元格

如果选定了一个单元格，而这个单元格又被一个公式所引用，则被选定的单元格就是包含公式单元格的从属单元格。追踪从属单元格的操作步骤如下。

步骤 1：选定要观察的单元格。

步骤2：执行追踪从属单元格操作。在"公式"选项卡的"公式审核"命令组中，单击"追踪从属单元格"命令。这时，Excel 在工作表中将用该单元格的公式所在的单元格用蓝色箭头线标出，表明选定的单元格被蓝色箭头线指向的单元格所使用。同样，如果需要继续观察下一级从属单元格，可再次执行此命令。如果想要取消从属单元格追踪箭头，可使用上述相同方法。

在追踪单元格后，如果对工作表进行了修改操作，例如修改某单元格中的公式、插入一行、删除一行等，那么工作表中的追踪箭头线将自动消失。

6.6.3　追踪错误

如果某单元格因为公式错误而出现错误信息，如#VALUE!、#NULL!、#DIV/0！等，可以使用"公式审核"命令组中的"追踪错误"命令来追踪。其操作步骤如下。

步骤1：选定想要追踪错误的单元格。

步骤2：执行追踪错误操作。在"公式"选项卡的"公式审核"命令组中，单击"检查错误"右侧的下拉箭头→"追踪错误"命令。

这时 Excel 用蓝色箭头显示引起错误的单元格，从而可以发现并分析造成错误的原因，对其进行修改。

如果希望清除所有追踪箭头，只需单击"公式审核"命令组上的"移去箭头"命令即可。

6.6.4　添加监视

在监视窗口中添加监视，可以监视指定单元格的公式及其内容的变化，即使该单元格已经移出屏幕，仍然可以由监视窗口查看其内容。其具体操作步骤如下。

步骤1：打开"监视窗口"对话框。在"公式"选项卡的"公式审核"命令组中，单击"监视窗口"命令，系统弹出"监视窗口"对话框。

步骤2：添加监视。单击"添加监视"按钮，弹出"添加监视点"对话框，选定要监视的单元格。结果如图 6-3 所示。

步骤3：关闭"添加监视点"对话框。单击"添加"按钮。此时可以看到"监视窗口"中显示了所监视单元格的内容及公式，如图 6-4 所示。

图6-3　监视点的添加结果

图6-4　监视单元格的显示内容

可以单击"公式审核"命令组中的"公式求值"命令，查看公式的计算结果，以确定公式的正确性。查看公式计算结果的操作步骤如下。

步骤1：选定要查看公式计算结果的单元格。

步骤2：打开"公式求值"对话框。单击"公式审核"命令组中的"公式求值"命令，系统弹出"公式求值"对话框，如图 6-5 所示。

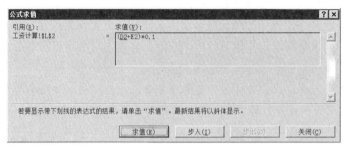

图 6-5　"公式求值"对话框

步骤 3：分步显示公式计算结果。单击"求值"按钮，"求值"框中将按公式计算的顺序逐步显示公式的计算过程，即每单击一次"求值"按钮，将计算一个值，图 6-6 展示了对公式＝(D2+E2)*0.1进行"公式求值"的过程。

图 6-6　分步查看公式计算结果

如果希望在编辑栏中直接查看公式或公式中部分对象的计算结果，可以使用【F9】键。方法是：在编辑栏中选定公式中需要显示计算结果的部分，按【F9】键，即可在编辑栏中显示该部分的计算结果。注意，在进行选择时，应选择包含整个运算的对象。

6.7 应用实例——计算和调整工资项

Excel 功能之一是对工作表中已有数据进行计算处理。在第 2 章应用实例中，已经向"工资管理"工作簿的"人员清单"表和"工资计算"表输入了一些基础数据，但还有些工资项数据需要通过计算产生。例如公积金、各种补贴、应发工资、实发工资等。除此之外，在工资管理中，"基本工资""职务工资"等是变动最多的数据项，有时是所有职工按相同幅度调整，有时是所有职工按不同幅度调整，还有时可能是个别职工进行调整。本节将介绍如何使用公式计算工资项，以及如何利用选择性粘贴、按位置合并计算和按类别合并计算等方法实现工资项的调整。

6.7.1　计算公积金

假设住房公积金统一按基本工资和职务工资之和的10%计算，则计算"公积金"的基本步骤如下。

步骤1：选定第1个职工"公积金"所在的单元格L2。

步骤2：计算第1个职工公积金。输入"公积金"的计算公式=(D2+E2)*0.1，单击编辑栏的"输入"按钮。结果如图6-7所示。

	L2		▼	=	= (D2+E2)*0.1							
	A	B	C	D	E	F	G	H	I	J	K	L	M
1	序号	姓名	单位	基本工资	职务工资	岗位津贴	工龄补贴	交通补贴	物价补贴	洗理费	书报费	公积金	医疗险
2	A01	孙家龙	A部门	2060	2452	1200		25	50			451.2	
3	A02	张卫华	A部门	1180	984	1200		25	50				

图6-7　计算第1个职工的"公积金"

公式中用到了该职工的基本工资和职务工资数据，引用方法是在公式中使用相应单元格的地址，这就是相对引用。

由图6-7可以看出，L2单元格中存储的是计算公式，显示的则是公式的计算结果。

步骤3：计算其他职工的公积金。将L2单元格的公式填充到L3:L140单元格中。结果如图6-8所示。

	L2		▼		= (D2+E2)*0.1							
	A	B	C	D	E	F	G	H	I	J	K	L	M
1	序号	姓名	单位	基本工资	职务工资	岗位津贴	工龄补贴	交通补贴	物价补贴	洗理费	书报费	公积金	医疗险
2	A01	孙家龙	A部门	2060	2452	1200		25	50			451.2	
3	A02	张卫华	A部门	1180	984	1200		25	50			216.4	
4	A03	何国叶	A部门	1180	984	1200		25	50			216.4	
5	A04	梁勇	A部门	1180	984	1200		25	50			216.4	
6	A05	朱思华	A部门	1180	984	1245		25	50			216.4	
7	A06	陈关敏	A部门	1100	869	1100		25	50			196.9	
8	A07	陈德生	A部门	1100	869	1100		25	50			196.9	
9	A08	彭庆华	A部门	1140	904	1200		25	50			204.4	
10	A09	陈桂兰	A部门	1140	904	1200		25	50			204.4	

图6-8　计算其他职工的公积金

Excel填充到L3单元格的公式自动变为"=(D3+E3)*0.1"，而填充到L4单元格的公式自动变为"=(D4+E4)*0.1"。这是Excel公式自动填充时的重要特征，单元格的相对引用会随着公式填充单元格位置的变化而自动相应地改变。

6.7.2　计算医疗险和养老险

假设该公司"医疗险"和"养老险"分别按基本工资和职务工资之和的2%和8%扣除。公式分别为：

医疗险 ＝ （基本工资+职务工资）×0.02

养老险 ＝ （基本工资+职务工资）×0.08

"医疗险"的计算与"公积金"的计算类似，即先在第 1 个职工"医疗险"所在的单元格 M2 中输入计算公式=(D2+E2)*0.02，然后将该公式填充到 M3:M140 单元格区域。"养老险"的计算步骤与此类似，相应的计算请读者自行完成。

6.7.3　计算应发工资

应发工资的计算相对来说比较简单，只需将各类工资和补贴汇总，减去各种扣除即可。其计算公式为：

应发工资 =（基本工资+职务工资+岗位津贴+工龄补贴+交通补贴+物价补贴+洗理费+书报费+其他+奖金）－（公积金+医疗险+养老险）

操作步骤如下。

步骤 1：选定第 1 个职工"应发工资"所在的单元格 Q2。

步骤 2：计算第 1 个职工应发工资。输入"应发工资"的计算公式

=(D2+E2+F2+G2+H2+I2+J2+K2+O2+P2) － (L2+M2+N2)

然后按【Enter】键。

步骤 3：计算其他职工应发工资。将 Q2 单元格的公式填充到 Q3:Q140 单元格。

从上述公式可以看出，由于需要汇总的项数较多，公式较长，因此对于这样的计算，使用 SUM 函数求和更为简单和方便。

可将上述公式改为"=SUM(D2:K2,O2,P2) －SUM(L2:N2)"。SUM 函数的使用方法将在第 7 章中详细介绍。

6.7.4　计算实发工资

实发工资的计算公式为：实发工资 = 应发工资－所得税。其计算步骤如下。

步骤 1：选定第 1 个职工"实发工资"所在的单元格 S2。

步骤 2：计算第 1 个职工实发工资。输入计算公式=Q2 － R2，然后按【Enter】键。

步骤 3：计算其他职工实发工资。将 S2 单元格的公式填充到 S3:S140 单元格。

完成计算后的"工资计算"表如图 6-9 所示。

	A	B	C	D	E	F	G	H	I	J	K	L	M	N	O	P	Q	R	S
1	序号	姓名	单位	基本工资	职务工资	岗位津贴	工龄补贴	交通补贴	物价补贴	洗理费	书报费	公积金	医疗险	养老险	其它	奖金	应发工资	所得税	实发工资
2	A01	孙豪龙	A部门	2060	2452	1200		25	50			451.2	90.24	360.96	0	3900	8784.6		8784.6
3	A02	张卫华	A部门	1180	984	1200		25	50			216.4	43.28	173.12	0	3180	6186.2		6186.2
4	A03	何国叶	A部门	1180	984	1200		25	50			216.4	43.28	173.12	0	3060	6066.2		6066.2
5	A04	梁勇	A部门	1180	984	1200		25	50			216.4	43.28	173.12	0	3200	6206.2		6206.2
6	A05	朱思华	A部门	1180	984	1245		25	50			216.4	43.28	173.12	100	3800	6951.2		6951.2
7	A06	陈关敏	A部门	1100	869	1100		25	50			196.9	39.38	157.52	0	2100	4850.2		4850.2
8	A07	陈德生	A部门	1100	869	1100		25	50			196.9	39.38	157.52	0	2220	4970.2		4970.2
9	A08	彭庆华	A部门	1140	904	1200		25	50			204.4	40.88	163.52	0	2800	5710.2		5710.2
10	A09	陈桂兰	A部门	1140	904	1200		25	50			204.4	40.88	163.52	0	2900	5810.2		5810.2
11	A10	王成祥	A部门	1140	904	1200		25	50			204.4	40.88	163.52	-50	2800	5660.2		5660.2
12	A11	何家强	A部门	1180	984	1245		25	50			216.4	43.28	173.12	0	3800	6851.2		6851.2
13	A12	曾伦清	A部门	1180	984	1245		25	50			216.4	43.28	173.12	0	3700	6751.2		6751.2

图 6-9　计算后的"工资计算"表

6.7.5　按相同幅度调整基本工资

假设将所有职工的基本工资上调 180 元，可使用选择性粘贴实现。具体操作步骤如下。

步骤 1：将 180 复制到剪贴板中。任选一个单元格，输入 180；选定该单元格；按【Ctrl】+【C】

组合键，或者单击"开始"选项卡"剪贴板"命令组中的"复制"命令。

步骤 2：将剪贴板中的 180 加到"基本工资"数据项中。选定"工资计算"工作表的 D2:D140
单元格区域，用鼠标右键单击选定的区域，选择快捷菜单中的"选择性粘贴"命令。在弹出的
"选择性粘贴"对话框中，选定"运算"区域中的"加"单选按钮，如图 6-10 所示。单击"确定"
按钮。

图 6-10　选择性粘贴

Excel 会自动将剪贴板中存储的"180"加到所有选定的单元格中。

6.7.6　按不同幅度调整职务工资

更多的情况是按照不同幅度调整工资。例如，高级职称上调 200 元、中级职称上调 100 元、初
级职称上调 50 元。这时可以根据特定要求或标准，先建立职工的"普调工资"表，然后利用 Excel
的合并计算功能，将"普调工资"表与"工资计算"表合并。合并计算的具体操作步骤如下。

步骤 1：建立"原始工资"表。用鼠标右键单击"工资计算"工作表标签，在弹出的下拉菜单中选
择"移动或复制"命令，弹出"移动或复制工作表"对话框；在"下列选定工作表之前"列表框中
选定"工资计算"；勾选"建立副本"复选框；然后单击"确定"按钮。新建工作表名为"工资计算
（2）"，双击该工作表标签，输入原始工资。

步骤 2：建立"普调工资"表。将"工资计算"工作表复制一个；将复制后的工作表重命名为"普
调工资"；将原来的"职务工资"栏改为"调整工资"，并根据调整标准输入调整工资额。建立好的
"普调工资"表如图 6-11 所示。

	A	B	C	D	E	F	G	H	I	J	K	L	M	N	O	P	Q	R	S
1	序号	姓名	单位	基本工资	调整工资	岗位津贴	工龄补贴	交通补贴	物价补贴	洗理费	书报费	公积金	医疗险	养老险	其它	奖金	应发工资	所得税	实发工资
2	A01	孙家龙	A部门	2240	100	1200		25	50			234	46.8	187.2	0	3900	7047.0		7047.0
3	A02	张卫华	A部门	1360	100	1200		25	50			146	29.2	116.8	0	3180	5623.0		5623.0
4	A03	何国叶	A部门	1360	100	1200		25	50			146	29.2	116.8	0	3060	5503.0		5503.0
5	A04	梁勇	A部门	1360	50	1200		25	50			141	28.2	112.8	0	3200	5603.0		5603.0
6	A05	朱思华	A部门	1360	200	1245		25	50			156	31.2	124.8	100	3800	6468.0		6468.0
7	A06	陈关敏	A部门	1280	50	1100		25	50			133	26.6	106.4	0	2100	4339.0		4339.0
8	A07	陈德生	A部门	1280	50	1100		25	50			133	26.6	106.4	0	2220	4459.0		4459.0
9	A08	彭庆华	A部门	1320	100	1200		25	50			142	28.4	113.6	0	2800	5211.0		5211.0
10	A09	陈桂兰	A部门	1320	100	1200		25	50			142	28.4	113.6	0	2900	5311.0		5311.0

图 6-11　"普调工资"表

由于"原始工资""普调工资"和"工资计算"3 张工作表的格式完全一致，因此可以应用 Excel
的按位置合并工作表功能进行合并计算。

步骤3：选定存放合并结果的单元格区域。这里选定"工资计算"工作表的 E2:E140 单元格区域。

步骤4：执行合并计算命令。在"数据"选项卡的"数据工具"命令组中，单击"合并计算"命令。这时将弹出"合并计算"对话框。

步骤5：输入合并计算选项。单击"引用位置"框中的"折叠"按钮 ，选择"原始工资"工作表中的 E2 到 E140 单元格区域，单击"还原"按钮 ，回到"合并计算"对话框，单击"添加"按钮；再次单击"引用位置"框中的"折叠"按钮，选择"普调工资"工作表的 E2 到 E140 单元格区域，单击"还原"按钮，单击"添加"按钮。设置完合并计算选项的对话框如图 6-12 所示。单击"确定"按钮关闭对话框。

图 6-12　合并计算选项的设置结果

在第二次或以后选定新的引用位置时，只需选定要合并的工作表，Excel 会自动选定与上一次引用位置相同的单元格区域。

完成工资普调计算后的"工资计算"工作表如图 6-13 所示。

序号	姓名	单位	基本工资	职务工资	岗位津贴	工龄补贴	交通补贴	物价补贴	洗理费	书报费	公积金	医疗险	养老险	其它	奖金	应发工资	所得税	实发工资
A01	孙家龙	A部门	2240	2552	1200		25	50			479.2	95.84	383.36		3900	9008.6		9008.6
A02	张卫华	A部门	1360	1084	1200		25	50			244.4	48.88	195.52	0	3180	6410.2		6410.2
A03	何国叶	A部门	1360	1084	1200		25	50			244.4	48.88	195.52	0	3060	6290.2		6290.2
A04	梁勇	A部门	1360	1034	1200		25	50			239.4	47.88	191.52	0	3200	6390.2		6390.2
A05	朱思华	A部门	1360	1184	1245		25	50			254.4	50.88	203.52	100	3800	7255.2		7255.2
A06	陈关敏	A部门	1280	919	1100		25	50			219.9	43.98	175.92	0	2100	5034.2		5034.2
A07	陈德生	A部门	1280	919	1100		25	50			219.9	43.98	175.92	0	2220	5154.2		5154.2
A08	彭庆华	A部门	1320	1004	1200		25	50			232.4	46.48	185.92	0	2800	5934.2		5934.2
A09	陈桂兰	A部门	1320	1004	1200		25	50			232.4	46.48	185.92	0	2900	6034.2		6034.2
A10	王成祥	A部门	1320	1004	1200		25	50			232.4	46.48	185.92	-50	2800	5884.2		5884.2
A11	何家强	A部门	1360	1184	1245		25	50			254.4	50.88	203.52	0	3800	7155.2		7155.2
A12	曾伦清	A部门	1360	1184	1245		25	50			254.4	50.88	203.52	0	3700	7055.2		7055.2
A13	张新民	A部门	1360	1184	1245		25	50			254.4	50.88	203.52	0	3680	7035.2		7035.2
A14	张跃华	A部门	1320	1004	1200		25	50			232.4	46.48	185.92	0	2680	5814.2		5814.2
A15	邓都平	A部门	1360	1184	1245		25	50			254.4	50.88	203.52	0	3800	7155.2		7155.2

图 6-13　普调后的"工资计算"表

从图 6-13 可以看出，完成了基本工资和职务工资的调整后，使用这两个工资项计算得到的其他工资项（如公积金、应发工资、实发工资等）均相应的进行了变动。

6.7.7　调整个别岗位津贴

还有的时候需要对部分职工的工资进行调整。例如要调整 11 名职工的岗位津贴，具体调整信息如图 6-14 所示。这时的"个调工资"工作表只包含需要调整的 11 名职工信息。由于"工资计算"表和"个调工资"表的格式不同，行数也不一样多，因此应按分类进行合并计算。

	A	B	C	D	E	F	G	H	I	J	K	L	M	N	O	P	Q	R	S
1	序号	姓名	单位	基本工资	职务工资	调整工资	工龄补贴	交通补贴	物价补贴	洗理费	书报费	公积金	医疗险	养老险	其它	奖金	应发工资	所得税	实发工资
2	A01	孙家龙	A部门	2240	2552	200		25	50			479.2	95.84	383.36	0	3900	9008.6		9008.6
3	A11	何家强	A部门	1360	1184	200		25	50			254.4	50.88	203.52	0	3800	7155.2		7155.2
4	A22	丁小飞	A部门	1280	954	50		25	50			223.4	44.68	178.72	0	2420	5382.2		5382.2
5	A23	孙宝彦	A部门	1280	919	50		25	50			219.9	43.98	175.92	-50	1900	4784.2		4784.2
6	A38	姜鄂卫	A部门	1360	1184	200		25	50			254.4	50.88	203.52	-100	3260	6515.2		6515.2
7	B09	张同亮	B部门	1280	954	50		25	50			223.4	44.68	178.72	0	2400	5362.2		5362.2
8	B10	张苑昌	B部门	1320	1004	100		25	50			232.4	46.48	185.92	0	2680	5814.2		5814.2
9	B41	贺页龙	B部门	1280	919	50		25	50			219.9	43.98	175.92	0	2220	5154.2		5154.2
10	C17	周川南	C部门	1280	919	50		25	50			219.9	43.98	175.92	0	2200	5134.2		5134.2
11	C18	王权英	C部门	1280	954	50		25	50			223.4	44.68	178.72	0	2440	5402.2		5402.2
12	C47	严映炎	C部门	1280	954	50		25	50			223.4	44.68	178.72	0	2560	5522.2		5522.2

图 6-14 "个调工资"工作表

与相同位置数据的合并计算方法不同的是，在选定目标区域时需要同时将分类依据所在的单元格区域选定。在此实例中，假设"原始工资"工作表和"个调工资"工作表已分别建立好。由于，"工资计算"工作表中的"序号"列与"岗位津贴"列不相邻，应选定的目标区域是 A2:F140，这样合并计算后，Excel 将对指定单元格区域中所有包含数值的单元格进行合并计算，并忽略其他单元格。因此若使用该方法进行合并计算，计算结果最好不要直接放在"工资计算"工作表中。可以将已建立的"原始工资"工作表作为目标工作表，将"工资计算"工作表和"个调工资"工作表作为源工作表。待计算完成后，再将"原始工资"工作表中计算得到的数据复制到"工资计算"工作表中。

调整个别职工的岗位津贴的具体操作步骤如下。

步骤 1：选定目标区域。这里选定"原始工资"工作表中 A2:F140 单元格区域。

步骤 2：打开"合并计算"对话框。在"数据"选项卡的"数据工具"命令组中，单击"合并计算"命令。这时将弹出"合并计算"对话框。

步骤 3：输入合并计算选项。将焦点定位到"引用位置"框，选定"工资计算"工作表的 A2:F140 单元格区域，单击"添加"按钮；再选定"个调工资"工作表的 A2:F12 单元格区域，单击"添加"按钮；勾选"标签位置"中的"最左列"复选框。设置完合并计算选项的对话框如图 6-15 所示。单击"确定"按钮。

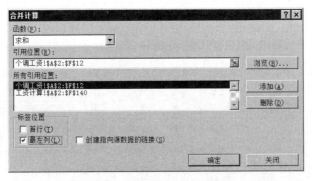

图 6-15 合并计算选项的设置结果

这时 Excel 将对指定单元格区域中所有包含数值的单元格进行合并计算，并忽略其他单元格。

步骤 4：复制数据。选定"原始工资"的 F2:F140 单元格区域；按【Ctrl】+【C】组合键；选定"工资计算"工作表 F2 单元格；按【Ctrl】+【V】组合键。结果如图 6-16 所示。

	A	B	C	D	E	F	G	H	I	J	K	L	M	N	O	P	Q	R	S
1	序号	姓名	单位	基本工资	职务工资	岗位津贴	工龄补贴	交通补贴	物价补贴	洗理费	书报费	公积金	医疗险	养老险	其它	奖金	应发工资	所得税	实发工资
2	A01	孙家龙	A部门	2240	2552	1400		25	50			479.2	95.84	383.36	0	3900	9208.6		9208.6
3	A02	张卫华	A部门	1360	1084	1200		25	50			244.4	48.88	195.52	0	3180	6410.2		6410.2
4	A03	何国叶	A部门	1360	1084	1200		25	50			244.4	48.88	195.52	0	3060	6290.2		6290.2
5	A04	梁勇	A部门	1360	1034	1200		25	50			239.4	47.88	191.52	0	3200	6390.2		6390.2
6	A05	朱思华	A部门	1360	1184	1245		25	50			254.4	50.88	203.52	100	3800	7255.2		7255.2
7	A06	陈关敏	A部门	1280	919	1100		25	50			219.9	43.98	175.92	0	2100	5034.2		5034.2
8	A07	陈德生	A部门	1280	919	1100		25	.50			219.9	43.98	175.92	0	2220	5154.2		5154.2
9	A08	彭庆华	A部门	1320	1004	1200		25	50			232.4	46.48	185.92	0	2800	5934.2		5934.2
10	A09	陈桂兰	A部门	1320	1004	1200		25	50			232.4	46.48	185.92	0	2900	6034.2		6034.2
11	A10	王成祥	A部门	1320	1004	1200		25	50			232.4	46.48	185.92	-50	2800	5884.2		5884.2
12	A11	何家强	A部门	1360	1184	1445		25	50			254.4	50.88	203.52	0	3800	7355.2		7355.2
13	A12	曾伦清	A部门	1360	1184	1245		25	50			254.4	50.88	203.52	0	3700	7055.2		7055.2
14	A13	张新民	A部门	1360	1184	1245		25	50			254.4	50.88	203.52	0	3680	7035.2		7035.2
15	A14	张跃华	A部门	1320	1004	1200		25	50			232.4	46.48	185.92	0	2680	5814.2		5814.2
16	A15	邓都平	A部门	1360	1184	1245		25	50			254.4	50.88	203.52	0	3800	7155.2		7155.2

图6-16　调整后的"工资计算"表

完成"工资计算"表的调整后，还应将"基本工资""职务工资"和"岗位工资"三列数据复制到"人员清单"表的相应数据列中，以确保数据的一致性。

6.8 应用实例——计算销售业绩奖金

在激烈的市场竞争中，企业为了生存和发展，一方面要提高产品的数量和质量，提高企业的竞争力；另一方面也要加强销售管理，提高企业的经济效益。销售管理是企业信息管理系统的重要组成部分，销售管理的主要特点是需要及时对销售情况进行统计分析。例如了解每名业务员的销售业绩，以便进行绩效考核。本节将应用 Excel 公式，对某文化用品公司业务员销售业绩的部分信息进行统计。

6.8.1 销售信息简介

假设该公司有业务员 11 名，有关的 2015 年销售信息、1 月业绩奖金信息和奖金标准信息分别存放在名为"销售管理.xlsx"工作簿文件的"销售情况表""1月业绩奖金表"和"奖金标准"3 张工作表中。其中，图 6-17 所示表格为该公司 2015 年销售情况表，图 6-18 所示表格为 1 月业绩奖金表。

	A	B	C	D	E	F	G	H	I
1	序号	日期	产品代号	产品品牌	订货单位	业务员	单价	数量	销售额
2	1	2015/01/02	JD70B5	金达牌	天缘商场	李丽	¥ 185	18	¥ 3,330
3	2	2015/01/05	JN70B5	佳能牌	白云出版社	杨韬	¥ 185	19	¥ 3,515
4	3	2015/01/05	SG70A3	三工牌	蓝图公司	王霞	¥ 230	23	¥ 5,290
5	4	2015/01/07	JD70B5	金达牌	天缘商场	邓云洁	¥ 185	20	¥ 3,700
6	5	2015/01/10	SY80B5	三一牌	星光出版社	王霞	¥ 210	40	¥ 8,400
7	6	2015/01/12	JD70A4	金达牌	期望公司	杨韬	¥ 225	40	¥ 9,000
8	7	2015/01/12	XL70A3	雪莲牌	海天公司	刘恒飞	¥ 230	50	¥ 11,500
9	8	2015/01/14	JD70B4	金达牌	白云出版社	杨韬	¥ 195	21	¥ 4,095
10	9	2015/01/14	XL70B5	雪莲牌	蓓蕾商场	邓云洁	¥ 189	22	¥ 4,158
11	11	2015/01/16	JN80A3	佳能牌	天缘商场	杨东方	¥ 245	70	¥ 17,150
12	10	2015/01/16	JD70A3	金达牌	开心公司	杨东方	¥ 220	40	¥ 8,800
13	12	2015/01/18	JD70B5	金达牌	蓓蕾商场	杨韬	¥ 185	18	¥ 3,330
14	13	2015/01/18	JD70B4	金达牌	星光出版社	杨韬	¥ 190	21	¥ 3,990
15	14	2015/01/20	SY80B5	三一牌	天缘商场	方一心	¥ 220	40	¥ 8,800
16	15	2015/01/22	XL70B5	雪莲牌	期望公司	张建生	¥ 185	22	¥ 4,070

图6-17　2015年销售情况表

	1月业务员业绩奖金表					
姓名	累计销售业绩	奖金百分比	本月销售业绩	奖励奖金	总奖金	累计销售额
陈明华	16660	5%	3330	0	166.5	19990
邓云洁	515	25%	23930	0	5982.5	74445
杜宏涛	14012	15%	13690	0	2053.5	27702
方一心	18432	10%	7858	0	785.8	76290
李丽	17933	15%	13690	0	2053.5	31623
刘恒飞	38111	25%	23930	1000	6982.5	62041
王霞	20421	15%	11500	0	1725	31921
杨东方	12252	25%	23930	0	5982.5	86182
杨韬	36223	10%	7858	0	785.8	44081
张建生	15212	25%	25950	0	6487.5	41162
赵飞	22633	25%	25950	0	6487.5	48583

图 6-18   1 月业绩奖金表

2 月业务员业绩奖金表的工作表名为"2 月业绩奖金表",其结构与"1 月业绩奖金表"相同,目前只有姓名一列数据。下面将根据"1 月业绩奖金表"和"销售情况表"两张工作表,使用简单公式计算"2 月业绩奖金表"中的总奖金和累计销售额。需要说明的是,"2 月业绩奖金表"中只有总奖金和累计销售额两项数据可以通过简单公式计算获得。因此本节只介绍这两项数据的计算方法和操作步骤。

6.8.2   计算总奖金

总奖金计算方法为:总奖金=(本月销售业绩×奖金百分比)+ 奖励奖金

计算第 1 个业务员"总奖金"的公式为:

=(D3*C3)+E3

计算每名业务员"总奖金"的操作步骤如下。

步骤 1:选定第 1 个业务员的"总奖金"单元格 F3。

步骤 2:输入计算公式。在 F3 单元格中输入计算公式=(D3*C3)+E3。

步骤 3:执行计算操作。单击"编辑栏"上的"输入"按钮,计算结果填入 F3 单元格中。

步骤 4:计算所有人员的总奖金。将鼠标指向 F3 单元格右下角的填充柄,当鼠标指针变为十字形状时,拖动鼠标至 F13 单元格放开。将 F3 单元格的公式填充到 F4:F13 单元格区域。

6.8.3   计算累计销售额

累计销售额是到目前为止业务员销售业绩的总和,反映了业务员的总销售业绩。该指标可以帮助管理者了解每名业务员的销售成绩和销售能力。累计销售额的计算方法是:

累计销售额=上月累计销售额+本月销售业绩

计算第 1 个业务员"累计销售额"的公式为:='1 月业绩奖金表'!G3+D3

计算每名业务员"累计销售额"的操作步骤如下。

步骤 1:选定第 1 个业务员的"累计销售额"单元格 G3。

步骤 2:输入计算公式。在 G3 单元格中输入计算公式= '1 月业绩奖金表'!G3+D3。

步骤 3:执行计算操作。单击"编辑栏"上的"输入"按钮,计算结果填入 G3 单元格中。

步骤 4:计算所有人员累计销售额。将鼠标指向 G3 单元格右下角的填充柄,当鼠标指针变为十字形状时,双击鼠标左键,将 G3 单元格的公式填充到 G4:G13 单元格区域。

总奖金和累计销售额计算结果如图 6-19 所示。

	A	B	C	D	E	F	G
1	2月业务员业绩奖金表						
2	姓名	累计销售业绩	奖金百分比	本月销售业绩	奖励奖金	总奖金	累计销售额
3	陈明华					0	19990
4	邓云洁					0	74445
5	杜宏涛					0	27702
6	方一心					0	76290
7	李丽					0	31623
8	刘恒飞					0	62041
9	王霞					0	31921
10	杨东方					0	86182
11	杨韬					0	44081
12	张建生					0	41162
13	赵飞					0	48583

图 6-19　“2 月业绩奖金表”总奖金和累计销售额的计算结果

由于“2 月业绩奖金表”中其他数据项计算方法比较复杂，无法通过简单的公式完成计算，因此此处并未计算这些数据。计算的总奖金和累计销售额也不是最终结果，当其他数据通过计算产生后，这两项数据会发生相应改变。其他数据的计算操作将在后续章节中继续完成。

习　题

一、选择题

1. 在 Excel 中，公式的第一个符号应为（　　）。

A. #　　B. }　　C. =　　D. &

2. 在 Excel 中，若将 B2 单元格的公式“=A1+A2−C1”复制到 C3 单元格，则 C3 单元格的公式为（　　）。

A. =A1+A2−C1　　B. =B2+B3−D2　　C. =D1+D2−F1　　D. =D1+D2−F3

3. 在 Excel 中，绝对引用表 Sheet2 中从 A2 到 C5 单元格区域的公式为（　　）。

A. =Sheet2!A2:C5　　B. =Sheet2!$A2:$C5

C. =Sheet2!$A$2:$C$5　　D. =Sheet2!$A2:C5

4. 在 Excel 中，如果某单元格中的公式引用了另一个单元格的相对地址，则（　　）。

A. 当复制和填充公式时，公式中的单元格地址会随之改变

B. 当复制和填充公式时，公式中的单元格地址不随之改变

C. 仅当填充公式时，公式中的单元格地址会随之改变

D. 仅当复制公式时，公式中的单元格地址会随之改变

5. 在 F4 单元格中输入公式=D4+E4，如果在 E4 单元格中输入 YES，则 F4 单元格显示的内容为（　　）。

A. #NUM!　　B. #VALUE!　　C. #N/A　　D. #REF!

6. 将相对引用地址改为绝对引用地址的功能键是（　　）。

A. F3　　B. F4　　C. F8　　D. F9

7. 在 Excel 中，当来源区域和目标区域在同一工作表时，（　　）。

A. 无法建立与源数据的链接

B. 可以建立与源数据的链接

C. 设置“标签位置”后可以建立与源数据的链接

D. 设置“引用位置”后可以建立与源数据的链接

8. 按分类合并计算的关键步骤是需要设置（　　　）。

    A．引用位置   B．合并计算所需要的函数

    C．标签位置   D．创建指向源数据的链接

9. 在 Excel 中，对多张工作表进行合并计算时，为了使合并结果与源数据自动保持一致，应在"合并计算"对话框中，（　　　）。

    A．设置"引用位置"为来源区域

    B．设置"标签位置"为"最左列"

    C．勾选"与源数据自动保持一致"复选框

    D．勾选"创建指向源数据的链接"复选框

10. 如果选定了一个单元格，而这个单元格又被一个公式所引用，则被选定的单元格是包含公式单元格的（　　　）。

    A．从属单元格   B．引用单元格   C．计算单元格   D．数据单元格

二、填空题

1. 在 Excel 中，如果希望含有公式的单元格显示公式，可以单击"公式"选项卡＿＿＿＿＿＿命令组中的"显示公式"命令。

2. 使用文本运算符"&"连接文本型数据时，不能省略数据两侧的＿＿＿＿＿＿。

3. 在 Excel 中，如果某个公式引用了 B3 单元格，并且希望将该公式复制到其他任意单元格时引用不变，则应将该单元格的引用地址书写为＿＿＿＿＿＿。

4. 在合并计算中，存放合并计算结果的区域称为＿＿＿＿＿＿。

5. 按分类合并计算工作表时，在选定要合并的目标区域同时，还应选定＿＿＿＿＿＿所在的单元格区域。

三、问答题

1. 单元格引用有哪些？各有何特点？

2. 在公式中如何引用其他工作簿中的单元格？

3. 按位置合并计算与按分类合并计算有何不同？

4. 追踪引用单元格和从属单元格的目的是什么？

5. 当单元格出现错误值时，如何判断错误产生的原因？

实　　训

1. 对第 2 章实训中所建"工资"表的相关工资项，按照以下规则完成计算。

（1）三金计算方法为："养老保险"个人支付额为"基本工资"的 8%；"医疗保险"个人支付额为"基本工资"的 2%；"失业保险"个人支付额为"基本工资"的 1%。

（2）应发工资计算方法：应发工资由基本工资、奖金、行政工资、交通补贴和驻外补贴等几项求和得到。

（3）扣款合计计算方法为：扣款合计由养老保险、医疗保险、失业保险和其他等几项求和得到。

（4）实发工资计算方法为：实发工资由应发工资减去扣款合计得到。

2. 对已建"工资"表中的部分工资项，按照以下要求完成调整。

（1）将所有员工的"交通补贴"工资项向上调整 60 元。

（2）将所有员工的"基本工资"项向上调整，调整标准为：经理 500 元、副经理 350 元、职员 200 元。

（3）将部分员工的"其他"工资项进行调整，调整人员及调整金额如图 6-20 所示。

工号	姓名	部门	岗位	其他
A05	陈德生	销售部	职员	50
A12	王永锋	销售部	职员	100
B09	周立新	市场部	职员	100
B10	罗敏	市场部	职员	100
B12	周建兵	市场部	职员	70
B29	汪荣忠	市场部	职员	100
B30	黄勇	市场部	职员	50
B32	袁宏兰	市场部	职员	80

图 6-20　调整人员及调整金额信息

应用函数计算数据 | 第7章

内容提要

本章主要介绍函数的概念和应用，包括函数的结构及分类、函数的输入方法、常用函数的应用等。重点是通过计算工资管理工作簿中的各项工资数据和核定销售管理工作簿中业务员的销售业绩，掌握应用 Excel 函数完成各种计算的方法。函数应用是 Excel 实现数据处理最灵活也是最重要的方面，它可以实现比较复杂的数据计算，是学习 Excel 过程中的难点。

主要知识点

- 函数结构和分类
- 函数输入与编辑
- 数学函数和统计函数
- 日期与时间函数
- 逻辑函数
- 文本函数
- 查找与引用函数
- 财务函数

在 Excel 中，除可以使用运算符连接常量、单元格地址和名字的简单公式来进行数据计算外，还可以使用函数。Excel 提供了各种各样的函数，使用函数可以大大简化公式，并能实现更为复杂的数据计算。

7.1 认识函数

公式是对工作表中数据进行计算和操作的等式，函数则是一些预先编写的、按特定顺序或结构执行计算的特殊公式。

7.1.1 函数的概念

Excel 函数由 Excel 内部预先定义并按照特定的顺序、结构来执行计算、分析等数据处理任务的功能模块，也被称为"特殊公式"。与公式一样，函数的最终返回结果也是值。

Excel 函数有唯一的名称且不区分大小写，它决定了函数的功能和用途。

7.1.2 函数的结构

每个函数都具有相同的结构形式，其格式为：函数名(参数 1，参数 2,…)。例如 IF(D2)>0,30,50)。其中，函数名即函数的名称，每个函数名唯一标识一个函数；参数是函数的输入值，用来计算所需的数据，参数可以是数字、文本、表达式、单元格引用、区域名称、逻辑值，或者是其他函数。有些函数不带参数，如 NOW()、TODAY()等。

当函数的参数也是函数时，称为函数的嵌套。例如 IF(D2>0,30,SUM(A1:C10))。其中，IF 和 SUM 都是函数名，IF 函数有 3 个参数，第 1 个参数 D2>0 是关系表达式，第 2 个参数 30 是一个数值常量，第 3 个参数 SUM(A1:C10)是作为参数形式出现的嵌套函数。当 D2 大于 0 时，函数值为 30，否则对 A1:C10 单元格区域求和。

7.1.3 函数的种类

根据应用领域的不同，Excel 函数分为财务、日期与时间、数学与三角函数、统计、查找与引用、数据库、文本、逻辑、信息、工程等。

财务函数主要用于进行一般的财务计算，如确定贷款的支付额，投资的未来值或净现值，以及债券的价值等。日期与时间函数主要用于分析和处理公式中的日期值或时间值。数学与三角函数主要用于进行简单或复杂的数学计算，例如数字取整、计算单元格区域的数值总和等。统计函数主要用于对单元格区域进行统计分析，例如计算单元格区域的个数、确定一个数据在一列数据中的排位等。查找与引用函数主要用于在工作表中查找特定的数据，或者特定的单元格引用。数据库函数主要用于数据清单的统计计算。文本函数主要用于进行字符串截取、复制、查找替换等处理。逻辑函数主要用于进行真假值的判断，或者进行复合检验，例如可以使用 IF 函数确定条件为真还是假，并由此返回不同的数值。信息函数主要用于返回单元格区域的格式、保存路径及系统有关信息。工程函数主要用于复数和积分处理、进制转换、度量衡转换等计算。

7.2

输入函数

函数作为公式来使用，输入时应以等号"="开始，后面是函数。输入函数有 3 种方法：第一种方法是使用"插入函数"对话框输入；第二种方法是使用"求和"按钮输入；第三种方法是手工直接输入。

7.2.1 使用"插入函数"对话框输入

对于比较复杂的函数或者参数较多的函数，可以使用"插入函数"对话框输入。其具体操作步骤如下。

步骤 1：选定存放函数公式的单元格。

步骤 2：打开"插入函数"对话框。单击编辑栏上的"插入函数"按钮，或单击"公式"选项卡"函数库"命令组中的"插入函数"命令，或按【Shift】+【F3】组合键。系统弹出"插入函数"对话框。

步骤 3：选择函数。在"或选择类别"下拉列表框中选定函数的类别；在"选择函数"列表框中选定所需函数，如图 7-1 所示，然后单击"确定"按钮，弹出"函数参数"对话框。

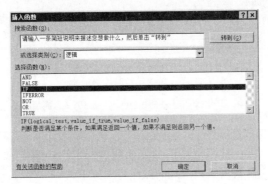

图 7-1　选择函数

步骤 4：输入函数参数。输入函数所需的各项参数，每个参数框右侧会显示出该参数的当前值。对话框的下方有关于所选函数的一些描述性文字，以及对当前参数的相关说明，如图 7-2 所示。

 个别函数的参数提示是错误的。如单击 IF 函数的第 2 个参数时，下方显示"当 Logical_test 为 TRUE 时的返回值。如果忽略，则返回 TRUE"，如图 7-2 所示。这个提示就是错误的，这个参数不能忽略。

步骤 5：结束输入。单击"确定"按钮完成输入。

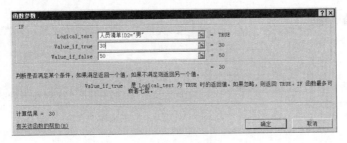

图 7-2　输入参数

7.2.2　使用"求和"按钮输入

为了方便用户使用，Excel 在"开始"选项卡的"编辑"命令组中设置了一个"求和"按钮 Σ ▾，单击该按钮可以自动添加求和函数；单击该按钮右侧的下拉箭头，会出现一个下拉菜单，其中包含求和、平均值、计数、最大值、最小值和其他函数，如图 7-3 所示。

单击前 5 个选项中的任意一个，Excel 会非常智能地识别出待统计的单元格区域，并将单元格区域地址自动加到函数的参数中，方便了用户输入。单击"其他函数"选项，Excel 将打开"插入函数"对话框，用户可以在其中选择函数，并设置相关参数。

图 7-3　"求和"按钮下拉菜单

7.2.3　手工直接输入

如果熟练地掌握了函数的格式，就可以在单元格中直接输入函数。当依次输入了等号、函数名和左括号后，系统会自动出现当前函数语法结构的提示信息，如图 7-4 所示。

如果希望进一步了解函数信息，按【Shift】+【F3】组合键，可以打开"插入函数"对话框。

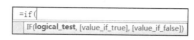

图 7-4　手工输入函数时的提示信息

7.2.4　函数的嵌套输入

当处理的问题比较复杂时，计算数据的公式往往需要使用函数嵌套。例如，函数公式：＝IF(D2>0,30,SUM(A1:C10))。输入该函数公式的操作步骤如下。

步骤 1：选定存放函数公式的单元格。

步骤 2：打开"插入函数"对话框。单击编辑栏上的"插入函数"按钮，弹出"插入函数"对话框。

步骤 3：选择函数。在"或选择类别"下拉列表框中选定"逻辑"；在"选择函数"列表框中选定 IF 函数。然后单击"确定"按钮，弹出"函数参数"对话框。

步骤 4：输入函数参数。在第 1 个参数框中输入 D2>0；在第 2 个参数框中输入 30；单击第 3个参数框，单击编辑栏最左侧下拉箭头，从弹出的下拉列表中选定 SUM，如图 7-5 所示。此时弹出所选函数的"函数参数"对话框，在第 1 个参数框中输入 A1:C10，如图 7-6 所示。

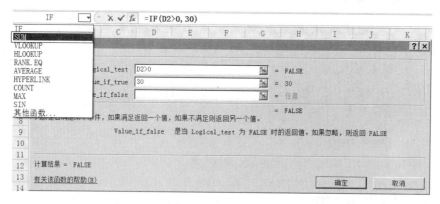

图 7-5　选择嵌套函数

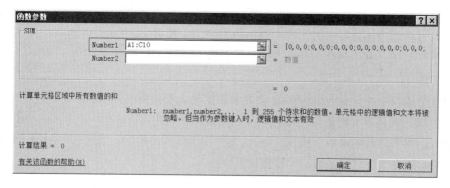

图 7-6　输入嵌套函数参数

步骤 5：结束输入。单击"确定"按钮完成输入。

7.3 常用函数

Excel 提供了丰富的函数，可以完成绝大多数日常工作中的数据处理操作。但因篇幅所限，本节只介绍数学函数、统计函数、日期函数、财务函数、逻辑函数、文本函数、查找函数等类函数中一些常用的函数。

7.3.1 数学函数

Excel 提供了很多数学函数，如取整函数 INT、计算余数函数 MOD 等。下面简单介绍其中几种常用的数学函数。

1. INT 函数

语法：INT(number)

功能：将数字向下舍入到最接近的整数。

 number 为要进行取整的数值。

示例：假设 A1=119.576，B1= −119.567，将 A1 和 B1 取整。

计算公式：INT(A1)、INT(B1)

计算结果：119、−120

2. MOD 函数

语法：MOD(number,divisor)

功能：计算两数相除的余数。结果的正负号与除数相同。

 number 为被除数值，divisor 为除数。如果 divisor 为零，则函数 MOD 返回错误值 #DIV/0!。

示例：假设 A1=7，B1=3，计算 A1 除以 B1 的余数。

计算公式：MOD(A1,B1)

计算结果：1

3. ROUND 函数

语法：ROUND(number, num_digits)

功能：按指定位数对数值进行四舍五入。

 number 为要进行舍入的数值，num_digits 为指定舍入的位数。如果 num_digits 大于 0，则四舍五入到指定的小数位。如果 num_digits 等于 0，则四舍五入到最接近的整数。如果 num_digits 小于 0，则在小数点左侧进行四舍五入。

示例：假设 A1=119.576，分别对 A1 保留 2 位小数、保留整数、保留到百位数。

计算公式：ROUND(A1, 2)、ROUND(A1, 0)、ROUND(A1, −2)

计算结果：119.58、120、100

4. SUM 函数

语法：SUM(number1, number2,…)

功能：计算单元格区域中所有数值的和。

 说明　SUM 函数最多允许包含 255 个参数。参数可以是数字、包含数字的名称、含有数值型数据的单元格及含有数值型数据的单元格区域。如果参数为文本、空格或逻辑值，则这些值将被忽略。如果参数为错误值或为不能转换成数字的文本，则将会出现错误。

示例：图 7-7 所示的表格为某学期学生考试成绩表。计算郑南同学 3 门课程考试成绩总和。

	A	B	C	D	E	F	G	H	I	J	K	L
1											学生人数：	
2	学号	姓名	性别	出生日期	计算机基础	高等数学	英语	总成绩	平均成绩	名次	交费	检查标志
3	201507010108	郑南	女	1997/10/17	91	90	89					
4	201507010107	邓加	男	1997/7/17	90	93	88					
5	201507010104	朱凯	女	1997/5/10	87	64	85					
6		王鹏	男	1997/3/12	54	45	58					
7	201507010106		女	1997/8/1	73	72	99					
8		陈小东	男	1997/11/3	60	83	76					
9	201507010102	沈云	女	1997/12/1	83	85	90					
10	201507010101	张红	女	1997/2/1	96	95	88					
11		最高分										
12		最低分										
13		70分以下人数										
14		女生总成绩										

图 7-7　某学期学生考试成绩表

计算公式：=SUM(E3:G3)

将计算公式输入到 H3 单元格中，其中 E3:G3 为需要求和的单元格地址。如果需要计算所有同学的总成绩，只需将 H3 单元格中的计算公式填充到 H4:H10 单元格区域即可。计算结果如图 7-8 所示。

	A	B	C	D	E	F	G	H	I	J	K	L
1											学生人数：	
2	学号	姓名	性别	出生日期	计算机基础	高等数学	英语	总成绩	平均成绩	名次	交费	检查标志
3	201507010108	郑南	女	1997/10/17	91	90	89	270				
4	201507010107	邓加	男	1997/7/17	90	93	88	271				
5	201507010104	朱凯	女	1997/5/10	87	64	85	236				
6		王鹏	男	1997/3/12	54	45	58	157				
7	201507010106		女	1997/8/1	73	72	99	244				
8		陈小东	男	1997/11/3	60	83	76	219				
9	201507010102	沈云	女	1997/12/1	83	85	90	258				
10	201507010101	张红	女	1997/2/1	96	95	88	279				
11		最高分										
12		最低分										
13		70分以下人数										
14		女生总成绩										

图 7-8　所有学生总成绩的计算结果

5. SUMIF 函数

语法：SUMIF(range,criteria,sum_range)

功能：对满足给定条件的单元格或单元格区域求和。

> **说明**
> range 为用于条件判断的单元格区域。criteria 为确定哪些单元格将被相加求和的条件，其形式可以为数字、表达式或文本。sum_range 为需要求和的实际单元格。只有当 range 中的相应单元格满足条件时，才对 sum_range 中对应的单元格求和。如果省略 sum_range，则直接对 range 中的单元格求和。

示例：计算图 7-8 所示表格中女生的“计算机基础”课程考试成绩总和。

计算公式：=SUMIF(C3:C10,"女",E3:E10)

将计算公式输入到 E14 单元格中，其中 C3:C10 为用于条件判断的单元格区域，"女"为条件，E3:E10 为需要求和的单元格区域。如果需要计算每门课程女生的总成绩，应将 E14 单元格中的计算公式改为=SUMIF（$C3:$C10,"女",E3:E10）。原因是计算其他课程的女生总成绩时，条件判断的单元格区域仍然为“性别”列，因此在向 F14 和 G14 单元格填充公式时，第一个参数单元格区域不能有任何变化。计算结果如图 7-9 所示。

	A	B	C	D	E	F	G	H	I	J	K	L
1											学生人数：	
2	学号	姓名	性别	出生日期	计算机基础	高等数学	英语	总成绩	平均成绩	名次	交费	检查标志
3	201507010108	郑南	女	1997/10/17	91	90	89	270				
4	201507010107	邓加	男	1997/7/17	90	93	88	271				
5	201507010104	朱凯	女	1997/5/10	87	64	85	236				
6		王鹏	男	1997/3/12	54	45	58	157				
7	201507010106		女	1997/8/1	73	72	99	244				
8		陈小东	男	1997/11/3	60	83	76	219				
9	201507010102	沈云	女	1997/12/1	83	85	90	258				
10	201507010101	张红	女	1997/2/1	96	95	88	279				
11	最高分											
12	最低分											
13	70分以下人数											
14	女生总成绩				430	406	451					

图 7-9　每门课程女生总成绩的计算结果

7.3.2　统计函数

Excel 提供了很多统计函数，有些可以统计选定单元格区域数据个数，有些可以确定数字在某组数字中的排位，还有些可以根据条件进行相关统计。这些函数在实际应用中都非常有用。下面简单介绍其中几种常用的统计函数。

1. AVERAGE 函数

语法：AVERAGE(number1,number2,...)

功能：计算单元格区域中所有数值的平均值。

> **说明**
> AVERAGE 函数最多允许包含 255 个参数。参数可以是数字、包含数字的名称、含有数值型数据的单元格及含有数值型数据的单元格区域。如果参数为文本、空格或逻辑值，则这些值将被忽略。

示例：计算图 7-9 所示表格中郑南同学 3 门课程的平均成绩，且将计算结果保留两位小数。

计算公式：= ROUND(AVERAGE(E3:G3),2)

将计算公式输入到 I3 单元格中，其中 E3:G3 为需要计算平均值的单元格地址。如果需要计算所有同学的平均成绩，只需将 I3 单元格中的计算公式填充到 I4:I10 单元格区域即可。结果如图 7-10 所示。

	A	B	C	D	E	F	G	H	I	J	K	L
1										学生人数：		
2	学号	姓名	性别	出生日期	计算机基础	高等数学	英语	总成绩	平均成绩	名次	交费	检查标志
3	201507010108	郑南	女	1997/10/17	91	90	89	270	90			
4	201507010107	邓加	男	1997/7/17	90	93	88	271	90.33			
5	201507010104	朱凯	女	1997/5/10	87	64	85	236	78.67			
6		王鹂	男	1997/3/12	54	45	58	157	52.33			
7	201507010106		女	1997/8/1	73	72	99	244	81.33			
8		陈小东	男	1997/11/3	60	83	76	219	73			
9	201507010102	沈云	女	1997/12/1	83	85	90	258	86			
10	201507010101	张红	女	1997/2/1	96	95	88	279	93			
11		最高分										
12		最低分										
13		70分以下人数										
14		女生总成绩			430	406	451					

图 7-10　平均成绩的计算结果

2. COUNT 函数

语法：COUNT(value1,value2,...)

功能：统计单元格区域中数字的个数。利用该函数可以统计出单元格区域中数字的输入项个数。

> COUNT 函数最多允许包含 255 个参数。参数可以是数字、日期，或以文本代表的数字，但是错误值或其他无法转换成数字的文本将被忽略。

示例：计算图 7-10 所示表格中的学生人数，并放入 L1 单元格中。

计算公式：=COUNT(E3:E10)

将计算公式输入到 L1 单元格中，其中 E3:E10 为需要计算人数的单元格地址。计算结果如图 7-11 所示。

	A	B	C	D	E	F	G	H	I	J	K	L
1										学生人数：		8
2	学号	姓名	性别	出生日期	计算机基础	高等数学	英语	总成绩	平均成绩	名次	交费	检查标志
3	201507010108	郑南	女	1997/10/17	91	90	89	270	90			
4	201507010107	邓加	男	1997/7/17	90	93	88	271	90.33			
5	201507010104	朱凯	女	1997/5/10	87	64	85	236	78.67			
6		王鹂	男	1997/3/12	54	45	58	157	52.33			
7	201507010106		女	1997/8/1	73	72	99	244	81.33			
8		陈小东	男	1997/11/3	60	83	76	219	73			
9	201507010102	沈云	女	1997/12/1	83	85	90	258	86			
10	201507010101	张红	女	1997/2/1	96	95	88	279	93			
11		最高分										
12		最低分										
13		70分以下人数										
14		女生总成绩			430	406	451					

图 7-11　学生人数的计算结果

3. COUNTA 函数

语法：COUNTA(value1,value2,...)

功能：统计单元格区域中非空单元格的个数。

> COUNTA 函数最多允许包含 255 个参数。参数可以是任何类型，参数为空文本也会被计算在内，只有空单元格不被计数。

示例：计算图 7-11 所示表格中填写了姓名信息的学生人数。

计算公式：= COUNTA (B3:B10)

其中，B3:B10 为需要计算非空单元格个数的单元格区域地址。

计算结果：7

4. COUNTIF 函数

语法：COUNTIF(range,criteria)

功能：计算单元格区域中满足给定条件的单元格的个数。

参数 range 为需要计算其中满足条件的单元格数目的单元格区域；range 必须是对单元格区域的直接引用，或引用函数对单元格区域的间接引用，但不能是常量数组或使用公式运算后生成的数组。参数 criteria 为统计条件，其形式可以是数字、表达式或文本。例如条件可以表示为 32、"32"、">32" 或 "apples"。

示例 1：计算图 7-11 所示表格中"计算机基础"课程考试成绩小于 70 的学生人数。

计算公式：=COUNTIF(E3:E10,"<70")

将计算公式输入到 E13 单元格中，其中 E3:E10 为需要计算单元格个数的单元格区域地址；"<70"为统计条件。如果需要统计每门课程成绩低于 70 的学生人数，只需将 E13 单元格中的计算公式填充到 F13:G13 单元格区域即可。结果如图 7-12 所示。

	A	B	C	D	E	F	G	H	I	J	K	L
1										学生人数：		8
2	学号	姓名	性别	出生日期	计算机基础	高等数学	英语	总成绩	平均成绩	名次	交费	检查标志
3	201507010108	郑南	女	1997/10/17	91	90	89	270	90			
4	201507010107	邓加	男	1997/7/17	90	93	88	271	90.33			
5	201507010104	朱凯	女	1997/5/10	87	64	85	236	78.67			
6		王鹂	男	1997/3/12	54	45	58	157	52.33			
7	201507010106		女	1997/8/1	73	72	99	244	81.33			
8		陈小东	男	1997/11/3	60	83	76	219	73			
9	201507010102	沈云	女	1997/12/1	83	85	90	258	86			
10	201507010101	张红	女	1997/2/1	96	95	88	279	93			
11		最高分										
12		最低分										
13		70分以下人数			2	2	1					
14		女生总成绩			430	406	451					
15												

图 7-12　成绩低于 70 的学生人数的计算结果

示例 2：统计图 7-12 所示表格中"计算机基础"课程考试成绩大于等于 70 且小于 80 的学生人数。

计算公式：=COUNTIF(E3:E10,">=70") − COUNTIF(E3:E10,">=80")

计算结果：1

利用 COUNTIF 函数设置数据有效性，可以用来检查是否输入了重复的数据。例如，在图 7-13 所示的报销清单表中不允许输入相同的姓名。

	A	B	C
1	姓名	职称	补贴金额
2	孙家龙	工程师	400
3	张卫华	工程师	400
4	何国叶	工程师	400
5	梁勇	技师	300
6	朱思华	高工	500
7	陈关敏	技术员	200
8			
9			
10			

图 7-13　报销清单表

具体操作步骤如下。

步骤1：选定要设置数据有效性的单元格区域。此处选择A2:A10。

步骤2：打开"数据有效性"对话框。在"数据"选项卡的"数据工具"命令组中，单击 "数据有效性"→"数据有效性"命令，系统弹出"数据有效性"对话框。

步骤3：设置有效性。单击"设置"选项卡，在"允许"下拉列表中选择"自定义"，在"公式"文本框中输入 =COUNTIF($A$2:$A$10,A2)<2 。公式"=COUNTIF($A$2:$A$10,A2)<2"的含义是，计算$A$2:$A$10区域中与A2单元格值相同的个数是否小于2。如果小于2说明无重复数据，否则说明有重复数据。

步骤4：完成设置。单击"确定"按钮，关闭"数据有效性"对话框。

完成上述设置后，如果在A列单元格中输入了已有的姓名，Excel会弹出错误提示框，禁止输入重复内容。很多时候，可以通过巧用函数，满足所需的处理要求。

5. MAX 函数

语法：MAX(number1,number2,...)

功能：返回给定参数的最大值。

MAX函数最多允许包含255个参数。参数可以是数字、空单元格、逻辑值或以数字代表的文本表达式。如果参数为数组引用中的空单元格、逻辑值或文本，则这些值将被忽略。如果参数值为错误值或其他无法转换成数字的文本，则将会出现错误。如果参数不含数字，则函数值为0。

示例：计算图7-12所示表格中"计算机基础"课程考试成绩的最高分。

计算公式：=MAX(E3:E10)

将计算公式输入到E11单元格中，其中E3:E10为需要查找最大值的单元格地址。如果需要找出每门课程以及总成绩、平均成绩的最高分，只需将E11单元格中的计算公式填充到F11:I11单元格区域即可。结果如图7-14所示。

	A	B	C	D	E	F	G	H	I	J	K	L
1										学生人数：		8
2	学号	姓名	性别	出生日期	计算机基础	高等数学	英语	总成绩	平均成绩	名次	交费	检查标志
3	201507010108	郑南	女	1997/10/17	91	90	89	270	90			
4	201507010107	邓加	男	1997/7/17	90	93	88	271	90.33			
5	201507010104	朱凯	女	1997/5/10	87	64	85	236	78.67			
6		王鹏	男	1997/3/12	54	45	58	157	52.33			
7	201507010106	陈小东	女	1997/8/1	73	72	99	244	81.33			
8		陈小东	男	1997/11/3	60	83	76	219	73			
9	201507010102	沈云	女	1997/12/1	83	85	90	258	86			
10	201507010101	张红	女	1997/2/1	96	95	88	279	93			
11		最高分			96	95	99	279	93			
12		最低分										
13		70分以下人数			2	2	1					
14		女生总成绩			430	406	451					

图7-14 最高分的计算结果

6. MIN 函数

语法：MIN(number1,number2,...)

功能：返回给定参数的最小值。

MIN 函数最多允许包含 255 个参数。参数可以是数字、空单元格、逻辑值或以数字代表的文本表达式。如果参数为数组引用中的空单元格、逻辑值或文本，则这些值将被忽略。如果参数值为错误值或其他无法转换成数字的文本，则将会出现错误。如果参数不含数字，则函数值为 0。

示例：计算图 7-14 所示表格中"计算机基础"课程考试成绩的最低分。

计算公式：=MIN(E3:E10)

将计算公式输入到 E12 单元格中，其中 E3:E10 为需要查找最小值的单元格区域地址。如果需要找出每门课程以及总成绩、平均成绩的最低分，只需将 E12 单元格中的计算公式填充到 F12:I12 单元格区域即可。计算结果如图 7-15 所示。

	A	B	C	D	E	F	G	H	I	J	K	L
1										学生人数：		8
2	学号	姓名	性别	出生日期	计算机基础	高等数学	英语	总成绩	平均成绩	名次	交费	检查标志
3	201507010108	郑南	女	1997/10/17	91	90	89	270	90			
4	201507010107	邓加	男	1997/7/17	90	93	88	271	90.33			
5	201507010104	朱凯	女	1997/5/10	87	64	85	236	78.67			
6		王鹏	男	1997/3/12	54	45	58	157	52.33			
7	201507010106	陈小东	女	1997/8/1	73	72	99	244	81.33			
8			男	1997/11/3	60	83	76	219	73			
9	201507010102	沈云	女	1997/12/1	83	85	90	258	86			
10	201507010101	张红	女	1997/2/1	96	95	88	279	93			
11		最高分			96	95	99	279	93			
12		最低分			54	45	58	157	52.33			
13		70分以下人数			2	2	1					
14		女生总成绩			430	406	451					

图 7-15　最低分的计算结果

7．RANK 函数

语法：RANK(number,ref,order)

功能：返回一个数字在数字列表中的排位。

参数 number 为需要进行排位的数字。参数 ref 为数字列表或对数字列表的引用，即需要排位的范围，ref 中的非数值型参数将被忽略。参数 order 为一数字，指明排位的方式，即按何种方式排。如果 order 为 0（零）或省略，Excel 对数字的排位是基于 ref 为按照降序排列的列表；否则是基于 ref 为按照升序排列的列表。

示例：使用图 7-15 所示表格中数据，按平均成绩确定郑南的排名。

计算公式：=RANK(I3,I$3:I$10,0)

将计算公式输入到 J3 单元格中，其中 I3 需要排位的数字，I$3:I$10 为排位的范围，第 3 个参数 0 表示排位按降序方式。如果需要对每名同学进行排名，只需将 J3 单元格中的计算公式填充到 J4:J10 单元格区域即可。计算结果如图 7-16 所示。

对于每名同学来说，排位基于的列表范围是不允许改变的。因此，第 2 个参数应使用混合引用（I$3:I$10）来限制该范围内行号的变化。

	A	B	C	D	E	F	G	H	I	J	K	L
1											学生人数:	8
2	学号	姓名	性别	出生日期	计算机基础	高等数学	英语	总成绩	平均成绩	名次	交费	检查标志
3	201507010108	郑南	女	1997/10/17	91	90	89	270	90	3		
4	201507010107	邓加	男	1997/7/17	90	93	88	271	90.33	2		
5	201507010104	朱凯	女	1997/5/10	87	64	85	236	78.67	6		
6		王鹂	男	1997/3/12	54	45	58	157	52.33	8		
7	201507010106			1997/8/1	73	72	99	244	81.33	5		
8		陈小东	男	1997/11/3	60	83	76	219	73	7		
9	201507010102	沈云	女	1997/12/1	83	85	90	258	86	4		
10	201507010101	张红	女	1997/2/1	96	95	88	279	93	1		
11	最高分				96	95	99	279	93			
12	最低分				54	45	58	157	52.33			
13	70分以下人数				2	2	1					
14	女生总成绩				430	406	451					

图 7-16　按平均成绩排名的结果

7.3.3　日期函数

与日期或时间有关的处理可以使用日期与时间函数。下面简单介绍其中几种常用的日期与时间函数。

1. DATE 函数

语法：DATE(year,month,day)

功能：生成指定的日期。

参数 year 可以为一到四位数字，代表年份。如果 year 为 0（零）到 1899（包含）之间的数字，那么 Excel 会将该值加上 1900，再计算年份；如果 year 位于 1900 到 9999（包含）之间，则 Excel 将使用该数值作为年份。参数 month 代表该年中月份的数字。如果所输入的月份大于 12，则将从指定年份的一月份开始往上加。参数 day 代表在该月份中第几天的数字。如果 day 大于该月份的最大天数，则将从指定月份的第一天开始往上累加。

示例：=DATE(108,8,8)返回代表"2008 年 8 月 8 日"的日期，显示值为"2008-8-8"

　　　=DATE(2008,8,8)返回代表"2008 年 8 月 8 日"的日期，显示值为"2008-8-8"

　　　=DATE(2008,14,2) 返回代表"2009 年 2 月 2 日"的日期，显示值为"2009-2-2"

　　　=DATE(2008,7,39) 返回代表"2008 年 8 月 8 日的日期"，显示值为"2008-8-8"

2. MONTH 函数

语法：MONTH(serial_number)

功能：返回指定日期对应的月份。返回值是介于 1 到 12 之间的整数。

参数 serial_number 表示一个日期值，其中包含要查找的月份。如果日期以文本形式输入，则会出现问题。

示例：计算图 7-16 所示表格中郑南同学出生的月份。

计算公式：=MONTH(D3)

计算结果：10

3. NOW 函数

语法：NOW ()

功能：返回计算机的系统日期和时间。

 该函数没有参数。

示例：假设当前系统日期为"2016-2-19"，时间为"10:36 AM"，则 NOW()值为"2016-2-19 10:36"。

4. TODAY 函数

语法：TODAY()

功能：返回计算机的系统日期。

 该函数没有参数。

示例：假设当前系统日期为"2016-2-19"，则 TODAY()值为"2016-2-19"。

5. YEAR 函数

语法：YEAR(serial_number)

功能：返回指定日期对应的年份，是 1900 到 9999 之间的数字。

 参数 serial_number 为一个日期值，其中包含要查找年份的日期。如果日期以文本形式输入，则会出现问题。

示例：计算图 7-16 所示表格中郑南同学出生的年份。

计算公式：=YEAR(D3)

计算结果：1997

 对于 MONTH 函数和 YEAR 函数，如果 serial_number 为一个具体日期，则应使用 DATE 函数输入该日期。例如，YEAR(DATE(2008,8,8))是正确的表示方式。

 利用上述介绍的日期函数，可以计算并显示出本月末的日期。

计算公式为：=DATE(YEAR(NOW()),MONTH(NOW())+1,0)

例如当前计算机系统日期为"2016-2-19"，使用该公式计算结果为"2016-2-29"。

7.3.4 逻辑函数

Excel 提供了 6 种逻辑函数，包括与、或、非、真、假和条件判断。真和假这两个逻辑函数没有参数；与、或、非逻辑函数的参数均为逻辑值；条件判断函数的第 1 个参数为逻辑值。当需要进行条件判断时，可以使用此类函数。下面简单介绍其中的两种函数。

1. AND 函数

语法：AND(logical1,logical2, ...)

功能：所有参数的逻辑值为真时，返回 TRUE；有一个参数的逻辑值为假时，返回 FALSE。

AND 函数最多允许包含 255 个参数。每个参数必须是逻辑值 TRUE 或 FALSE，或者包含逻辑值的数组或引用。如果数组或引用参数中包含文本或空单元格，则这些值将被忽略。如果指定的单元格区域内包括非逻辑值，则 AND 将返回错误值 #VALUE!。

示例：判断图 7-16 所示表格中郑南同学是否为女生。

计算公式：=AND(C3="女")

计算结果：TRUE

2. IF 函数

语法：IF(logical_test,value_if_true,value_if_false)

功能：执行真假值判断，根据计算的真假值，返回不同结果。

该函数有 3 个参数。logical_test 为逻辑判断条件。value_if_true 是条件为真时返回的结果。value_if_false 是条件为假时返回的结果。

示例：根据学生的平均成绩，确定图 7-16 所示表格中每名学生的交费情况，如果平均成绩小于 60，需要交费，否则免费。

计算公式：=IF(I3<60,"交费","免费")

在 K3 单元格中输入计算公式，然后将其填充到 K4:K10 单元格区域中。结果如图 7-17 所示。

	A	B	C	D	E	F	G	H	I	J	K	L
1											学生人数：	8
2	学号	姓名	性别	出生日期	计算机基础	高等数学	英语	总成绩	平均成绩	名次	交费	检查标志
3	201507010108	郑南	女	1997/10/17	91	90	89	270	90	3	免费	
4	201507010107	邓加	男	1997/7/17	90	93	88	271	90.33	2	免费	
5	201507010104	朱凯	女	1997/5/10	87	64	85	236	78.67	6	免费	
6		王丽	男	1997/3/12	54	45	58	157	52.33	8	交费	
7	201507010106		女	1997/8/1	73	72	99	244	81.33	5	免费	
8		陈小东	男	1997/11/3	60	83	76	219	73	7	免费	
9	201507010102	沈云	女	1997/12/1	83	85	90	258	86	4	免费	
10	201507010101	张红	女	1997/2/1	96	95	88	279	93	1	免费	
11		最高分			96	95	99	279	93			
12		最低分			54	45	58	157	52.33			
13	70分以下人数				2	2	1					
14	女生总成绩				430	406	451					

图 7-17　交费情况的计算结果

使用 IF 函数和 COUNTA 函数可以检查输入的数据是否有遗漏。例如在图 7-17 所示表格中，A3:G10 为原始数据，每行共 7 列。如果希望检查是否输入了全部的原始数据，可以按如下步骤进行操作。

步骤 1：输入计算公式。在 L3 单元格中输入计算公式=IF(COUNTA(A3:G3)=7,"完毕","")。单击编辑栏上的"输入"按钮 。

步骤 2：填充公式。将鼠标移到 L3 单元格的填充柄处，双击鼠标左键。结果如图 7-18 所示。

	A	B	C	D	E	F	G	H	I	J	K	L
1											学生人数：	8
2	学号	姓名	性别	出生日期	计算机基础	高等数学	英语	总成绩	平均成绩	名次	交费	检查标志
3	201507010108	郑南	女	1997/10/17	91	90	89	270	90	3	免费	完毕
4	201507010107	邓加	男	1997/7/17	90	93	88	271	90.33	2	免费	完毕
5	201507010104	朱凯	女	1997/5/10	87	64	85	236	78.67	6	免费	完毕
6		王鹂	男	1997/3/12	54	45	58	157	52.33	8	交费	
7	201507010106		女	1997/8/1	73	72	99	244	81.33	5	免费	
8		陈小东	男	1997/11/3	60	83	76	219	73	7	免费	
9	201507010102	沈云	女	1997/12/1	83	85	90	258	86	4	免费	完毕
10	201507010101	张红	女	1997/2/1	96	95	88	279	93	1	免费	完毕
11	最高分				96	95	99	279	93			
12	最低分				54	45	58	157	52.33			
13	70分以下人数				2	2	1					
14	女生总成绩				430	406	451					

图 7-18　数据输入检查的结果

7.3.5　文本函数

与文本有关的处理可以使用文本函数。例如计算文本的长度，从文本中取子字符串，大小写字母转换，数字与文本的转换等。下面简单介绍其中几种常用的文本函数。

1. FIND 函数

语法：FIND(find_text,within_text,start_num)

功能：查找指定字符在一个文本字符串中的位置。

该函数有 3 个参数。find_text 为需要查找的字符。within_text 为包含要查找字符的文本字符串。start_num 为开始查找的位置，默认为 1。使用时，FIND 函数从 start_num 开始，查找 find_text 在 within_text 中第 1 次出现的位置。

示例：假设 A1＝"Microsoft Excel"，若查找字符 "c" 在 A1 中第 1 次出现的位置。

计算公式：=FIND("c",A1)

计算结果：3

FIND 函数用于查找字符在指定的文本字符串中是否存在，如果存在，返回具体位置，否则返回#VALUE!错误。无论是数值还是文本，FIND 函数都将其视为文本进行查找。

使用 FIND 函数和 COUNT 函数，可以统计出某个数字中不重复数字的个数。假设 A1 单元格中的数值为 12345234，计算该单元格中不重复数字个数的公式可以写为：=COUNT(FIND({0,1,2,3,4,5,6,7,8,9},A1))。计算结果为 5。

2. LEN 函数

语法：LEN(text)

功能：返回文本字符串中的字符数。

该函数只有 1 个参数。text 为需要计算字符数的文本字符串。空格将作为字符进行计数。

示例：假设 A1="Microsoft Excel"，计算 A1 中字符的个数。

计算公式：=LEN(A1)

计算结果：15

3. REPLACE 函数

语法：REPLACE(old_text,start_num,num_chars,new_text)

功能：对指定字符串的部分内容进行替换。

 该函数有 4 个参数。old_text 为被替换的文本字符串。start_num 为开始替换位置。num_chars 为替换的字符个数。new_text 为用于替换的字符。

示例：假设 A1="Mircosoft Excel"，将 A1 中第 3、4 个字符替换为"cr"。

计算公式：=REPLACE(A1,3,2,"cr")

计算结果：Microsoft Excel

 巧用 REPLACE 函数，可以在字符串的指定位置插入字符。例如，A1 单元格的内容为"Excel"，若要在 E 前面插入"Microsoft"，则计算公式为：=REPLACE(A1,1,,"Microsoft ")，计算结果为 Microsoft Excel。

4. REPT 函数

语法：REPT(text,number_times)

功能：按给定的次数重复显示文本。

 该函数有 2 个参数。text 为需要重复显示的文本。number_times 为重复的次数。如果 number_times 为 0，则 REPT 返回空文本（""）。如果 number_times 不是整数，则将被取整。REPT 函数的结果不能大于 32 767 个字符，否则，REPT 将返回错误值 #VALUE!。

示例：假设 A1="Excel"，将 A1 单元格中的文本重复两次。

计算公式：=REPT(A1,2)

计算结果：ExcelExcel

5. RIGHT 函数

语法：RIGHT(text,num_chars)

功能：从指定字符串中截取最后一个或多个字符。

 该函数有 2 个参数。text 为需要截取的文本字符串。num_chars 为需要截取的字符数。num_chars 必须大于或等于 0。如果 num_chars 大于文本长度，则 RIGHT 返回所有文本；如果忽略 num_chars，则假定其为 1。

示例：假设 A1="Microsoft Excel"，截取 A1 单元格中最后 5 个字符。

计算公式：=RIGHT(A1,5)

计算结果：Excel

与 RIGHT 函数功能类似的函数还有 MID 和 LEFT。前者是从指定的位置开始截取指定个数的字符。后者是从第 1 位开始截取指定个数的字符。

如果希望将工作表中 A 列数据的所有数字转换为 10 位数的编码，原位数不足的在前面补 0，可以使用 RIGHT 函数和 REPT 函数。计算公式为：= RIGHT(REPT(0,10) A1,10)。

6. UPPER 函数

语法：UPPER(text)

功能：将指定的文本转换为大写形式。

该函数只有 1 个参数。text 为需要转换成大写形式的文本。text 可以为引用或文本字符串。

示例：假设 A1="Microsoft Excel"，将其转换为大写形式。

计算公式：=UPPER(A1)

计算结果：MICROSOFT EXCEL

7.3.6 查找函数

HLOOKUP 函数、MATCH 函数、VLOOKUP 函数、INDIRECT 函数和 ROW 函数都属于查找与引用函数，是在查找数据时使用频率非常高的函数。通常可以满足简单的查询需求。例如，根据学号查询学生考试的总成绩，根据产品名称查询产品价格等。下面将重点介绍这 5 个函数的功能及用法。

1. HLOOKUP 函数

语法：HLOOKUP(lookup_value,table_array,row_index_num,range_lookup)

功能：在指定的单元格区域的首行查找满足条件的数值，并按指定的行号返回查找区域中的值。

该函数有 4 个参数。lookup_value 为需要在指定单元格区域中第 1 行查找的数值，可以为数值、引用或文本字符串。table_array 为指定的需要查找数据的单元格区域。row_index_num 为 table_array 中待返回的匹配值的行号。range_lookup 为一个逻辑值，它决定 HLOOKUP 函数的查找方式。如果为 0 或 FALSE，函数进行精确查找；如果为 1 或 TRUE，函数进行模糊查找。当找不到时会返回小于 lookup_value 的最大值。但是，这种查找方式要求数据表必须按第 1 行升序排列。

示例：在图 7-19 中，D2:H7 单元格区域显示的是某公司年度职工加班情况表，查询"邱月清"第 4 季度的加班情况，并将查询结果显示在 B4 单元格中。

计算公式：=HLOOKUP(B3,$D$2:$H$7,5)

将公式输入到 B4 单元格中。其中，B3 为需要在指定单元格区域中第 1 行查找的值。查询结果如图 7-19 所示。

	A	B	C	D	E	F	G	H
1	查询邱月清加班次数							
2				季度	1	2	3	4
3	季度	4		林晓彤	2	1	3	1
4	邱月清	3		江雨薇	1	2	1	2
5				郝思嘉	3	4	1	2
6	查询结果			邱月清	3	1	2	3
7				曾云儿	2	4	1	2

图 7-19　年度职工加班情况表及查询结果

也就是说，当在 B3 单元格输入季度值时，这个计算会将查找到的数值显示在 B4 单元格中。

2. MATCH 函数

语法：MATCH(lookup_value,lookup_array,match_type)

功能：确定查找值在查找范围中的位置序号。

该函数有 3 个参数。lookup_value 为需要查找的数值，可以是数字、文本或逻辑值，或对数字、文本或逻辑值的单元格引用。lookup_array 为指定的需要查找数据的单元格区域。match_type 为-1、0 或 1，它决定怎样在 lookup_array 中查找 lookup_value。如果值为 1，则查找小于或等于 lookup_value 的最大数值。如果为 0，则查找等于 lookup_value 的第一个数值。如果为-1，则查找大于或等于 lookup_value 的最小数值。如果省略，则假设为 1。

示例：图 7-20 展示了某公司年度职工加班情况表，确定每季度加班最多的第一名职工在表中的位置。

计算公式：=MATCH(MAX(B2:B6),B2:B6,0)

在 B7 单元格中输入公式，然后将其填充到 C7:E7 单元格区域。计算结果如图 7-21 所示。

	A	B	C	D	E
1	季度	1	2	3	4
2	林晓彤	2	1	3	1
3	江雨薇	1	2	1	2
4	郝思嘉	3	4	1	2
5	邱月清	3	1	2	3
6	曾云儿	2	4	1	2
7	加班次数最多的天数位置				

图 7-20　某公司年度加班情况表

	A	B	C	D	E
1	季度	1	2	3	4
2	林晓彤	2	1	3	1
3	江雨薇	1	2	1	2
4	郝思嘉	3	4	1	2
5	邱月清	3	1	2	3
6	曾云儿	2	4	1	2
7	加班次数最多的天数位置	3	3	1	4

图 7-21　计算结果

3. VLOOKUP 函数

语法：VLOOKUP(lookup_value,table_array,col_index_num,range_lookup)

功能：在指定的单元格区域的首列查找满足条件的数值，并按指定的列号返回查找区域中的值。

该函数有 4 个参数。lookup_value 为需要在指定单元格区域中第 1 列查找的数值，可以为数值、引用或文本字符串。table_array 为指定的需要查找数据的单元格区域。col_index_num 为 table_array 中待返回的匹配值的列号。range_lookup 为一逻辑值，它决定 VLOOKUP 函数的查找方式。如果为 0 或是 FALSE，函数进行精确查找；如果为 1 或是 TRUE，函数进行模糊查找。当找不到时会返回小于 lookup_value 的最大值。但是，这种查找方式要求数据表必须按第 1 列升序排列。

示例：在图 7-22 中，D2:I6 单元格区域显示的是某公司年度职工加班情况表，查询"邱月清"第 4 季度的加班情况。

计算公式：=VLOOKUP(B3,$D$2:$I$6,5)

将公式输入到 B4 单元格中。其中，B3 为需要在指定单元格区域中第 1 列查找的值。查询结果如图 7-22 所示。

	A	B	C	D	E	F	G	H	I
1	查询邱月清加班次数								
2				季度	林晓彤	江雨薇	郝思嘉	邱月清	曾云儿
3	季度	4		1	2	1	3	3	2
4	邱月清	3		2	1	2	4	1	4
5	查询结果			3	3	1	1	2	1
6				4	1	2	2	3	2

图 7-22　年度职工加班情况表及查询结果

HLOOKUP 函数和 VLOOKUP 函数的语法非常相似，用法基本相同，区别在于 HLOOKUP 函数按列查询，VLOOKUP 函数按行查询。使用这两个函数时应注意，函数的第 3 个参数中的行（列）号，不能理解为数据表中实际的行（列）号，而应该是需要返回的数据在查找区域中的第几行（列）。

4. INDIRECT 函数

语法：INDIRECT(ref_text,a1)

功能：返回文本字符串指定的引用，相当于间接地址引用。

该函数有 2 个参数。ref_text 是单元格引用地址，通常此单元格中存放的是另一个单元格或单元格区域的地址。a1 为逻辑值，用以指定第 1 个参数的单元格引用方式，如果采用 a1 形式，则可以省略。当需要更改公式中单元格的引用，而不更改公式本身时经常使用该函数。

示例：假设 A3 单元格的值为"B3"，B3 单元格的值为 45。找出 A3 单元格的引用值。

计算公式：=INDIRECT($A$3)

计算结果：45

5. ROW 函数

语法：ROW(reference)

功能：返回引用的行号。

该函数有一个参数。reference 为需要得到其行号的单元格或单元格区域。该参数是个可选项，如果省略了 reference，则假定是对函数 ROW 所在单元格的引用。如果 reference 为一个单元格区域，并且函数 ROW 作为垂直数组输入，则函数 ROW 将以垂直数组的形式返回 reference 的行号。

示例：在 A 列输入 1、2、3、……、10000 的序列号。

计算公式：=ROW(A1)

具体操作步骤如下。

步骤 1：输入公式。在 A1 单元格中输入公式=ROW(A1)，并按【Enter】键。

步骤 2：选定填充范围。在名称框中输入 A1:A10000，并按【Enter】键。

步骤3：填充序列号。按【Ctrl】+【D】组合键。

7.3.7 财务函数

财务函数专门用于财务计算，使用这些函数可以直接得到结果。下面介绍几种常用的财务函数。

1. FV 函数

语法：FV(rate,nper,pmt,pv,type)

功能：基于固定利率及等额分期付款方式，返回某项投资的未来值。

 该函数有 5 个参数。rate 为各期利率。nper 为总投资期，即该项投资的付款期总数。pmt 为各期所应支付的金额。pv 为现值，即从该项投资开始计算时已经入帐的款项，或一系列未来付款的当前值的累积和，也称为本金。type 为各期的付款时间。如果为 0，则付款时间为期末，如果为 1，则付款时间为期初。在所有参数中，支出的款项，如银行存款，表示为负数；收入的款项，如股息收入，表示为正数。

示例：假如某人将 10 000 元存入银行账户，以后 12 个月每月月初存入 2 000 元，年利率为 1.9%，按每月复利率计算，则一年后该账户的存款额如图 7-23 所示。

2. NPER 函数

语法：NPER(rate, pmt, pv, fv, type)

功能：基于固定利率及等额分期付款方式，返回某项投资的总期数。

 该函数有 5 个参数。rate 为各期利率。pmt 为各期应支付的金额。pv 为现值，即从该项投资开始计算时已经入帐的款项，或一系列未来付款的当前值的累积和，也称为本金。fv 为未来值，或在最后一次付款后希望得到的现余额。type 为各期付款时间。如果为 0 或省略，则付款时间为期末；如果为 1，则付款时间为期初。

示例：某人贷款 120 万元，以后每月偿还 8 000 元，现在的年利率为 4.5%，则将贷款还清的年限如图 7-24 所示。

B5	▼	f_x	=FV(B2/12, 12, B4, B3, 1)	
	A		B	C
1	存款分析			
2	年利率		1.90%	
3	已存款额		-10,000	
4	月存款额		-2,000	
5	一年后存款额		¥34,440.10	
6				

图 7-23　FV 函数示例

B5	▼	f_x	=NPER(B2, B3*12, B4)	
	A		B	C
1	还款分析			
2	年利率		4.50%	
3	月偿还额		-8,000	
4	贷款额		1,200,000	
5	还款年限		19	
6				

图 7-24　NPER 函数示例

3. NPV 函数

语法：NPV(rate,value1,value2, ...)

功能：通过使用贴现率以及一系列未来支出（负值）和收入（正值），返回一项投资的净现值。

 参数 rate 为某一期间的贴现率。value1,value2,...,value254 为 1 到 254 个参数，代表支出及收入。单元格、逻辑值或数字的文本表达式，则都会计算在内。如果参数是错误值或不能转化为数值的文本，则被忽略。如果参数是一个数组或引用，则只计算其中的数字。数组或引用中的空单元格、逻辑值、文字及错误值将被忽略。

示例：某公司一年前投资 100 万元，现在年贴现率为 10%，从第一年开始，每年的收益分别为 300 000 元、420 000 元、 680 000 元，则该投资的净现值如图 7-25 所示。

4. PMT

语法：PMT(rate,nper,pv,fv,type)

功能：基于固定利率及等额分期付款方式，返回贷款的每期付款额。

说明

该函数有 5 个参数。rate 为贷款利率。nper 为该项贷款的付款总数。pv 为现值，即从该项投资开始计算时已经入账的款项，或一系列未来付款的当前值的累积和，也称为本金。fv 为未来值，或在最后一次付款后希望得到的现金余额。type 为各期的付款时间。如果为 0，则付款时间为期末；如果为 1，则付款时间为期初。

示例：假设某公司要贷款 1 000 万元，年限为 10 年，现在的年利率为 3.86%，分月偿还，则每月的偿还额如图 7-26 所示。

B7　　=NPV(B2, B3, B4, B5, B6,)

	A	B	C
1	投资分析		
2	年贴现率	10%	
3	一年前初期投资	-1, 000, 000	
4	第一年收益	300, 000	
5	第二年收益	420, 000	
6	第三年收益	680, 000	
7	投资净现值	¥118, 844	
8			

图 7-25　NPV 函数示例

B5　　=PMT(B3/12, B4*12, B2)

	A	B	C
1	贷款分析		
2	贷款额	10, 000, 000	
3	年利率	3.86%	
4	年限	10	
5	月偿还额	¥-100, 581.11	
6			

图 7-26　PMT 函数示例

7.4 应用实例——计算工资项

在第 6 章应用实例中，已经通过公式计算出“工资计算”表中的部分工资项，但还有些算法相对复杂的工资项并没有计算出来，需要使用函数。为了便于读者学习，以下按计算公式难易程度的顺序介绍各工资项的计算方法。

7.4.1　计算洗理费

假设该公司规定，洗理费标准按男职工每人每月 30 元，女职工每人每月 50 元发放。也就是说“工资计算”工作表中某个职工的洗理费数据项的计算，需要根据该职工的性别决定。可以使用 IF 函数来处理。计算洗理费的操作步骤如下。

步骤 1：选定第 1 个职工“洗理费”所在的单元格 J2。

步骤 2：打开“插入函数”对话框。单击编辑栏上的“插入函数”按钮，系统弹出“插入函数”对话框。

步骤 3：选择“IF”函数。一般情况下，可以在常用函数列表中找到“IF”函数。如果该列表中没有列出，可以在“或选择类别”的列表框中选定“逻辑”，然后在下面的“选择函数”列表框中选定“IF”，如图 7-27 所示。单击“确定”按钮，这时将弹出 IF“函数参数”对话框。

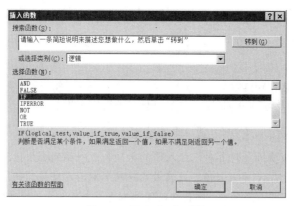

图7-27 选定"IF"函数

步骤4：设置函数参数。将焦点定位到IF函数的第1个参数框"Logical_test"中。选定该职工在"人员清单"工作表中对应的"性别"单元格D2；接着输入="男"，如图7-28所示。

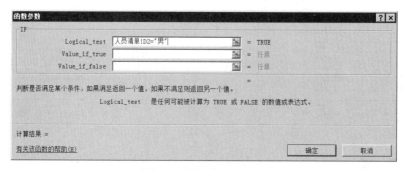

图7-28 输入第1个参数

在公式中输入的单元格、运算符、分隔符等必须使用半角字符。例如上例中的"人员清单!D2="男""。

在"Value_if_true"和"Value_if_false"框中分别输入30和50。输入完成的"函数参数"对话框如图7-29所示。单击"确定"按钮。

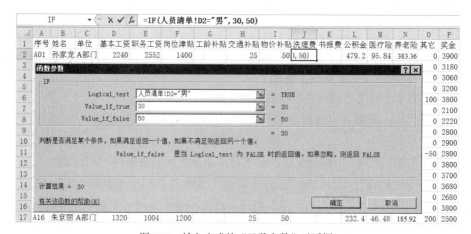

图7-29 输入完成的"函数参数"对话框

从图 7-29 所示的编辑栏中可以看到输入的完整公式为=IF(人员清单!D2="男", 30,50)。该公式的含义是：如果"人员清单"工作表 D2 单元格的值等于"男"，则函数返回值为 30，否则返回值为 50。

步骤 5：将 J2 单元格的公式填充到 J3:J140 单元格区域。用鼠标指向 J2 单元格右下角的填充柄处，然后双击鼠标左键。计算结果如图 7-30 所示。

	J2		▼		*fx*	=IF(人员清单!D2="男", 30, 50)												
	A	B	C	D	E	F	G	H	I	J	K	L	M	N	O	P	Q	R	S
1	序号	姓名	单位	基本工资	职务工资	岗位津贴	工龄补贴	交通补贴	物价补贴	洗理费	书报费	公积金	医疗险	养老险	其它	奖金	应发工资	所得税	实发工资
125	C38	彭曼萍	C部门	1360	1184	1245		25	50	30		254.4	50.88	203.52	0	3100	6485.2		6485.2
126	C39	赵彩虹	C部门	1360	1184	1245		25	50	50		254.4	50.88	203.52	0	3220	6625.2		6625.2
127	C40	张惠信	C部门	1320	1004	1200		25	50	30		232.4	46.48	185.92	0	2920	6104.2		6104.2
128	C41	周章兵	C部门	1280	919	1100		25	50	30		219.9	43.98	175.92	0	2380	5344.2		5344.2
129	C42	王文	C部门	1280	919	1100		25	50	30		219.9	43.98	175.92	0	2220	5184.2		5184.2
130	C43	左双娥	C部门	1280	919	1100		25	50	30		219.9	43.98	175.92	0	2380	5344.2		5344.2
131	C44	覃庆松	C部门	1320	1004	1200		25	50	30		232.4	46.48	185.92	0	2920	6084.2		6084.2
132	C45	符智全	C部门	1280	954	1100		25	50	30		223.4	44.68	178.72	0	2520	5512.2		5512.2
133	C46	张强	C部门	1280	1004	1200		25	50	30		223.4	44.68	178.72	0	2680	5844.2		5844.2
134	C47	严映炎	C部门	1280	954	1150		25	50	30		223.4	44.68	178.72	0	2560	5602.2		5602.2
135	C48	陈保才	C部门	1320	1004	1200		25	50	30		232.4	46.48	185.92	0	2900	6064.2		6064.2
136	C49	彭德元	C部门	1280	954	1100		25	50	30		223.4	44.68	178.72	0	2500	5492.2		5492.2
137	C50	张小英	C部门	1280	919	1100		25	50	30		219.9	43.98	175.92	0	2060	5044.2		5044.2
138	C51	熊金春	C部门	1320	1004	1200		25	50	30		232.4	46.48	185.92	0	2800	5964.2		5964.2
139	C52	叶国邦	C部门	1280	919	1100		25	50	30		219.9	43.98	175.92	0	2220	5184.2		5184.2
140	C53	钟成江	C部门	1360	1184	1245		25	50	30		254.4	50.88	203.52	0	3380	6765.2		6765.2
141																			
142																			

图 7-30　洗理费的计算结果

假设该公司"书报费"与"洗理费"的计算方法相似，技术员每人每月 40 元，技师、工程师和高工每人每月 60 元。则计算公式应为："=IF(人员清单!F2="技术员",40,60)"。计算的操作步骤与"洗理费"相同，这里不再赘述。计算结果如图 7-31 所示。

	K2		▼		*fx*	=IF(人员清单!F2="技术员", 40, 60)												
	A	B	C	D	E	F	G	H	I	J	K	L	M	N	O	P	Q	R	S
1	序号	姓名	单位	基本工资	职务工资	岗位津贴	工龄补贴	交通补贴	物价补贴	洗理费	书报费	公积金	医疗险	养老险	其它	奖金	应发工资	所得税	实发工资
2	A01	孙家龙	A部门	2240	2552	1400		25	50	30	60	479.2	95.84	383.36	0	3900	9298.6		9298.6
3	A02	张卫华	A部门	1360	1084	1200		25	50	30	60	244.4	48.88	195.52	0	3180	6500.2		6500.2
4	A03	何国叶	A部门	1360	1084	1200		25	50	30	60	244.4	48.88	195.52	0	3060	6380.2		6380.2
5	A04	梁勇	A部门	1360	1034	1200		25	50	30	60	239.4	47.88	191.52	0	3200	6480.2		6480.2
6	A05	朱思华	A部门	1360	1184	1245		25	50	50	60	254.4	50.88	203.52	100	3800	7365.2		7365.2
7	A06	陈关敏	A部门	1280	919	1100		25	50	30	60	219.9	43.98	175.92	0	2100	5124.2		5124.2
8	A07	陈德生	A部门	1280	919	1100		25	50	30	40	219.9	43.98	175.92	0	2220	5224.2		5224.2
9	A08	彭庆华	A部门	1320	1004	1200		25	50	30	60	232.4	46.48	185.92	0	2800	6024.2		6024.2
10	A09	陈桂兰	A部门	1320	1004	1200		25	50	30	60	232.4	46.48	185.92	0	2900	6144.2		6144.2
11	A10	王成祥	A部门	1320	1004	1200		25	50	30	60	232.4	46.48	185.92	-50	2800	5974.2		5974.2

图 7-31　书报费的计算结果

7.4.2　计算工龄补贴

一般单位的工资构成都包括工龄补贴。假设该公司工龄补贴的计算方式是每满一年增加 10 元，但是最高不超过 300 元，即 300 元封顶。工龄工资的计算比较复杂，需要用到多个函数，而且函数要嵌套使用。首先因为"人员清单"工作表中只有"参加工作日期"数据，而没有现成的工龄数据，所以需要先计算出职工的参加工作年份到计算工资年份的工龄。这可以利用 YEAR 函数和 TODAY 函数来计算。

例如职工孙家龙"参加工作日期"的数据存放在"人员清单"工作表的 G2 单元格，则其工龄的计算公式为"=YEAR(TODAY())－YEAR(人员清单!G2)"。即用计算机系统日期的年份减去参加工作日期的年份。

工龄补贴的计算公式是"工龄×10"。则工龄补贴的计算公式为"=(YEAR(TODAY())–YEAR(人员清单!G2))*10"。

因为工龄补贴的上限为"300"，所以最后工龄补贴数应该是上述计算结果和"300"两个数中的较小者。这可以用 MIN 函数实现。

最后完整的计算工龄补贴的计算公式为" =MIN(300,(YEAR(TODAY())–YEAR(人员清单!G2))*10)"。在工作表中建立上述公式的具体操作步骤如下。

步骤 1：选定第 1 个职工"工龄补贴"所在的单元格 G2。

步骤 2：打开"插入函数"对话框。单击编辑栏上的"插入函数"按钮，这时将弹出"插入函数"对话框。

步骤 3：选择 MIN 函数。一般情况下，可以在常用函数列表中找到"MIN"函数。如果没有列出，可以在"或选择类别"的列表框中选择"统计"，然后在下面的"选择函数"列表框中选择"MIN"。单击"确定"按钮，这时将弹出 MIN 的"函数参数"对话框。

使用 MIN 函数，也可以单击"开始"选项卡"编辑"命令组中的"求和"按钮右侧下拉箭头，然后直接选择下拉列表中的"最小值"。

步骤 4：输入 MIN 函数的第 1 个参数。在"Number1"框中输入工龄补贴的上限 300。

步骤 5：输入 MIN 函数的第 2 个参数。在"Number2"框中输入计算工龄补贴的公式。因为这时需要用到其他函数，所以单击编辑栏左端的函数下拉箭头，如图 7-32 所示。

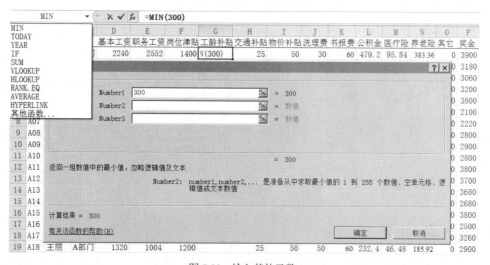

图 7-32　输入其他函数

从函数下拉列表选择"YEAR"函数，如果下拉列表中没有"YEAR"函数，则单击"其他函数"，然后在弹出的"插入函数"对话框中的"日期与时间"类别中选"YEAR"函数。这时"MIN"的"函数参数"对话框将改变为"YEAR"函数的"函数参数"对话框，如图 7-33 所示。

按照类似的方法输入"Serial_nubmer"参数：单击编辑栏左端的函数下拉箭头，选择"TODAY"函数。这时"YEAR"的"函数参数"对话框将改变为"TODAY"的"函数参数"对话框。该函数不需要参数，单击"确定"按钮，如图 7-34 所示。

图 7-33　YEAR 函数的"函数参数"对话框

	A	B	C	D	E	F	G	H
1	序号	姓名	单位	基本工资	职务工资	岗位津贴	工龄补贴	交通补贴
2	A01	孙家龙	A部门	2240	2552	1400	300	25
3	A02	张卫华	A部门	1360	1084	1200		25
4	A03	何国叶	A部门	1360	1084	1200		25

G2 = MIN(300,YEAR(TODAY()))

图 7-34　输入 TODAY 函数

在编辑栏最后一个右括号的前面输入-。单击编辑栏左端的函数下拉箭头，再次选择"YEAR"。选定"YEAR"的"函数参数"对话框中"Serial_nubmer"框，然后选定该职工在"人员清单"工作表中对应的"参加工作时间"单元格 G2，单击编辑栏上的"输入"按钮，如图 7-35 所示。

	A	B	C	D	E	F	G	H	I	J
1	序号	姓名	单位	基本工资	职务工资	岗位津贴	工龄补贴	交通补贴	物价补贴	洗理费
2	A01	孙家龙	A部门	2240	2552	1400	32	25	50	30
3	A02	张卫华	A部门	1360	1084	1200		25	50	30
4	A03	何国叶	A部门	1360	1084	1200		25	50	30

G2 = MIN(300,YEAR(TODAY())-YEAR(人员清单!G2))

图 7-35　输入参加工作时间

最后再将计算出的工龄数乘以 10 即可。将编辑栏中 MIN 函数的第 2 个参数表达式加上括号并乘以 10。完成的计算公式如图 7-36 所示。

	A	B	C	D	E	F	G	H	I	J	K
1	序号	姓名	单位	基本工资	职务工资	岗位津贴	工龄补贴	交通补贴	物价补贴	洗理费	书报费
2	A01	孙家龙	A部门	2240	2552	1400	300	25	50	30	60
3	A02	张卫华	A部门	1360	1084	1200		25	50	30	60
4	A03	何国叶	A部门	1360	1084	1200		25	50	30	60

G2 = MIN(300,(YEAR(TODAY())-YEAR(人员清单!G2))*10)

图 7-36　输入完成的计算公式

步骤 6：将 G2 单元格的公式填充到 G3:G140 单元格区域。将鼠标指向 G2 单元格右下角的填充柄，当鼠标指针变为十字形状时双击鼠标左键。

7.4.3　计算所得税

现在越来越多的单位的财务部门都代征代缴税金，计算个人所得税是工资管理中不可缺少的一项工作。按照我国现行税收制度，不同收入水平其纳税税率是不同的，而且近几年还调高了纳税标准。现假设按下述规定计算个人所得税。

- ● 应发工资低于 1 500 元的，不纳税。
- ● 应发工资低于 4 500 元的，超出 15 00 元的部分按 10%纳税。
- ● 应发工资低于 9 000 元的，4 500 元以下部分同上，超出 4 500 元的部分按 20%纳税。
- ● 应发工资大于等于 9 000 元的，9 000 元以下部分同上，超出 9 000 元的部分按 25%纳税。

所得税的计算也需要使用 IF 函数，但是比计算洗理费要复杂得多，需要多个 IF 函数嵌套使用。为了便于建立有关的公式，将计算所得税的公式抽象成下述分段函数：

$$r(x) = \begin{cases} 0 & x < 1500 \\ (x-1500) \times 0.10 & 1500 \leqslant x < 4\,500 \\ (x-4\,500) \times 0.20 + 150 & 4\,500 \leqslant x < 9\,000 \\ (x-9\,000) \times 0.25 + 1\,050 & x \geqslant 9\,000 \end{cases}$$

其中 x 为应发工资数，$r(x)$是相应的应缴所得税值。第三行的 150 是 1 500 到 4 500 部分的应缴所得税值（1 500×0.10）。类似的第四行的 1050 是 1 500 到 9 000 部分的应缴所得税值（1 500×0.10+4 500×0.20）。

计算公式为：

=IF(Q2＜1500,0,IF(Q2＜4500,(Q2-1500)*0.10,IF(Q2＜9000,(Q2-4500)*0.2+150,(Q2-9000)*0.25+1050)))

计算所得税的具体操作步骤如下。

步骤 1：选定第 1 个职工"所得税"所在的单元格 R2。

步骤 2：输入计算公式。在 R2 单元格中输入计算公式=IF(Q2＜1500,0,IF(Q2＜4500,(Q2-1500)*0.10,IF(Q2＜9000,(Q2-4500)*0.2+150,(Q2-9000)*0.25+1050)))。

步骤 3：结束计算。单击编辑栏上的"输入"按钮，计算结果填入 R2 单元格中，如图 7-37所示。

图 7-37　计算第 1 名职工的"所得税"

步骤 4：将 R2 单元格的公式填充到 R3:R140 单元格区域。将鼠标指向 R2 单元格右下角的填充柄，当鼠标指针变为十字形状时，双击鼠标左键。

至此，完成了"工资计算"表的所有工资项的计算。

7.5 应用实例——计算销售业绩奖金

在第 6 章应用实例中，已经通过公式计算出"2 月业绩奖金表"中的总奖金和累计销售额两项数据，但还有些算法相对复杂的基础数据项没有计算出来，需要使用函数。本节将根据"1 月业绩奖金表""销售情况表"和"奖金标准"3 张工作表计算 2 月业务员的业绩奖金。

7.5.1　业绩奖金计算方法简介

业务员的业绩奖金一般是根据奖金发放标准计算出来的。不同的企业，奖金发放标准有所不同。有些是从业绩金额中按固定比例计算奖金，有些是从业务金额中抽取固定金额作为奖金，还有些是根据业绩金额按照不同比例计算奖金。假设该公司奖金由基本奖金和奖励奖金构成。奖金计算方法如下。

1.　基本奖金标准及算法

每月基本奖金按不同百分比计算。销售额越高，奖金比例也越高。图 7-38 所示为基本奖金标准，该工作表名为"奖金标准"。

	A	B	C	D	E	F
1	基本奖金标准表					
2		4999以下	5000~9999	10000~14999	15000~19999	20000以上
3	销售业绩对照	0	5000	10000	15000	20000
4	奖金比例	5%	10%	15%	20%	25%

图 7-38　基本奖金标准

例如由图 6-18 可知，业务员刘恒飞 1 月销售业绩为 23 930 元，对照图 7-38 所示的基本奖金标准，刘恒飞的基本奖金计算比例应为 25%，奖金额为：23 930×25%=5 982.5。

2.　奖励奖金标准及算法

业务员除了可得到基本奖金以外，还可获得奖励奖金。奖励奖金是根据累计销售业绩计算的。当累计销售业绩达到 5 万元时，将发放 1 000 元奖励奖金。为了不重复发放奖金，公司规定奖励奖金发放后，需从累计销售业绩中扣除 5 万元，剩余金额累计到下一个月的累计销售业绩中。例如，刘恒飞 1 月累计销售业绩为 38 111 元，1 月的销售业绩为 23 930 元，则：

1 月累计销售业绩：38 111+23 930=62 041　　达到了奖励奖金的发放标准

扣除后累计销售业绩：62 041−50 000=12 041　　将此金额作为下月的累计销售业绩

本月总奖金：(23 930×25%)+1 000=6 982.5

7.5.2　计算累计销售业绩

累计销售业绩需要根据上一个月奖励奖金进行计算，具体方法如下。

$$累计销售业绩 = \begin{cases} 上月累计销售业绩 + 上月销售业绩 & 上月奖励奖金 = 0 \\ 上月累计销售业绩 + 上月销售业绩 - 50\,000 & 上月奖励奖金 \neq 0 \end{cases}$$

累计销售业绩计算比较复杂，需要用到 2 个函数，而且函数要嵌套使用。首先需要知道业务员在 1 月得到的奖励奖金数额，可以利用 VLOOKUP 函数根据业务员姓名来查找。例如，陈明华的数据存放在"1 月业绩奖金表"的第 3 行，那么查找陈明华奖励奖金的计算公式为：＝VLOOKUP(A3,'1 月业绩奖金表'!$A$3:$G$13,5,0)。其中，第 1 个参数为姓名，第 2 个参数为查找的单元格区域地址，第 3 个参数为返回值的列号。由于奖励奖金位于表格的第 5 列，因此第 3 个参数值为 5。接下来需要判断奖励奖金是否为 0，并根据判断结果按上述计算方法计算累计销售业绩，这里需要使用 IF 函数。计算公式为：

=IF(VLOOKUP(A3,'1 月业绩奖金表'!$A$3:$G$13,5,0)=0,'1 月业绩奖金表'!B3+'1 月业绩奖金表'!D3,'1 月业绩奖金表'!B3+'1 月业绩奖金表'!D3-50000)

计算每名业务员"累计销售业绩"的操作步骤如下。

步骤 1：选定第 1 个业务员的"累计销售业绩"单元格。单击"2 月业绩奖金表"工作表标签，单击 B3 单元格。

步骤 2：输入计算公式。在 B3 单元格中输入计算公式=IF(VLOOKUP(A3,'1 月业绩奖金表'!$A$3:$G$13,5,0)=0,'1 月业绩奖金表'!B3+'1 月业绩奖金表'!D3,'1 月业绩奖金表'!B3+'1 月业绩奖金表'!D3-50000)。

注意　第 1 个参数 VLOOKUP(A3,'1 月业绩奖金表'!A3:G$13,5,0)=0 是判断第 1 个业务员 1 月奖励奖金的值是否为 0。由于上月奖励奖金值存储在"1 月业绩奖金表"中，因此在判断区域地址的引用前应标明工作表名；第 2 个参数、第 3 个参数同理。

步骤 3：执行计算操作。单击编辑栏上的"输入"按钮，计算结果填入 B3 单元格中，如图 7-39 所示。

	A	B	C	D	E	F	G	H
1	2月业务员业绩奖金表							
2	姓名	累计销售业绩	奖金百分比	本月销售业绩	奖励奖金	总奖金	累计销售额	
3	陈明华	19990				0	19990	
4	邓云浩					0	74445	
5	杜宏涛					0	27702	
6	方一心					0	76290	
7	李丽					0	31623	
8	刘恒飞					0	62041	
9	王霞					0	31921	
10	杨东方					0	86182	
11	杨韬					0	44081	
12	张建生					0	41162	
13	赵飞					0	48583	

图 7-39　计算第 1 个业务员的"累计销售业绩"

步骤 4：将 B3 单元格的公式填充到 B4:B13 单元格区域。将鼠标指向 B3 单元格右下角的填充柄，当鼠标指针变为十字形状时，双击鼠标左键。

7.5.3　计算本月销售业绩

每名业务员的销售业绩记录在"销售情况表"中。2 月的销售业绩位于该表的第 21 行到第 32 行，其中业务员姓名存放在 F 列，"销售额"存放在 I 列。计算第 1 个业务员"本月销售业绩"，可以使用 SUMIF 函数，计算公式为：

=SUMIF(销售情况表!$F$21:$F$32,A3,销售情况表!$I$21:$I$32)

计算每名业务员"本月销售业绩"的操作步骤如下。

步骤 1：选定第 1 个业务员的"本月销售业绩"单元格 D3。

步骤 2：输入计算公式。在 D3 单元格中输入计算公式=SUMIF(销售情况表!$F$21:$F$32, A3, 销售情况表!$I$21:$I$32)。

步骤 3：执行计算操作。单击编辑栏上的"输入"按钮，计算结果填入 D3 单元格中，如图 7-40 所示。

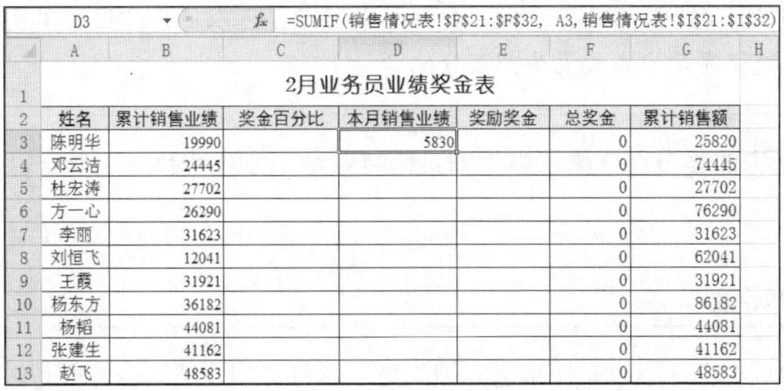

图 7-40　计算第 1 个业务员的"本月销售业绩"

步骤 4：将 D3 单元格的公式填充到 D4:D13 单元格区域。将鼠标指向 D3 单元格右下角的填充柄，当鼠标指针变为十字形状时，双击鼠标左键。

7.5.4　计算奖金比例

计算出每名业务员本月的销售业绩后，即可根据"奖金标准"和"2 月业绩奖金表"中的本月销售业绩，确定每名业务员的奖金比例。例如，陈明华的本月销售业绩为 5 830 元，对照奖金标准可知，陈明华的奖金比例为 10%。具体的确定方法是用"2 月业绩奖金表"中的本月销售业绩与"奖金标准"表进行比对，然后将相应的比例值取出。由于这个操作需要返回同一列中指定行的数值，因此可以使用 HLOOKUP 函数来实现。

计算第 1 个业务员"奖金百分比"的计算公式为：

=HLOOKUP(D3,奖金标准!$A$3:$F$4,2)

计算每名业务员"奖金百分比"的操作步骤如下。

步骤 1：选定第 1 个业务员的"奖金百分比"单元格 C3。

步骤 2：输入计算公式。在 C3 单元格中输入计算公式=HLOOKUP(D3,奖金标准!$A$3: $F$4,2)。

步骤 3：执行计算操作。单击编辑栏上的"输入"按钮，计算结果填入 C3 单元格中，如图 7-41 所示。

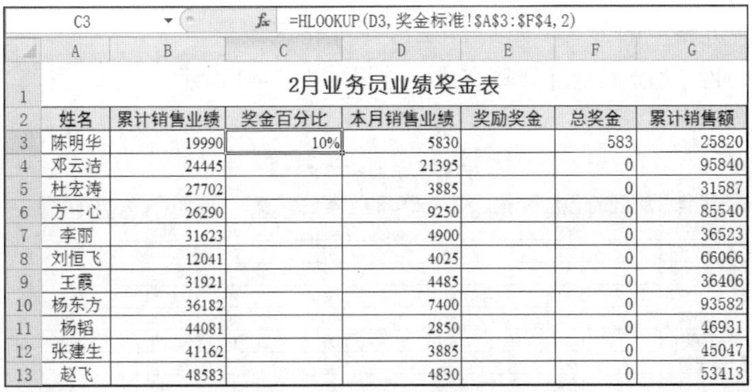

图 7-41　计算第 1 个业务员的"奖金百分比"

步骤 4：将 C3 单元格的公式填充到 C4:C13 单元格区域。

如果"奖金百分比"未按"%"方式显示，可以使用"设置单元格格式"对话框，将数字显示方式设置为"百分比"。

使用这种方法确定的奖金百分比，当"本月销售业绩"发生变化时，奖金百分比也会随之改变，无需重新计算。

7.5.5 计算奖励奖金

按照奖励奖金发放标准，当"累计销售业绩"与"本月销售业绩"合计数超过5万元时，发放1000元奖励奖金。按照此算法，可以使用IF函数计算每名业务员的奖励奖金。计算第1个业务员"奖励奖金"的公式为：

=IF((B3+D3)>=50000,1000,0)

计算每名业务员"奖励奖金"的操作步骤如下。

步骤1：选定第1个业务员的"奖励奖金"单元格E3。

步骤2：输入计算公式。在E3单元格中输入计算公式=IF((B3+D3)>=50000,1000,0)。

步骤3：执行计算操作。单击编辑栏上的"输入"按钮，计算结果填入E3单元格中，如图7-42所示。

E3			f_x	=IF((B3+D3)>=50000,1000,0)		
	A	B	C	D	E	F	G
1			2月业务员业绩奖金表				
2	姓名	累计销售业绩	奖金百分比	本月销售业绩	奖励奖金	总奖金	累计销售额
3	陈明华	19990	10%	5830	0	583	25820
4	邓云洁	24445	25%	21395		5348.75	95840
5	杜宏涛	27702	5%	3885		194.25	31587
6	方一心	26290	10%	9250		925	85540
7	李丽	31623	5%	4900		245	36523
8	刘恒飞	12041	5%	4025		201.25	66066
9	王霞	31921	5%	4485		224.25	36406
10	杨东方	36182	10%	7400		740	93582
11	杨韬	44081	5%	2850		142.5	46931
12	张建生	41162	5%	3885		194.25	45047
13	赵飞	48583	5%	4830		241.5	53413

图7-42　计算第1个业务员的"奖励奖金"

步骤4：将E3单元格中的公式填充到E4:E13单元格区域。

至此2月业务员业绩奖金表全部计算完成，结果如图7-43所示。

	A	B	C	D	E	F	G
1			2月业务员业绩奖金表				
2	姓名	累计销售业绩	奖金百分比	本月销售业绩	奖励奖金	总奖金	累计销售额
3	陈明华	19990	10%	5830	0	583	25820
4	邓云洁	24445	25%	21395	0	5348.75	95840
5	杜宏涛	27702	5%	3885	0	194.25	31587
6	方一心	26290	10%	9250	0	925	85540
7	李丽	31623	5%	4900	0	245	36523
8	刘恒飞	12041	5%	4025	0	201.25	66066
9	王霞	31921	5%	4485	0	224.25	36406
10	杨东方	36182	10%	7400	0	740	93582
11	杨韬	44081	5%	2850	0	142.5	46931
12	张建生	41162	5%	3885	0	194.25	45047
13	赵飞	48583	5%	4830	1000	1241.5	53413

图7-43　2月业务员业绩奖金表的计算结果

在上述两个实例中使用了 IF、SUMIF、YEAR、TODAY、MIN、VLOOKUP、HLOOKUP 等多种函数，这些函数应用比较广泛。理解这些函数的功能和参数含义，可以更好、更轻松地解决实际问题。

习 题

一、选择题

1．以下不属于日期函数的是（   ）。

    A．MID   B．MONTH   C．DAY   D．TODAY

2．在工作表 B2:F2 单元格区域中存放了某学生 5 门课程的考试成绩，若计算 5 门课程的最高成绩并存入 G2 单元格中，则在 G2 单元格中输入的公式是（   ）。

    A．=MAX(B2:F2)   B．=MIN(B2:F2)

    C．=MAX(B2…F2)   D．=MIN(B2…F2)

3．在 A1 单元格中有公式=AVERAGE(10, −3) −PI()，则该单元格显示的值（   ）。

    A．大于 0   B．小于 0   C．等于 0   D．不确定

4．已知 A1 和 A2 单元格的值分别为 3 和 6，则 IF(A1=A2,A1+1,A2−1)函数的返回值是（   ）。

    A．3   B．4   C．5   D．6

5．如果单元格 A5 的值是单元格 A1、A2、A3、A4 的平均值，则以下公式中，错误的是（   ）。

    A．=AVERAGE(A1:A4)   B．=AVERAGE(A1,A2,A3,A4)

    C．=(A1+A2+A3+A4)/4   D．=AVERAGE(A1+A2+A3+A4)

6．假设 B1 单元格的值为文本"100"，B2 单元格的值为数字"3"，则 COUNT(B1:B2)计算得到的值是（   ）。

    A．103   B．100   C．3   D．1

7．直接打开"插入函数"对话框的组合键是（   ）。

    A．【Shift】+【F8】   B．【Shift】+【F3】   C．【Shift】+【F5】   D．【Ctrl】+【D】

8．在 AND 函数中，如果指定的单元格区域内包括有非逻辑值，则 AND 函数将返回的错误值是（   ）。

    A．#REF!   B．#NAME?   C．#VALUE!   D．#NUM!

9．在 A1 单元格中有公式=SUM(B2:B6)，在 C3 单元格中插入一列，再删除一行，则 A1 中的公式变为（   ）。

    A．=SUM(B2:E4)   B．=SUM(B2:E5)   C．=SUM(B2:D3)   D．=SUM(B2:E3)

10．在 Excel 中，设 E 列单元格存放工资总额，F 列单元格存放实发工资。其中，当工资总额>4500 时，实发工资=工资−（工资总额−4500）*税率；当工资总额<=4500 时，实发工资=工资总额。设税率=0.1，则 F2 单元格中的公式应为（   ）。

    A．=IF(E2>4500,E2−(E2−4500)*0.1,E2)   B．=IF("E2>4500",E2−(E2−4500)*0.1,E2)

    C．=IF(E2>4500,E2,E2−(E2−4500)*0.1)   D．=IF("E2>4500",E2,E2−(E2−4500)*0.1)

二、填空题

1．在 Excel 中，VLOOKUP 函数第 3 个参数省略时，表示查找方式是_____匹配。

2．在 Excel 中，假设 B2:B50 单元格区域存放了高等数学的考试成绩，若要统计成绩为优秀（大于等于 90）的人数，应使用_____函数。

3．在 Excel 中，函数公式"=SUM(B1:B20)"的功能是计算单元格区域 B1:B20 的_____。

4．图 7-44 所示为包含有出生日期和年龄两列数据的工作表，若年龄由出生日期计算得到，则计算公式应为：_____。

	A	B
1	出生日期	年龄
2	1966年4月10日	50
3	1958年9月18日	58
4	1973年3月19日	43
5	1977年10月2日	39
6	1980年1月1日	36
7	1990年3月26日	26
8	1987年10月20日	29

图 7-44　出生日期及年龄

5．FIND 函数用于查找字符在指定的文本字符串中是否存在。如果存在，返回具体位置；否则返回_____错误值。

三、问答题

1．什么是函数？函数的作用是什么？

2．输入函数的方法有几种？应如何选择？

3．在输入函数时，如果不了解函数参数的含义及用法，应该如何做？

4．假设每年年末存入银行 30 000 元，存款的年利率为 1.98%，按年计算复利，到第 5 年年末时全部存款的本利和是多少？

5．某企业年贷款 1 000 万元，贷款年利率为 6%，从一年后开始分 5 年还清，问平均每年还款额应该是多少？

实　　训

1．对第 6 章实训中所建"工资"表的相关工资项，按照以下规则完成计算。

（1）奖金计算方法为：奖金=销售额×提成比率。假定销售额为 160 000，经理奖金提成比率为 1.5%，副经理奖金提成比率为 1%，职员奖金提成比率为 0.5%。

（2）行政工资计算方法为：经理为 1 000，副经理为 800，职员为 500。

"工资"表计算结果如图 7-45 所示。

2．某公司效绩奖金表如图 7-46 所示。请在图 7-45 所示"工资"表的基础上，按照以下要求完成计算。

工号	姓名	部门	岗位	基本工资	奖金	行政工资	交通补贴	驻外补贴	应发工资	养老保险	医疗保险	失业保险	其他	扣款合计	实发工资
A01	孙家龙	销售部	经理	2600	2400	1000	260	500	6760	208	52	26	0	286	6474
A02	张卫华	销售部	副经理	2150	1600	800	260	300	5110	172	43	21.5	0	236.5	4873.5
A03	朱思华	销售部	职员	1600	800	500	260	300	3460	128	32	16	100	276	3184
A04	陈关敏	销售部	职员	1800	800	500	260	300	3660	144	36	18	0	198	3462
A05	陈德生	销售部	职员	2000	800	500	260	100	3660	160	40	20	50	270	3390
A06	张新民	销售部	副经理	2050	1600	800	260	30	4740	164	41	20.5	0	225.5	4514.5
A07	张跃华	销售部	职员	1600	800	500	260	50	3210	128	32	16	0	176	3034
A08	邓都平	销售部	职员	1800	800	500	260	70	3430	144	36	18	0	198	3232
A09	张鹏	销售部	职员	1800	800	500	260	70	3430	144	36	18	0	198	3232
A10	符智伶	销售部	职员	1800	800	500	260	70	3430	144	36	18	0	198	3232
A11	孙连进	销售部	职员	2000	800	500	260	100	3660	160	40	20	0	220	3440
A12	王永锋	销售部	职员	2000	800	500	260	100	3660	160	40	20	100	320	3340
B01	周小红	市场部	职员	1800	800	500	260	300	3660	144	36	18	0	198	3462
B02	钟洪成	市场部	副经理	2050	1600	800	260	50	4760	164	41	20.5	0	225.5	4534.5
B03	陈文坤	市场部	经理	2600	2400	1000	260	100	6360	208	52	26	0	286	6074
B04	刘宇	市场部	副经理	2250	1600	800	260	50	4960	180	45	22.5	0	247.5	4712.5
B05	张大贞	市场部	职员	1900	800	500	260	100	3560	152	38	19	0	209	3351
B06	李河光	市场部	副经理	2150	1600	800	260	100	4910	172	43	21.5	100	336.5	4573.5
B07	张伟	市场部	职员	1800	800	500	260	70	3430	144	36	18	0	198	3232
B08	陈德辉	市场部	职员	1800	800	500	260	70	3430	144	36	18	0	198	3232
B09	周立新	市场部	职员	1900	800	500	260	100	3560	152	38	19	100	309	3251
B10	罗敏	市场部	职员	1600	800	500	260	50	3210	128	32	16	100	276	2934
B11	陈静	市场部	职员	1500	800	500	260	30	3090	120	30	15	0	165	2925
B12	周建兵	市场部	职员	1600	800	500	260	50	3210	128	32	16	70	246	2964
B29	汪荣忠	市场部	职员	1800	800	500	260	70	3430	144	36	18	100	298	3132
B30	黄勇	市场部	职员	1500	800	500	260	30	3090	120	30	15	50	215	2875
B31	夏存银	市场部	职员	1800	800	500	260	70	3430	144	36	18	0	198	3232
B32	袁宏兰	市场部	职员	1600	800	500	260	50	3210	128	32	16	80	256	2954
B33	周金明	市场部	职员	1800	800	500	260	70	3430	144	36	18	0	198	3232

图 7-45 "工资"表的最终计算结果

工号	姓名	岗位	上级评分	浮动分	评分	评定结果	系数	绩效奖金
A01	孙家龙	销售部	67	-3				
A02	张卫华	销售部	87	0				
A03	朱思华	销售部	92	3				
A04	陈关敏	销售部	64	0				
A05	陈德生	销售部	88	0				
A06	张新民	销售部	61	0				
A07	张跃华	销售部	59	0				
A08	邓都平	销售部	66	0				
A09	张鹏	销售部	75	2				
A10	符智伶	销售部	88	0				
A11	孙连进	销售部	51	0				
A12	王永锋	销售部	62	0				
B01	周小红	市场部	85	1				
B02	钟洪成	市场部	93	0				
B03	陈文坤	市场部	85	0				
B04	刘宇	市场部	62	0				
B05	张大贞	市场部	74	0				
B06	李河光	市场部	62	0				
B07	张伟	市场部	78	0				
B08	陈德辉	市场部	96	-2				
B09	周立新	市场部	45	0				
B10	罗敏	市场部	63	2				
B11	陈静	市场部	85	0				
B12	周建兵	市场部	66	0				
B29	汪荣忠	市场部	78	2				
B30	黄勇	市场部	65	0				
B31	夏存银	市场部	79	0				
B32	袁宏兰	市场部	89	0				
B33	周金明	市场部	68	0				

其中右侧区域：总奖金：、平均资金：、最高奖金：；评定结果表：优秀、良好、较好、合格、需要改进（人数、比率）。

图 7-46 "绩效奖金"表原始数据

（1）计算评分、评定结果、系数和绩效奖金，并将计算结果填入相应单元格中。其中：

评分计算方法为：评分=上级评分+浮动分。

评定结果及系数计算方法如下。

评　　分	评定结果	系　　数
≥90	优秀	1.5
80~89	良好	1

评 分	评 定 结 果	系 数
70~79	较好	0.8
60~69	合格	0.5
<60	需要改进	0

绩效奖金计算方法为：绩效奖金=（基本工资+行政工资）×系数。

（2）计算总奖金、平均奖金和最高奖金，并将计算结果填入工作表相应单元格中。

（3）计算每类评定结果的人数及占总人数的比率，并将计算结果填入工作表相应单元格中。

利用图表显示数据 | 第8章

内容提要

本章主要介绍通过图表展示数据特征的基本操作，包括图表的组成及种类、图表的创建及编辑、图表的美化及应用等。重点是通过使用多种图表显示销售业绩奖金及产品销售情况，掌握利用 Excel 图表显示数据的方法。

主要知识点

- 图表组成和种类
- 创建图表
- 编辑图表
- 修饰图表
- 应用图表

在日常工作中，人们常常使用图表来展示数据。事实上，一个设计严谨、制作精美的图表，能够使表格中枯燥的数字变得直观。Excel 提供了丰富实用的图表功能，利用它可以快速地创建各种图表，利用这些图表可以对数据的变化情况、变化周期、变化幅度和发展趋势有一个形象直观的了解。

8.1 认识图表

图表是 Excel 的重要组成部分，是图形化的数据。图表一般由点、线、面等多种图形组合而成。使用工作簿中的数据绘制出来的图表，描述了数据与数据之间的关系，一般依然存放于工作簿中。

8.1.1 图表的组成

图表一般由图表区、绘图区、标题、数据系列、坐标轴、图例、网格线等部分组合而成，如图 8-1 所示。认识图表的各个组成部分，有助于正确地选择和设置图表中的各类元素。

1. 图表区

图表区是指图表的全部背景区域，包括所有的数据信息以及图表辅助的说明信息。例如图表标题、图例、数据系列、坐标轴等。选定图表区时，将显示图表元素的边框，以及用于调整图表大小的 8 个控制点。

2. 绘图区

绘图区是指图表区内图形包含的区域，即以两个坐标轴为边的矩形区域。选定绘图区时，将显示绘图区的边框，以及用于调整绘图区大小的 8 个控制点。

3. 坐标轴

在 Excel 2010 图表中，坐标轴分为三大类，即分类轴、数值轴和系列轴。Excel 图表一般默认有两个坐标轴，分类轴（水平 x 轴）和数值轴（垂直 y 轴）。三维图表有第三个轴即系列轴。分类轴又可以分为文本、日期两种，其主要用来显示数据系列中每个对应的分类标签；数值轴用来显示每类的数值；系列轴是指在三维图表中显示的 z 轴方向的系列轴。默认情况下，Excel 将数值轴显示在图形的左侧，将分类轴显示在图形的下方。

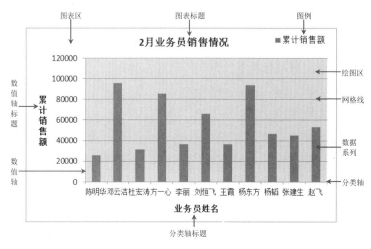

图 8-1　图表的组成

4．标题

标题包括图表标题和坐标轴标题，即指图表名称和坐标轴名称。图表标题一般显示在绘图区的上方，用来说明图表的主题；分类轴标题一般显示在分类轴下方；数值轴标题一般显示在数值轴的左侧。图表标题只有一个，而坐标轴标题最多允许 4 个。

5．数据系列

数据系列是由数据点构成的，每个数据点对应工作表中的一个单元格内的数据。每个数据系列对应工作表中的一行或者一列数据。数据系列在绘图区中表现为彩色的点、线、面等图形。

6．图例

图例用来表示图表中各数据系列的名称，它由图例项和图例项标示组成。默认情况下，Excel 将图例显示在图表区的右侧。

7．网格线

网格线是坐标轴上刻度线的延伸，它穿过绘图区。添加网格线的目的是便于查看和计算数据。

8.1.2　图表的种类

Excel 2010 提供了 11 种不同类型的图表，包括柱形图、拆线图、饼图、条形图、XY 散点图、面积图、股价图、曲面图、圆环图、气泡图和雷达图。每种图表还有多种不同的具体形式可供选择。

1．柱形图

柱形图是 Excel 默认的图表类型，也是最常用的图表类型，它主要表现数据之间的差异。柱形图在垂直方向进行比较，用矩形的高低长短来描述数据的大小。一般将分类项在分类轴上标出，而将数据的大小在数值轴上标出，这样可以强调数据是随分类项（如时间）变化的。柱形图有 19 种子图表类型，如图 8-2 所示。

2. 折线图

折线图是用直线段将各数据点连接起来而组成的图形，常用来分析数据随时间变化的趋势，也用来分析多组数据随时间变化的相互作用和相互影响。一般分类轴代表时间的变化，并且间隔相同，而数值轴代表各时刻的数据大小。折线图有 7 种子图表类型，如图 8-2 所示。

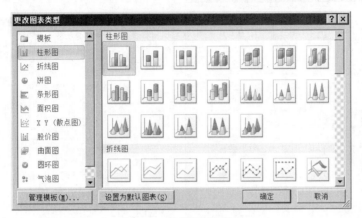

图 8-2 柱形图和折线图

3. 饼图

饼图通常只用一组数据系列作为数据源。它将一个圆面划分为若干个扇形面，每个扇形面代表一项数据值，其大小用来表示相应数据项占该数据系列总和的比例值，通常用来描述比例、构成等信息。饼图有 6 种子图表类型，如图 8-3 所示。其中复合饼图和复合条饼图是在主饼图的一侧生成一个较小的饼图或堆积条形图，用来将其中一个较小的扇形中的比例数据放大表示。如果数据系列多于一个，Excel 先对同一簇的数据求和，然后再生成相应的饼图。

4. 条形图

条形图使用水平横条的长度来表示数据值的大小，描述了各个数据项之间的差别情况。一般将分类项放在数值轴上标出，而将数据的大小放在分类轴上标出。这样可以突出数据的比较，而淡化时间的变化。条形图有 6 种子图表类型，如图 8-3 所示。

5. 面积图

面积图使用折线和分类轴组成的面积以及两条折线之间的面积来显示数据系列的值。面积图不但强调幅度随时间的变化趋势，还可以通过显示数据的面积来分析部分与整体的关系。例如，可用面积图来描述某企业不同时期产品成本的构成情况。面积图有 6 种子图表类型，如图 8-3 所示。

6. XY 散点图

XY 散点图除可以显示数据的变化趋势外，更多地用来描述数据之间的关系。它不仅可以用线段，而且可以用一系列的点来描述数据。在组织数据时，一般将 X 值置于一行或一列中，而将 Y 值置于相邻的行或列中。XY 散点图可以按不等间隔来表示数据。XY 散点图有 5 种子图表类型，如图 8-3 所示。

7. 股价图

股价图是一类专用图形，通常需要特定的几组数据，主要用来表示股票或期货市场的行情，描述一段时间内股票或期货的价格变化情况。它有 4 种子图表类型，如图 8-4 所示。

8. 曲面图

曲面图是折线图和面积图的另一种形式，它在原始数据的基础上，通过跨两维的趋势线描述数据的变化趋势，而且可以通过拖放图形的坐标轴，方便地变换观察数据的角度。当需要寻找两组数据之间的最佳组合时，曲面图是很有用的。曲面图中的颜色和图案用来表示在同一取值范围内的区域。曲面图有 4 种子图表类型，如图 8-4 所示。

图 8-3　饼图、条形图、面积图和 XY 散点图　　　图 8-4　股价图、曲面图、圆环图、气泡图和雷达图

9. 圆环图

圆环图也是用来显示部分与整体的关系，但它可以显示多个数据系列，由多个同心的圆环来表示。它将一个圆环划分为若干个圆环段，每个圆环段代表一个数据值在相应数据系列中所占的比例。例如，可以描述多个企业同一产品的各项成本构成。圆环图有 2 个子图表类型，如图 8-4 所示。

10. 气泡图

气泡图是一种特殊类型的 XY 散点图，可用来描述多组数据。它相当于在 XY 散点图的基础上增加了第 3 个变量，即气泡的尺寸。气泡所处的坐标分别标出了在分类轴和数值轴的数据值，同时气泡的大小可以表示数据系列中第 3 个数据的值，气泡越大，数据值就越大。在组织数据时，一般将一行或一列作为分类轴，相邻的行或列作为数据值，而另一行或一列作为气泡的大小值。它有 2 种子图表类型，如图 8-4 所示。

11. 雷达图

雷达图是由一个中心向四周辐射出多条数值坐标轴，每个分类都拥有自己的数值坐标轴，将同一数据系列的值用折线连接起来而形成的。雷达图用来比较若干数据系列的总体水平值。例如，为了表示企业的经营情况，通常使用雷达图将该企业的各项经营指标如资金增长率、销售收入增长率、总利润增长率、固定资产比率、固定资产周转率、流动资金周转率、销售利润率等指标与同行业的平均标准值进行比较，可以判断企业的经营状况。雷达图有 3 种子图表类型，如图 8-4 所示。

8.2 创建图表

Excel 中的图表是由工作表中的数据生成的。这些图表分为四类：迷你图、嵌入式图表、图表工作表和 Microsoft Graph 图表。创建 4 种图表的方法略有不同。

8.2.1 创建迷你图

迷你图是 Excel 2010 中的一个新增功能，它是绘制在单元格中的一个微型图表。使用迷你图可以直观地反映数据系列的变化趋势。与图表不同的是，当打印工作表时，单元格中的迷你图会与数据一起进行打印。创建迷你图时，可以在一个单元格中创建，也可以在一组连续的单元格中创建。

1. 在一个单元格中创建

具体操作步骤如下。

步骤1：选定存放迷你图的单元格。

步骤2：打开"创建迷你图"对话框。在"插入"选项卡的"迷你图"命令组中，单击所需迷你图类型对应的命令，系统弹出"创建迷你图"对话框。

步骤3：指定数据范围。在"数据范围"文本框中输入数据所在的区域，也可以单击右侧的"折叠"按钮，然后使用鼠标选择所需的单元格区域。

步骤4：关闭"创建迷你图"对话框。单击"确定"按钮，关闭"创建迷你图"对话框，同时将在当前单元格中创建出迷你图。

2. 在一组连续单元格中创建

有时候可能需要在一列中创建迷你图，即希望创建一组迷你图。例如，图 8-5 所示为某公司业务员 6 个月的销售业绩情况，如果希望了解每名业务员的销售趋势，可以在 H 列相应单元格中创建对应的迷你图。

	A	B	C	D	E	F	G	H
1	姓名	1月	2月	3月	4月	5月	6月	销售趋势
2	陈明华	5170	5830	3420	4255	18550	3420	
3	邓云洁	7858	21395	7320	4070	9160	8270	
4	杜宏涛	7320	3885	4950	4050	0	16100	
5	方一心	8800	9250	5300	5390	16975	4180	
6	李丽	3330	4900	3150	3700	4158	8355	
7	刘恒飞	11500	4025	12440	13200	7000	9200	
8	王霞	13690	4485	3780	7600	7320	3402	
9	杨东方	25950	7400	4070	24925	4620	20500	
10	杨韬	23930	2850	9500	9200	3900	3885	
11	张建生	7570	3885	11000	6475	7000	12025	
12	赵飞	3800	4830	3610	3510	12950	3525	

图 8-5　业务员销售业绩情况表

创建一组迷你图的操作步骤如下。

步骤1：选定存放迷你图的单元格区域。此处希望创建反映每名业务员销售趋势的迷你图，因此选定 H2:H12 单元格区域。

步骤2：打开"创建迷你图"对话框。在"插入"选项卡的"迷你图"命令组中，单击"折线图"命令，系统弹出"创建迷你图"对话框。

步骤3：指定数据范围。在"数据范围"文本框中输入数据所在的区域，此处输入 B2:G12。也可以单击右侧的"折叠"按钮，然后使用鼠标选择所需的单元格区域，如图 8-6 所示。

步骤4：关闭"创建迷你图"对话框。单击"确定"按钮，关闭"创建迷你图"对话框。同时将在 H2:H12 单元格区域中创建一组折线迷你图，如图 8-7 所示。

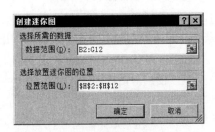

图 8-6　指定数据范围

	A	B	C	D	E	F	G	H
1	姓名	1月	2月	3月	4月	5月	6月	销售趋势
2	陈明华	5170	5830	3420	4255	18550	3420	
3	邓云洁	7858	21395	7320	4070	9160	8270	
4	杜宏涛	7320	3885	4950	4050	0	16100	
5	方一心	8800	9250	5300	5390	16975	4180	
6	李丽	3330	4900	3150	3700	4158	8355	
7	刘恒飞	11500	4025	12440	13200	7000	9200	
8	王霞	13690	4485	3780	7600	7320	3402	
9	杨东方	25950	7400	4070	24925	4620	20500	
10	杨韬	23930	2850	9500	9200	3900	3885	
11	张建生	7570	3885	11000	6475	7000	12025	
12	赵飞	3800	4830	3610	3510	12950	3525	

图 8-7　迷你图的创建结果

还可以在 H2 单元格中先创建一个迷你图，然后使用填充的方法将迷你图填充到其他单元格中，就像填充公式一样。

在 Excel 2010 中，仅提供 3 种形式的迷你图，分别是"折线迷你图""柱形迷你图"和"盈亏迷你图"，且不能制作两种以上图表类型的组合图。

8.2.2　创建嵌入式图表

嵌入式图表是 Excel 应用中运用最多的图表样式，其特点是将图表直接绘制在原始数据所在的工作表中。图表的数据源为对应工作表中的数据，可实现数据表格与数据的混排。创建嵌入式图表一般可以使用两种方法，一种是使用功能区中的命令直接创建；另一种是使用"插入图表"对话框创建。

1. 使用功能区中的命令直接创建

具体操作步骤如下。

步骤 1：选定数据。选定创建图表所需数据的单元格区域。

选定数据时，应同时选定数据标志（标题行或标题列）。如果选定用于图表的数据单元格不在一个连续的区域内，应先选定第一组包含所需数据的单元格区域，再按住【Ctrl】键选定其他单元格区域。

步骤 2：选择图表类型。在"插入"选项卡的"图表"命令组中，单击所需的一种图表类型（如柱形图）的命令，从弹出的下拉菜单中选择一种子图表类型；如果"图表"命令组中没有所需图表类型，单击"其他"命令，然后从弹出的下拉菜单中选择。

完成上述操作后，Excel 将在当前工作表中创建所选图表类型的图表。

2. 使用对话框创建

具体操步骤如下。

步骤 1：选定数据。选定创建图表所需数据的单元格区域。

步骤 2：打开"插入图表"对话框。单击"插入"选项卡"图表"命令组右下角的对话框启动按钮，弹出"插入图表"对话框。

步骤3：选择图表类型。在对话框左侧选定一种图表类型，在对话框右侧选定一种对应的子图表类型，如图8-8所示。

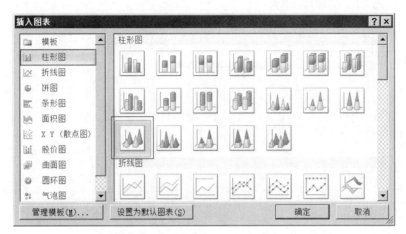

图8-8　"插入图表"对话框

步骤4：创建图表。单击"确定"按钮，关闭"插入图表"对话框。此时Excel将在当前工作表中创建所选图表类型的图表。

8.2.3　创建图表工作表

图表工作表的特点是一个工作表即一张图表。也就是说，将图表绘制成一个独立的工作表，图表的数据源为工作表中的数据，图表的大小由Excel自动设置。

创建图表工作表的方法非常简单，具体操作步骤如下。

步骤1：选定数据。选定创建图表所需数据的单元格区域。

步骤2：执行创建图表操作。按【F11】快捷键，Excel自动插入一个新的图表工作表，并创建一个以所选单元格区域为数据源的柱形图。

注意 使用【F11】快捷键创建的图表工作表，默认的工作表名为"Chart1"，默认的图表类型为柱形图。如果需要创建其他类型的图表，可以在创建完成后将其修改为其他图表类型。

8.2.4　创建 Microsoft Graph 图表

Microsoft Graph图表也是嵌入在工作表中的图表对象，与嵌入式图表不同的是，图表的数据源与工作表无关，而与图表对象一起存储。

创建Microsoft Graph图表的操作步骤如下。

步骤1：打开"对象"对话框。在"插入"选项卡的"文本"命令组中，单击"对象"命令，系统弹出"对象"对话框。

步骤2：选择对象类型。在"新建"选项卡的"对象类型"列表框中，选定"Microsoft Graph图表"，如图8-9所示。

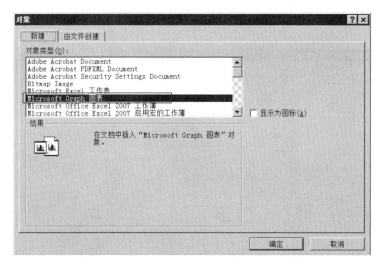

图 8-9　选定"Microsoft Graph 图表"对象类型

步骤 3：关闭"对象"对话框。单击"确定"按钮，关闭"对象"对话框，同时打开 Microsoft Graph
图表编辑窗口，如图 8-10 所示。

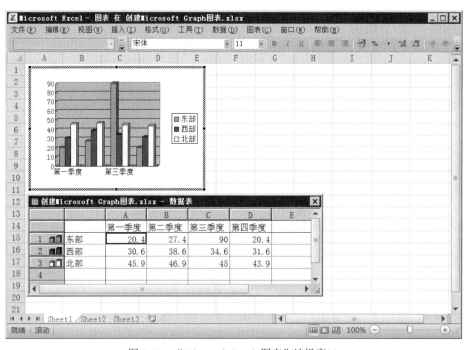

图 8-10　"Microsoft Graph 图表"编辑窗口

步骤 4：输入数据。在图 8-10 所示编辑窗口中，显示了一个嵌入式的柱形图和一个"数据表"
对话框。在数据表中输入数据，然后单击工具栏上的"按列"按钮 ▥，图表自动更新为以列数据为
数据系列的柱形图，如图 8-11 所示。

步骤 5：关闭"数据表"对话框。单击任意单元格，关闭"数据表"对话框，返回 Excel 2010
窗口。

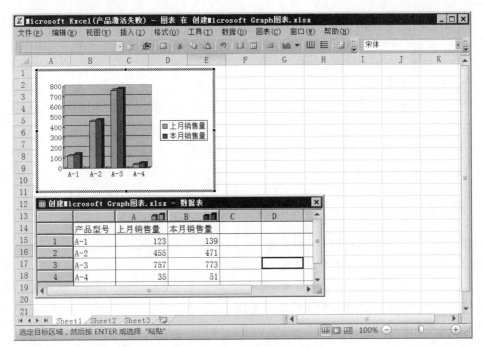

图 8-11　Microsoft Graph 图表

8.3

编辑图表

对图表进行编辑是指对图表的各个组成部分进行一些必要的修改。例如更改图表的类型、更改图表的数据源、设置图表的位置、添加数据系列、调整图表元素的大小等。

在对图表工作表进行编辑操作时，首先要选定图表工作表标签使其变成当前工作表，然后单击该工作表中的某个元素，即可对其进行编辑操作。若对嵌入式图表进行编辑操作，只需用鼠标单击图表区域，该图表的周围出现黑色的细线矩形框，并在 4 个角上和每条边的中间出现黑色小方块的控制柄，此时可以对图表进行移动、放大、缩小、复制和删除等操作。单击图表的某个元素可以对其进行编辑。在选定图表后，功能区会自动出现"图表工具"上下文选项卡，其中包含"设计""布局"和"格式"三个子卡。

若对迷你图进行编辑操作，应先选定迷你图，然后可以更改其数据源、图表类型等。在选定迷你图后，功能区会自动出现"迷你图工具"上下文选项卡，其中包含"设计"子卡。

8.3.1　更改图表类型

如果创建的图表不能直观地表达数据，可以更改图表类型。

1　更改迷你图的图表类型

其操作步骤如下。

步骤 1：选定需要更改图表类型的图表所在单元格。

步骤 2：更改图表类型。在"迷你图工具"上下文选项卡"设计"子卡的"类型"命令组中，单击所需图表类型的相应命令。

2　更改图表的图表类型

更改嵌入式图表、图表工作表和 Microsoft Graph 图表的图表类型，方法相似。其操作步骤如下。

步骤 1：选定需要更改图表类型的图表。

步骤 2：打开"更改图表类型"对话框。在"图表工具"上下文选项卡"设计"子卡的"类型"命令组中，单击"更改图表类型"命令。或者用右键单击选定的图表，从弹出的快捷菜单中选择"更改图表类型"命令。系统弹出"更改图表类型"对话框。

步骤 3：设置图表类型。在对话框左侧选定所需的图表类型，在对话框右侧选定所需的子图表类型，然后单击"确定"按钮。

8.3.2　设置图表位置

图表工作表和嵌入式图表可以互相转换位置。具体操作步骤如下。

步骤 1：选择要调整位置的图表。

步骤 2：打开"移动图表"对话框。在"图表工具"上下文选项卡"设计"子卡的"位置"命令组中，单击"移动图表"命令，系统弹出"移动图表"对话框。

步骤 3：选择图表位置。如果将嵌入式图表设置为图表工作表，则选定"新工作表"单选按钮，在右侧文本框中输入新工作表名，如图 8-12 所示。如果将图表工作表设置为嵌入式图表，则选定"对象位于"单选按钮，同时需要在其右侧下拉列表中选择要放置图表的工作表名称。

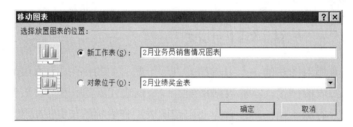

图 8-12　选择放置图表的位置

步骤 4：完成设置。单击"确定"按钮。

8.3.3　编辑数据系列

创建图表后，仍可以通过向图表中加入更多的数据系列来更新图表；也可以改变图表中引用的数据系列；还可以删除不需要的数据系列。

1．改变数据系列

修改数据系列的具体操作步骤如下。

步骤 1：选定图表。

步骤 2：打开"选择数据源"对话框。在"图表工具"上下文选项卡"设计"子卡的"数据"命令组中，单击"选择数据"命令；或者右键单击图表区，从弹出的快捷菜单中选择"选择数据"命令，系统弹出"选择数据源"对话框。

步骤 3：选择需要修改的数据系列。在"图例项（系列）"列表框中选择需要更改的图例项，如图 8-13 所示。

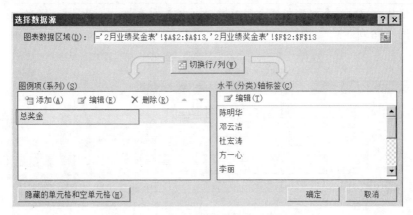

图 8-13 "选择数据源"对话框

步骤 4：打开"编辑数据系列"对话框。单击"编辑"按钮，系统弹出"编辑数据系列"对话框。

步骤 5：设置更新数据。在"系列名称"框中输入更改后的数据系列名称，在"系列值"框中设置引用数据的单元格区域，如图 8-14 所示。最后单击"确定"按钮，返回到"选择数据源"对话框。

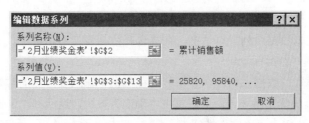

图 8-14 "编辑数据系列"对话框

步骤 6：完成更改。单击"确定"按钮。

除上述更改数据系列的方法外，还可以使用直接拖放的方法快速更改数据系列。例如，将图表中的"总奖金"改为"累计销售额"。其操作步骤如下。

步骤 1：选定绘图区。选定绘图区，此时在工作表的引用单元格区域显示 3 个矩形框，紫色为分类轴标签，绿色为数据系列名称，蓝色为数据系列，如图 8-15 所示。

图 8-15 选定绘图区结果

步骤 2：更改数据系列。将鼠标定位到蓝色矩形框线上，框线变粗，当鼠标指针变为十字形状时，按下鼠标左键，拖动蓝色矩形框线到"累计销售额"列 G3:G13 单元格区域，此时绿色矩形框线也同时移动到 G2 单元格，松开鼠标左键完成更改操作，如图 8-16 所示。

图 8-16　数据系列的更改结果

2. 添加数据系列

添加数据系列的操作步骤如下。

步骤 1：选定图表。

步骤 2：打开"选择数据源"对话框。

步骤 3：打开"编辑数据系列"对话框。在"选择数据源"对话框中，单击"添加"按钮，系统弹出"编辑数据系列"对话框。

步骤 4：设置要添加的数据系列。在"系列名称"框中输入要添加的数据系列名称，在"系列值"框中设置引用数据的单元格区域。最后单击"确定"按钮，返回到"选择数据源"对话框。

步骤 5：完成添加。单击"确定"按钮。

除上述添加数据系列方法外，还可以使用复制、粘贴方法或鼠标拖放方法，将数据系列快速添加到图表中。

例如，使用复制、粘贴方法，将"2月业务员业绩奖金表"中的"累计销售业绩"添加到图表中。具体操作步骤如下。

步骤 1：选定数据系列。选定需要添加的单元格区域 B2:B13，如图 8-17 所示。

图 8-17　选定需要添加的数据系列

步骤 2：向图表添加数据系列。按【Ctrl】+【C】组合键复制要添加的数据系列，再选定图表，然后按【Ctrl】+【V】组合键将数据系列添加到图表中。结果如图 8-18 所示。

鼠标拖放方法适用于连续的数据区域。具体操作方法是选定图表后，将鼠标定位到蓝色边框线的右下角，当鼠标指针变为双向箭头形状时，拖动蓝色框线到需要的列，然后松开鼠标左键，这时在图表中自动添加选定的数据系列。

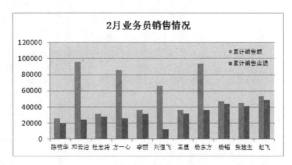

图 8-18　数据系列的添加结果

3. 删除数据系列

如果某一数据系列需要从图表中删除，操作步骤如下。

步骤 1：选定要删除的数据系列。在图表中，单击要删除的数据系列。

步骤 2：执行删除操作。直接按【Delete】键；或者右键单击选定的数据系列，从弹出的快捷菜单中选择"删除"命令。

8.3.4　调整图表元素

图表中包含了图表区、绘图区、图表标题、图例、坐标轴、数据系列等多个部分，每个部分是图表中的一个元素。如果需要，可以调整这些元素的位置和大小，还可以在图表中添加说明信息。

1. 调整图表元素的位置

调整图表元素的位置，其具体操作步骤如下。

步骤 1：选定图表元素。选定图表中需要调整位置的元素，如图例、图表标题等。

步骤 2：调整位置。按住鼠标左键，将其拖至合适的位置放开。

2. 调整图表元素的大小

调整图表元素的大小，其具体操作步骤如下。

步骤1：选定图表元素。选定图表中需要调整大小的元素，如图例、绘图区等，此时在其周围会出现 8 个控制柄。

步骤2：调整大小。将鼠标放到某一个控制柄上，待指针变为双向箭头形状时，按住左键不放，拖放到合适的大小放开。

3. 在图表中添加说明文字

说明文字是指可放置在图表任意位置上的文字，主要用来解释图表。其操作步骤如下。

步骤 1：选定图表。

步骤 2：插入说明信息。在"插入"选项卡的"文本"命令组中，单击"文本框"→"横排文本框（或竖排文本框）"命令，然后在图表中绘制一个文本框，并在文本框中粘贴或输入文字。

步骤 3：调整文字位置。用鼠标将其拖到合适位置放开，如图 8-19 所示。

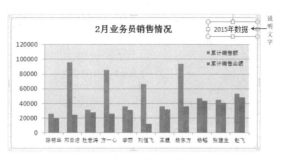

图8-19　在图表中添加说明文字

8.4 修饰图表

创建图表后，可以对其进行美化和修饰，使其看起来更加美观、清晰，同时便于理解。例如，改变图表区字体及其颜色、调整数据系列的间距、为绘图区填充颜色、为某个数据系列添加趋势线或误差线等。

8.4.1 设置图表元素格式

可以按需要对图表中每个组成部分进行修饰。

1. 设置图表区格式

图表区是指图表的全部背景区域。设置图表区格式主要包括设置图表区的填充、边框颜色、边框样式、阴影、发光和柔化边缘、三维格式、大小、属性、可选文字等。其中填充主要用来设置图表内部区域的背景颜色及图案效果；三维格式主要设置棱台、深度、轮廓线及表面效果；大小主要用来设置图表的尺寸和缩放比例等；属性主要用来设置图表的大小和位置是否随单元格变化，选择是否打印或锁定图表等。其操作步骤如下。

步骤1：选定图表区。

步骤2：打开"设置图表区格式"对话框。在"图表工具"上下文选项卡的"格式"子卡中，单击"形状样式"或"大小"命令组右下角的对话框启动按钮；或者右键单击图表区，从弹出的快捷菜单中选择"设置图表区域格式"命令；或者双击图表区；或者在"当前所选内容"命令组中，单击"设置所选内容格式"命令。系统弹出"设置图表区格式"对话框。

步骤3：设置图表区格式。在对话框中设置图表区的填充、边框颜色、边框样式、三维格式、大小和属性。

在"设置图表区格式"对话框左侧选定"填充"，在右侧选定"图片或纹理填充"单选按钮，然后单击"插入自"区域中的相应按钮，可以将图片文件、剪贴画等作为美化图片。

2. 设置绘图区格式

绘图区是图表区中由坐标轴围成的部分。设置绘图区格式与设置图表区格式类似，主要设置绘图区边框的样式、内部区域的填充颜色及效果等。其操作步骤如下。

步骤1：选定绘图区。

步骤2：打开"设置绘图区格式"对话框。在"图表工具"上下文选项卡的"格式"子卡中，单击"形状样式"或"大小"命令组右下角的对话框启动按钮；或者右键单击绘图区，从弹出的快捷菜单中选择"设置绘图区格式"命令；或者双击绘图区；或者在"当前所选内容"命令组中，单击"设置所选内容格式"命令。系统弹出"设置绘图区格式"对话框。

步骤3：设置选项。在该对话框中设置绘图区的填充颜色及图案、是否加边框以及边框的样式、颜色等。

3. 设置数据系列格式

数据系列是在绘图区中由一系列点、线或平面的图形构成的图表对象。设置数据系列格式主要包括系统选项、填充、边框颜色及样式、阴影、发光和柔化边缘、三维格式等。其中系列选项中，系列重叠主要用来设置数据点重叠比例，系列间距主要用来设置数据点间距，系列绘制主要用来选择数据系列绘制在主坐标轴或次坐标轴。其他选项设置与前述相似。

不同图表类型，数据系列格式的设置内容不同。

注意

其操作步骤如下。

步骤1：选定某一数据系列。

步骤2：打开"设置数据系列格式"对话框。在"图表工具"上下文选项卡的"格式"子卡中，单击"形状样式"或"大小"命令组右下角的对话框启动按钮；或者右键单击所选数据系列，从弹出的快捷菜单中选择"设置数据系列格式"命令；或者在"当前所选内容"命令组中，单击"设置所选内容格式"命令。系统弹出"设置数据系列格式"对话框。

步骤3：设置选项。在该对话框左侧，单击某一选项，按需求设置其中具体的选项内容。例如，在对话框左侧选择"系列选项"，在右侧"分类间距"区域中，拖动滑块向"无间距"项移动；或者在下面的文本框中直接输入间距比例，如图 8-20 所示。单击"关闭"按钮后，Excel 会自动将图形之间的距离变小，图形变宽，结果如图 8-21 所示。

图 8-20　设置数据系列图形的间距

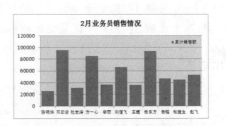

图 8-21　数据系列图形间距的设置结果

默认情况下，Excel 数据标签都是显示在比较固定的位置。比如柱形图一般显示在柱形的上方。可以根据需要来设置数据标签的位置。例如，将数据标签显示在数据系列图形中。具体操作步骤如下。

步骤1：选定数据系列。

步骤2：设置数据标签位置。在"图表工具"上下文选项卡"布局"子卡的"标签"命令组中，单击 "数据标签"→"数据标签内"命令。结果如图 8-22 所示。

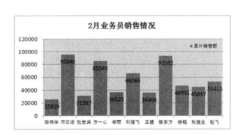

图 8-22　数据标签位置的设置结果

4. 设置坐标轴格式

坐标轴是图表中作为数据点参考的两条相交直线，包括坐标轴标题、坐标轴线、刻度线、坐标轴标签等图表元素。Excel 一般默认有两个坐标轴，即分类轴和垂直轴。绘图区下方的直线为分类轴；绘图区左侧的直线为数值轴。设置坐标轴格式主要包括坐标轴选项、数字、填充、线条颜色、线型、阴影、发光和柔化边缘、对齐方式等。其中坐标轴选项用来设置刻度线的间隔、标签的间隔、刻度线标签的显示位置、刻度线的类型等；数字用来设置刻度线标签的数字格式；填充用来设置坐标轴的背景颜色及图案效果；线条颜色和线型主要用来设置线条的颜色、宽度、类型和箭头的类型及大小；对齐用来设置刻度线标签的文字方向、与内部边界的距离等。

设置坐标轴格式的操作步骤如下。

步骤1：选定坐标轴。

步骤2：打开"设置坐标轴格式"对话框。在"图表工具"上下文选项卡的"格式"子卡中，单击"形状样式"或"大小"命令组右下角的对话框启动按钮；或者用右键单击坐标轴，在弹出的快捷菜单中选择"设置坐标轴格式"命令；或者在"当前所选内容"命令组中，单击"设置所选内容格式"命令。系统弹出"设置坐标轴格式"对话框。

步骤3：设置选项。在该对话框左侧，单击某一选项，按需求设置其中具体的选项内容。

Excel 图表中，默认的坐标轴为直线形式，如果希望将图表中的坐标轴以箭头形式显示，可以按如下操作步骤进行设置。

步骤1：选定要添加箭头的坐标轴。

步骤2：打开"设置坐标轴格式"对话框。在"图表工具"上下文选项卡"格式"子卡的"当前所选内容"命令组中，单击"设置所选内容格式"命令。系统弹出"设置坐标轴格式"对话框。

步骤3：设置坐标轴。在该对话框左侧单击"线型"，在右侧设置箭头的"后端类型"和"后端大小"。

步骤4：关闭对话框。单击"确定"按钮，关闭对话框。结果如图 8-23 所示。

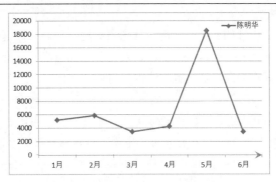

图 8-23　坐标轴箭头线的设置结果

5. 设置网格线格式

图表中的网络线，按坐标轴刻度分为主要网格线和次要网格线。坐标轴主要刻度线对应的是主要网格线，坐标轴次要刻度线对应的是次要网格线。设置网格线格式包括线条颜色、线型、阴影、发光和柔化边缘。其中线条颜色主要用来设置网格线的颜色；线型用来设置线条的样式和粗细；阴影用来设置网格线阴影的颜色、大小、透明度、距离等。其操作步骤与前述步骤相同。

在创建图表时，Excel 默认设置的网格线是数值轴（y 轴）上的主要网格线，如果只希望分隔数据系列，不需要了解每个图形数值轴上的具体数字，可以按如下操作步骤进行设置。

步骤 1：选定图表。

步骤 2：取消"主要横网格线"。在"图表工具"上下文选项卡"布局"子卡的"坐标轴"命令组中，单击"网格线"→"主要横网格线"→"无"命令。

步骤 3：添加"主要纵网格线"。在"图表工具"上下文选项卡"布局"子卡的"坐标轴"命令组中，单击"网格线"→"主要纵网格线"→"主要网格线"命令。结果如图 8-24 所示。

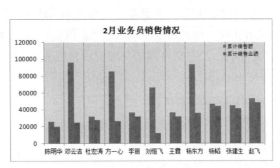

图 8-24　主要纵网格线的设置结果

6. 设置图例格式

图例包含图例项和图例项标示两部分。图例项与数据系列一一对应，如果图表中有两个数据系列，则图例包含两个图例项。图例项的文字与数据系列的名称一一对应，如果没有指定数据系列的名称，则图例项自动显示为"系列 1、系列 2、……"。设置图例格式包括图例选项、填充、边框颜色、边框样式、阴影、发光和柔化边缘等。其中图例选项用来设置图例的位置；填充用来设置图例的背景颜色或图案；边框颜色用来设置图例边框颜色；边框样式用来设置图例边框线的类型、箭头的格式等。其设置方法也与前述方法相同。

7. 设置标题格式

标题是图表等说明性的文字，标题包括图表标题、分类轴标题和数值轴标题。设置标题格式主要包括填充、边框颜色、边框样式、阴影、发光和柔化边缘、三维格式、对齐方式等。各项的设置内容及含义与前述基本相同，其设置方法也与前述方法相同。

对图表中各元素字体格式的设置，可以右键单击图表元素，并从弹出的快捷菜单中选择"字体"命令，在打开的"字体"对话框中设置所需的字体、字形和字号等。

8.4.2　美化三维图表

与平面图表相比，Excel 在柱形图和条形图两种类型中提供了三维图表，使得图表更具有立体感，但默认情况下创建的三维图表往往不够美观，如图 8-25 所示的三维柱形图。可以通过调整参数来美化图表。

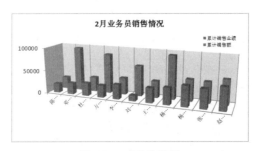

图 8-25　三维柱形图

1. 设置三维图表的高度和角度

其具体操作步骤如下。

步骤 1：打开"设置图表区格式"对话框。使用前面所述方法打开"设置图表区格式"对话框。

步骤 2：设置高度和角度。在对话框左侧选定"三维旋转"，在对话框右侧，勾选"直角坐标轴"复选框，并且单击"X（X）"文本框右侧增减按钮使其值变为 10°，单击"Y（Y）"文本框右侧增减按钮使其值改为10°，如图 8-26 所示。单击"关闭"按钮。结果如图 8-27 所示。

图 8-26　设置三维图表的参数

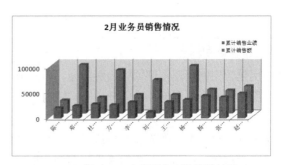

图 8-27　高度及角度的设置结果

2. 设置三维图表的深度和宽度

设置三维图表的深度和宽度。其操作步骤如下。

步骤1：打开"设置数据系列格式"对话框。

步骤2：设置深度和宽度。在对话框左侧单击"系列选项"，然后修改"系列间距"和"分类间距"的值，如图8-28所示。单击"关闭"按钮。设置结果如图8-29所示。

图8-28 设置三维图表的深度和宽度

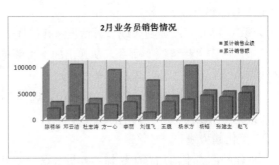

图8-29 深度和宽度的设置结果

3. 设置三维图表的图形形状

除了可以进行上述设置以外，还可以改变数据系列图形形状。其具体操作步骤如下。

步骤1：打开"设置数据系列格式"对话框。双击某一数据系列，系统弹出"设置数据系列格式"对话框。

步骤2：设置图形形状。在该对话框左侧选定"形状"，在右侧"柱体形状"中选定某一图形。例如，选择"完整圆锥"，如图8-30所示。然后单击"关闭"按钮。如果需要改变另一数据系列柱形图的图形形状，可以使用上述方法再次选择。结果如图8-31所示。

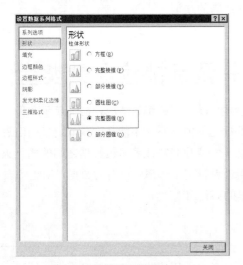

图8-30 选择图形形状

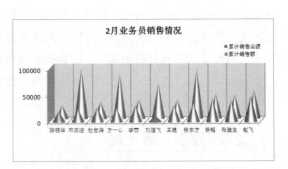

图8-31 设置图形形状的结果

8.4.3　添加趋势线

趋势线以图表的方式显示了数据的变化趋势，同时还可以用来进行预测分析，也称回归分析。利用回归分析，可以在图表中延伸趋势线。该线可根据实际数据向前或向后模拟数据的走势；还可以生成移动平均，消除数据的波动，更清晰地显示图案和趋势。可以在条形图、柱形图、折线图、股价图、气泡图和 XY 散点图中为数据系列添加趋势线，但不能在三维图表、堆积型图表、雷达图、饼图或圆环图中添加趋势线。对于那些包含与数据系列相关的趋势线的图表，如果将它们的图表类型改变成上述几种图表，例如将图表类型修改为饼图，则原有的趋势线将丢失。

1．添加趋势线

添加趋势线的具体操作步骤如下。

步骤 1：选定图表。

步骤 2：打开"添加趋势线"对话框。在"图表工具"上下文选项卡"布局"子卡的"分析"命令组中，单击"趋势线"命令，从弹出的下拉菜单中选择所需的趋势线命令。例如，选择"线性趋势线"命令。系统弹出"添加趋势线"对话框。

步骤 3：选择数据系列。在该对话框中，选择要添加趋势线的数据系列，如图 8-32 所示。然后单击"确定"按钮，关闭对话框。

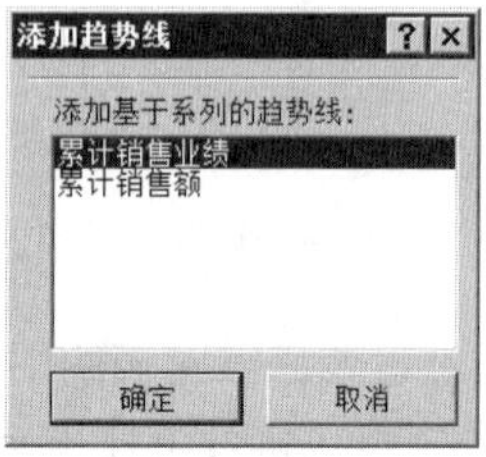

2．美化趋势线

在创建的图表中添加趋势线辅助分析数据后，可对趋势线进行美化，使其突出显示，包括更改趋势线的线条样式、颜色等。

美化趋势线颜色的具体操作步骤如下。

步骤 1：选定图表中的趋势线。

步骤 2：设置颜色。在"图表工具"上下文选项卡"格式"

图 8-32　"添加趋势线"对话框

子卡的"形状样式"组中，单击"形状轮廓"命令，并从弹出的下拉菜单中选择所需颜色。

美化趋势线线型的操作步骤如下。

步骤 1：选定图表中的趋势线。

步骤 2：设置线型。在"图表工具"上下文选项卡"格式"子卡的"形状样式"组中，单击"形状轮廓"→"虚线"命令，并在弹出的级联菜单中选择所需的线型。

8.5

应用实例——显示销售业绩奖金

在销售管理中，虽然以表格方式显示数据能够精确地反映公司的销售情况，能够显示业务员的销售业绩及奖励奖金。但是表格不能直观地表达多组数据之间的关系，不能从中获取更多的信息。图表是展示数据最直观有效的手段，一组数据的各种特征、变化趋势或者多组数据之间的相互关系都可以通过图表一目了然地反映出来。本节将通过使用销售管理工作簿中已有的数据，创建图表来进一步说明 Excel 图表的作用和应用范围、图表操作的方法和技巧。

8.5.1　比较业务员销售业绩

假设公司管理者希望能够更加清晰地了解每名业务员 2 月的销售业绩和累计销售额。创建一个图表，使用柱形图显示每名业务员的2月销售业绩，使用饼图显示每名业务员的累计销售额占总销售额的百分比，如图8-36所示。

1. 创建图表

具体操作步骤如下。

步骤1：选定数据源。打开"销售管理.xlsx"工作簿文件，单击"2月业绩奖金表"工作表标签，按下【Ctrl】键，分别选定A2:A13、D2:D13和G2:G13等三个单元格区域。

步骤2：选择图表类型。在"插入"选项卡的"图表"命令组中，单击"柱形图"→"簇状柱形图"命令。结果如图8-33所示。

2. 设置图表标题

具体操作步骤如下。

步骤1：选定图表。

步骤2：设置图表标题。在"图表工具"上下文选项卡"布局"子卡的"标签"命令组中，单击"图表标题"→"图表上方"命令。在图表标题文本框中输入业务员销售业绩比较。

3. 设置数据标签

具体操作步骤如下。

步骤1：选定图表。

步骤2：设置数据标签。在"图表工具"上下文选项卡"布局"子卡的"标签"命令组中，单击"数据标签"→"数据标签外"命令，如图8-34所示。

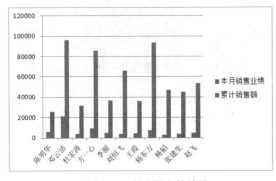

图8-33　创建图表的结果

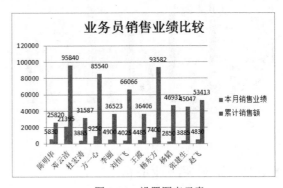

图8-34　设置图表元素

4. 美化图表

从图8-34所示可以看出，图表中各个区域的格式比较混乱，需要调整。下面美化所建的图表。其操作内容如下。

（1）调整图表大小。选定图表，此时在其周围会出现8个控制柄。将鼠标放到其中一个控制柄上，按下鼠标左键拖动到合适大小放开。

（2）设置图表文字字号。右键单击图表区，在弹出的快捷菜单中选择"字体"命令，在打开的"字体"对话框中，将"字号"改为8，然后单击"确定"按钮。

（3）设置图表标题字体。右键单击图表标题，在弹出的快捷菜单中选择"字体"命令，在打开的"字体"对话框中，设置"中文字体"为"幼圆"，"字号"为12，然后单击"确定"按钮。

（4）设置图例字体。右键单击图例，在弹出的快捷菜单中选择"字体"命令，在打开的"字体"对话框中，将"中文字体"改为"楷体"，然后单击"确定"按钮。结果如图8-35所示。

使用图 8-35 可以对每名业务员的销售业绩进行比较。从图中可以看出邓云洁 2 月的销售业绩和累计销售额均为最高。

（5）组合图表。默认情况下，创建的图表所有数据系列都只能使用同一种图表类型。事实上，可以根据需要为每个数据系列选择不同类型的图表，这样可以使图表更加准确地向阅读者传递信息。例如，将图 8-35 所示图表中的"累计销售额"数据使用饼图显示，这样既可以比较业务员的本月销售业绩，又可以显示所有业务员的累计销售额分布情况。组合图表的操作步骤如下。

步骤 1：打开"更改图表类型"对话框。右键单击"累计销售额"数据系列，从弹出的快捷菜单中选择"更改系列图表类型"命令，系统弹出"更改图表类型"对话框。

步骤 2：选择图表类型。在该对话框左侧选择"饼图"，在右侧"饼图"区域中选择第 1 个子图，然后单击"确定"按钮。

步骤 3：设置数据标志。将饼图数据标志改为"百分比"，方法是首先右键单击饼图中的数据标签，从弹出的快捷菜单中选择"设置数据标签格式"命令，打开"设置数据标签格式"对话框；然后在该对话框中，取消"值"复选框的勾选，勾选"百分比"复选框，选定"数据标签内"单选按钮，单击"确定"按钮；最后选定柱形图数据标志，按【Delete】键删除柱形图数据标志；再次将分类轴文本字号调整为 6。结果如图 8-36 所示。

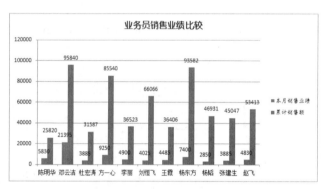

图 8-35　美化图表的结果

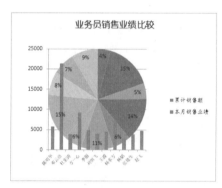

图 8-36　业务员销售业绩比较图

8.5.2　显示超级业务员

累计销售额一般能够反映业务员的销售能力，而管理者也常常需要了解销售能力最强的业务员的销售情况。如果使用图表来显示销售能力最强的业务员的累计销售额，可以将累计销售额最大值突出显示出来。创建这种图表的基本思路是，使用辅助列存放最大值数据情况，然后以此列作为数据源创建图表，再对图表进行修改。其具体操作步骤如下。

步骤 1：计算最大值。判断每名业务员"累计销售额"是否为所有累计销售额中的最大值，如果是则将该值存入指定列对应单元格中；如果不是则在该单元格中存入一个错误值"#N/A"，该错误值对应的函数为"NA()"。此处使用 H 列存放最大值，单击"2 月业绩奖金表"工作表标签，在 H2 单元格中输入最大值。在 H3 单元格中输入公式=IF(G3=MAX($G$3:$G$13),G3,NA())。将 H3 单元格中的公式填充到 H4:H13 单元格区域。结果如图 8-37 所示。

步骤 2：创建折线图。使用本章所述方法，以 A2:A13 和 G2:H13 两个单元格区域为数据源创建折线图，其中子图表类型选择"带数据标记的折线图"。创建结果如图 8-38 所示。

由于 H 列中只有 H4 为有效数据，因此以 H 列数据为数据系列的折线图只有一个数据点，这个点即为最大值。此数据点恰好与以 G 列数据为数据系列的折线图中的最大值的数据点重合，只需要将该数据点的数据标志显示出来，即可标出该数据点的数值。

步骤 3：标识最大值。选定最大值折线图上的数据点（只有一个），在"图表工具"上下文选项卡"布局"子卡的"标签"命令组中，单击"数据标签"→"上方"命令。结果如图 8-39 所示。

	H3			f_x	=IF(G3=MAX($G$3:$G$13),G3,NA())			
	A	B	C	D	E	F	G	H	I
1			2月业务员业绩奖金表						
2	姓名	累计销售业绩	奖金百分比	本月销售业绩	奖励奖金	总奖金	累计销售额	最大值	
3	陈明华	19990	10%	5830	0	583	25820	#N/A	
4	邓云洁	24445	25%	21395	0	5348.75	95840	95840	
5	杜宏涛	27702	5%	3885	0	194.25	31587	#N/A	
6	方一心	26290	10%	9250	0	925	85540	#N/A	
7	李丽	31623	5%	4900	0	245	36523	#N/A	
8	刘恒飞	12041	5%	4025	0	201.25	66066	#N/A	
9	王霞	31921	5%	4485	0	224.25	36406	#N/A	
10	杨东方	36182	10%	7400	0	740	93582	#N/A	
11	杨韬	44081	5%	2850	0	142.5	46931	#N/A	
12	张建生	41162	5%	3885	0	194.25	45047	#N/A	
13	赵飞	48583	5%	4830	1000	1241.5	53413	#N/A	
14									
15									

图 8-37　计算最大值

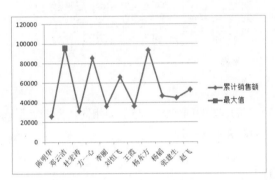

图 8-38　创建折线图

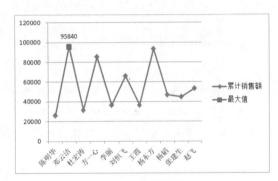

图 8-39　显示最大值

步骤 4：修改图表。修改内容包括以下方面。

（1）删除图例。选定图例，按【Delete】键将其删除。

（2）修改图表区文字字号。右键单击图表区，从弹出的快捷菜单中选择"字体"命令，在打开的"字体"对话框中将字号改为 8，然后单击"确定"按钮。

（3）调整绘图区大小。选定绘图区，将鼠标放到右侧中间控制柄上，按下鼠标左键向右拖放到合适大小后放开。

（4）设置网格线。双击网格线，在弹出的"设置主要网格线格式"对话框的左侧选定"线型"，在右侧将"短划线类型"设置为"方点"，然后单击"关闭"按钮。结果如图 8-40 所示。

（5）将折线图改为柱形图。使用柱形图能够更加直观地显示数据值的多少，因此可将折线图改为柱形图。方法是用使用鼠标右键单击折线图，从弹出的快捷菜单中选择"更改系列图表类型"命令，在打开的"更改图表类型"对话框中选定"柱形图"，然后单击"关闭"按钮。结果如图 8-41 所示。

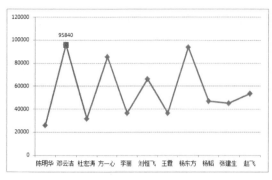

图 8-40　修改后的折线图

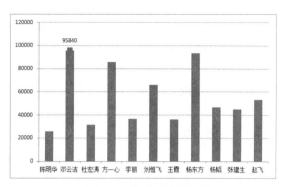

图 8-41　修改后的柱形图

8.5.3　显示产品销售情况

为了更加全面地掌握公司销售情况，公司管理者不仅需要比较每名业务员的销售业绩，还需要通过更加直观的方式了解公司每种产品的销售情况。假设在"销售管理.xlsx"工作簿文件中已经建立了名为"产品销售汇总表"的工作表，如图 8-42 所示。

	A	B	C	D	E	F	G	H	I	J	K	L	M	N
1	产品品牌	1月	2月	3月	4月	5月	6月	7月	8月	9月	10月	11月	12月	总销售额
2	佳能牌	20665	14150		11865	12950	4655	5390	18915	11285	5635		13685	119195
3	金达牌	39745	16280	29520	39855	26510	32030	44250	59115	23745	37730	41120	40115	430015
4	三工牌	10460	27225	5300	9200	27695	12725	22735	19220	16450	5565	25810	19000	201385
5	三一牌	21000		15020	4400	13000	8380	15780	12600	8810	3990	13410	16380	132770
6	雪莲牌	27048	15080	18700	21055	11478	35072	28169	20004	10435	27139	20052	23874	258106

图 8-42　产品销售汇总表

1．创建条形图

可以使用条形图来显示全年所有产品的总销售额。条形图的创建方法与上述相同，图表类型选择"条形图"，子图表类型选择"簇状条形图"。结果如图 8-43 所示。

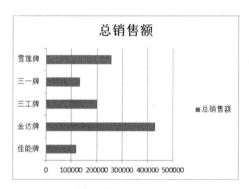

图 8-43　使用条形图显示全年产品销售情况

2．修改数据系列图形

对于创建后的图表，还可以使用更为形象的图形来表达数据的含义。例如，将"总销售额"数据系列图形改为箭头。其具体操作步骤如下。

步骤 1：绘制图形。在"插入"选项卡的"插图"命令组中，单击"形状"→"右箭头"命令；在工作表任意位置绘制一个箭头图形。

步骤2：更换数据系列图形。选定所绘图形，按【Ctrl】+【C】组合键；单击"总销售额"数据系列，然后按【Ctrl】+【V】组合键。结果如图8-44所示。

3. 为图表添加纵向参考线

有时用户需要快速判断出高于全年平均销售额的产品。一般情况下，即使是添加了数据标签，也不能很清晰地分辨出哪个产品的销售额高于全年的平均销售额。有效的方法是增加一条参考线，可使结果一目了然。此处将利用散点图增加一条平均线，具体操作步骤如下。

步骤1：准备辅助数据。在P1:Q3单元格区域中添加辅助数据，用于绘制辅助的散点图，如图8-45所示。辅助数据中P列为全年平均销售额，可以通过函数计算得出；Q列为总销售额最小值和最大值。

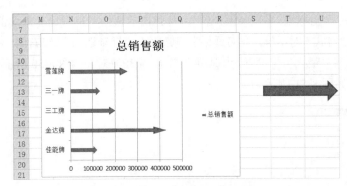

图8-44　更换数据系列图形　　　　　　　　　图8-45　散点图辅助数据

步骤2：添加"平均销售额"数据系列。选定P1:Q3单元格区域，按【Ctrl】+【C】组合键复制单元格区域，然后选定图表，并在"开始"选项卡的"剪贴板"命令组中，单击"粘贴"→"选择性粘贴"命令，打开"选择性粘贴"对话框。在该对话框中选定"新建系列"和"列"单选按钮，勾选"首行为系列名称"和"首列为分类X标志"复选框，如图8-46所示。单击"确定"按钮关闭对话框，图表中新增"平均销售额"数据系列，如图8-47所示。

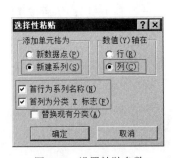

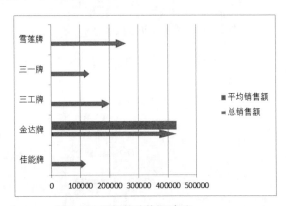

图8-46　设置粘贴参数　　　　　　图8-47　添加辅助数据系列

步骤3：更改"平均销售额"数据系列图表类型。右键单击"平均销售额"数据系列，从弹出的快捷菜单中选择"更改系列图表类型"命令，打开"更改图表类型"对话框。在对话框左侧选择"XY（散点图）"类型，在右侧选择"带直线的散点图"子类型，如图8-48所示。单击"关闭"按钮关闭对话框，结果如图8-49所示。

图 8-48　"更改图表类型"对话框

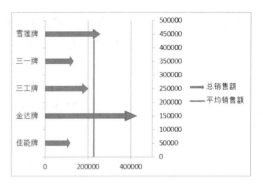

图 8-49　更改图表类型的结果

步骤 4：设置坐标轴。右键单击"次坐标轴　垂直（值）轴"，从弹出的快捷菜单中选择"设置坐标轴格式"命令，打开"设置坐标轴格式"对话框。在对话框左侧选择"坐标轴选项"，在右侧　将"最小值"设置为"固定"数值"0"，将"最大值"设置为"固定"数值"430015"，如图 8-50 所示。单击"关闭"按钮关闭对话框，结果如图 8-51 所示。

图 8-50　设置坐标轴选项值

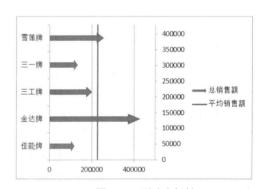

图 8-51　更改坐标轴

步骤 5：删除"次坐标轴　垂直（值）轴"。选定"次坐标轴　垂直（值）轴"，然后按【Delete】键。结果如图 8-52 所示。

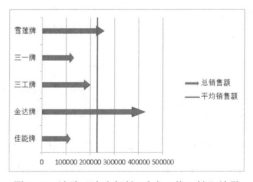

图 8-52　清除"次坐标轴　垂直（值）轴"结果

通过上述介绍，可以清楚地看出 Excel 提供的图表功能具有直观形象等特点，可以方便地查看和比较数据的差异、比例以及变化趋势。将其与趋势线结合使用，可以更好地分析数据；将其与图形或图片结合使用，可以更形象地展示数据。

习　题

一、选择题

1. Excel 提供的图表有迷你图、嵌入式图表和（　　）。
   A. 图表工作表　　　B. 柱型图图表　　　C. 条形图图表　　　D. 折线图图表

2. 以下关于创建图表的叙述中，错误的是（　　）。
   A. 嵌入式图表是将图表与数据同时置于一个工作表中
   B. 图表工作表是将图表与数据分别放在两个工作表中
   C. 除可以创建嵌入式图表和图表工作表外，还可手工绘制
   D. 图表生成之后，可以对图表类型、图表元素等进行编辑

3. 在 Excel 中创建图表后，可以编辑的元素是（　　）。
   A. 图表标题　　　B. 图例　　　C. 坐标轴　　　D. 以上都可以

4. 以下关于图例的叙述中，正确的是（　　）。
   A. 可以改变大小但是不可以改变位置　　　B. 可以改变位置但是不可以改变大小
   C. 既可以改变位置也可以改变其大小　　　D. 不可以改变位置也不可以改变大小

5. 以下关于图表位置的叙述中，错误的是（　　）。
   A. 可以在嵌入的工作表中任意移动　　　B. 可以由嵌入式图表改为图表工作表
   C. 可以由图表工作表改为嵌入式图表　　　D. 建立后不能改变位置

6. 以下关于嵌入式图表的叙述中，错误的是（　　）。
   A. 对图表进行编辑时要先选定图表
   B. 创建图表后，不能改变图表类型
   C. 修改数据源后，图表中的数据会随之变化
   D. 创建图表后，可以向图表中添加新的数据

7. 在 Excel 中，若删除某数据系列的柱形图，则（　　）。
   A. 工作表中相应的数据将会消失
   B. 工作表中相应的数据不会改变
   C. 若事先选定了与被删柱形图对应的数据区域，则该区域数据消失
   D. 若事先选定了与被删柱形图相应的数据区域，则该区域数据不变

8. 在 Excel 中，若修改了图表中的数据系列值，则与图表相关的工作表中的数据（　　）。
   A. 变为错误值　　　B. 不会改变　　　C. 用特殊颜色显示　　　D. 自动修改

9. 在 Excel 中创建图表后，可以对图表进行改进。在图表上不能进行的改进是（　　）。
   A. 显示或隐藏 XY 轴的轴线　　　B. 为图表添加边框和背景图
   C. 为图表或坐标轴添加标题　　　D. 改变图表各部分比例以引起工作表数据改变

10. Excel 默认的图表类型是（　　）。
    A. 柱形图　　　B. 饼图　　　C. 条形图　　　D. 折线图

二、填空题

1. Excel 的图表分为四类，分别是迷你图、_____、图表工作表和 Microsoft Graph 图表。

2. 在 Excel 中，当选定某一个图表后，功能区会自动出现"图表工具"上下文选项卡，其中包含"设计"、_____和"格式"三个子卡。

3. 在 Excel 中，数据系列是由数据点构成的，每个数据点对应工作表中的一个_____的数据。每个数据系列对应工作表中的一行或者一列数据。

4. 在 Excel 中，图例用来表示图表中各数据系列的名称，它由_____和图例项标示组成。

5. 在 Excel 中，趋势线以图表的方式显示了数据的_____，同时还可以用来进行预测分析。

三、问答题

1. 嵌入式图表与图表工作表的区别是什么？

2. 图表有几种？各自的特点是什么？

3. 总结图表及各组成部分格式的设置要点。

4. 假设有一个学生成绩表，其中包含每名学生的各科成绩以及总成绩，若希望了解学生成绩的波动情况，应选择何种图表类型？为什么？

5. 趋势线的作用是什么？如何添加趋势线？

实　　训

1. 根据如图 8-53 所示的"满意度调查"表，制作图 8-54 所示的图表。

图 8-53　满意度调查表

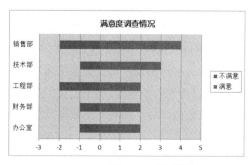

图 8-54　条形图

2. 根据第 7 章实训完成的"绩效奖金"表数据，制作图 8-55 所示的图表。要求标出绩效奖金最大值。

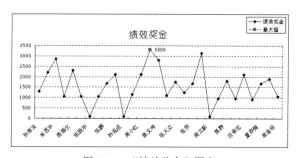

图 8-55　"绩效奖金"图表

第 3 篇　数据分析篇

管理数据　第9章

内容提要

　　本章主要介绍 Excel 应用于管理数据方面的操作。重点是通过人事档案数据的管理，全面了解和掌握 Excel 关于排序、筛选和分类汇总数据的方法。管理数据是 Excel 应用的重要方面，它可以实现数据库软件的一些基本功能，但同时比一般的数据库软件操作更方便，结果更直观。

主要知识点
- 简单排序
- 复合排序
- 自定义排序
- 筛选
- 高级筛选
- 分类汇总

　　Excel 除了可以方便、高效地完成各种复杂的数据计算以外，同时可以实现一般数据库软件所具备的数据管理功能。了解和掌握这些功能，可以广泛地应用于各行各业的信息管理工作中，显著提高计算机的应用水平。

　　应用数据管理功能时，有关的工作表要求具有一定的规范性。符合一定规范的工作表早期称为数据库工作表，后来称为数据清单或表单、列表。通常约定每一列作为一个字段，存放相同类型的数据；每一行作为一个记录，存放相关的一组数据；数据的最上方一行作为字段名，存放各字段的名称信息；特别是要求数据中间应避免出现空行或空列，否则会影响数据管理的操作。例如图 9-1 所示的人事档案工作表就是一个较为规范的工作表。

9.1　排　　序

　　通过排序可以更方便地浏览和检索数据。例如，要在图 9-1 所示的"人事档案"工作表中按姓名查找某个员工的信息，只能逐行查找；如果要查找参加工作最早的员工就更困难了。通过对该工作表按照指定字段排序，上述需求就能方便实现。Excel 的排序操作大致可以分为简单排序、复合排序和自定义排序。

	A	B	C	D	E	F	G	H	I	J	K	L	M
1	序号	部门	姓名	性别	出生日期	职务	职称	学历	参加工作日期	婚姻状况	籍贯	联系电话	基本工资
2	7101	经理室	黄振华	男	1966/04/10	董事长	高级经济师	大专	1982/11/23	已婚	北京	13512341234	3430
3	7102	经理室	尹洪群	男	1958/09/18	总经理	高级工程师	大本	1981/04/18	已婚	山东	13512341235	2430
4	7104	经理室	扬灵	男	1973/03/19	副总经理	经济师	博士	2000/12/04	已婚	北京	13512341236	2260
5	7107	经理室	沈宁	女	1977/10/02	秘书	工程师	大专	1999/10/23	未婚	北京	13512341237	1360
6	7201	人事部	赵文	女	1967/12/30	部门主管	高级经济师	大本	1991/01/16	已婚	北京	13512341238	1360
7	7203	人事部	胡方	男	1960/04/08	业务员	高级经济师	大本	1982/12/24	已婚	四川	13512341239	2430
8	7204	人事部	郭新	女	1961/03/26	业务员	经济师	大本	1983/12/12	已婚	北京	13512341240	1360
9	7205	人事部	周晓明	女	1960/06/20	业务员	经济师	大本	1979/03/06	已婚	北京	13512341241	1360
10	7207	人事部	张淑纺	女	1968/11/09	统计	助理统计师	大专	2001/03/06	已婚	安徽	13512341242	1200
11	7301	财务部	李忠旗	男	1965/02/10	财务总监	高级会计师	大本	1987/01/01	已婚	北京	13512341243	2880
12	7302	财务部	焦戈	女	1970/02/26	成本主管	高级会计师	大本	1989/11/01	已婚	北京	13512341244	2430
13	7303	财务部	张进明	男	1974/10/27	会计	助理会计师	大本	1996/07/14	已婚	北京	13512341245	1200
14	7304	财务部	博华	女	1972/11/29	会计	会计师	大专	1997/09/19	已婚	北京	13512341246	1360
15	7305	财务部	杨阳	男	1973/03/19	会计	经济师	硕士	1998/12/05	已婚	湖北	13512341247	1360
16	7306	财务部	任萍	女	1979/10/05	出纳	助理会计师	大专	2004/01/31	未婚	北京	13512341248	1360
17	7401	行政部	郭永红	女	1969/08/24	部门主管	经济师	大本	1993/01/02	已婚	天津	13512341249	1360
18	7402	行政部	李龙吟	男	1973/02/24	业务员	助理经济师	大专	1992/11/11	未婚	吉林	13512341250	1200
19	7405	行政部	张玉丹	女	1971/06/11	业务员	经济师	大本	1993/02/25	已婚	北京	13512341251	1360

图 9-1 规范的工作表实例

9.1.1 简单排序

所谓简单排序即将工作表的数据按照指定字段重新排列。例如，人事档案工作表原始信息是按照序号排列的，可以通过简单排序操作令其按姓名或是参加工作日期重新排列。简单排序操作一般可以通过"数据"选项卡中"排序和筛选"命令组的"升序" 和"降序" 命令实现，二者分别可以实现按递增方式和递减方式对数据进行排序。此外，"开始"选项卡的"编辑"命令组也有"排序和筛选"命令。本章主要介绍管理数据应用，有关操作一般都在"数据"选项卡下完成更为方便，所以介绍相应操作步骤也主要通过"数据"选项卡进行。

简单排序的操作步骤如下。

步骤 1：指定排序依据。单击排序依据的字段名或是其所在列的任意单元格。

步骤 2：执行排序操作。在"数据"选项卡的"排序和筛选"命令组中，单击"升序"（或"降序"）命令。

在排序时，应先指定排序的字段名或是其所在列的任意单元格，而不要选择相应字段所在的列标。否则 Excel 会弹出"排序提醒"对话框，如图 9-2 所示。如果选定"以当前选定区域排序"，则只排序指定的列，而不是将整个数据区域排序。

图 9-2 "排序警告"对话框

9.1.2 多重排序

使用"升序"或"降序"命令排序方便、快捷，但是每次只能按一个字段排序。如果需要多重排序，例如对于"人事档案"工作表，需要对员工按"部门"排序，同一部门的按"职称"排序，相同职称的按"工资"排序，这时如果使用简单排序的方法就需要操作 3 次才能完成，还要按照正确的操作次序才能保证顺序正确。对于需要按多个字段进行多重排序的需求，可以通过 Excel 的排序命令实现。应用排序命令对数据进行多重排序的操作步骤如下。

步骤1：选定数据区域内的任意单元格。

步骤2：打开"排序"对话框。在"数据"选项卡的"排序和筛选"命令组中，单击"排序"命令，系统弹出"排序"对话框，如图9-3所示。

步骤3：指定排序关键字、排序依据和排序方式。根据需要在"主要关键字"下拉列表框中选定排序主要关键字的字段名，在"排序依据"下拉列表框中选择按"数值""单元格颜色"、"字体颜色"或"图标"作为排序依据，在"次序"下拉列表框中选择"升序""降序"或"自定义次序"。然后单击"添加条件"按钮，设置其他排序关键字。单击"确定"按钮，即可完成复合排序操作。

除了可以按关键字升序和降序排序以外，"排序"对话框还可以实现具有中国特色的按汉字笔划排序，这在按姓名等字段排序时经常用到。其具体操作方法是在打开的"排序"对话框中单击"选项"命令按钮，这时系统将弹出"排序选项"对话框，如图9-4所示。选定"笔划排序"单选按钮即可实现按关键字的笔划排序。

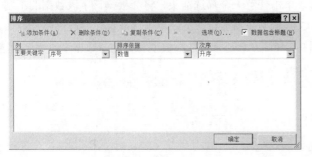

图9-3　"排序"对话框

图9-4　"排序选项"对话框

"排序选项"中的设置对所有关键字都有效。换言之，在Excel中不可能指定某个关键字按字母排序，而另一个关键字按笔划排序。

9.1.3　自定义排序

对于某些字段无论是按字母排序还是按笔划排序可能都不符合要求。例如学历、职务、职称等字段，对此Excel还可以按用户自定义次序排序。其具体操作步骤如下。

步骤1：输入自定义序列。其具体操作参见2.4.1节中的填充自定义序列。

步骤2：打开"排序"对话框。在"数据"选项卡的"排序和筛选"命令组中，单击"排序"命令，系统弹出"排序"对话框。

步骤3：指定排序关键字。在"主要关键字"下拉列表框中选定相应的字段名。

步骤4：指定排序次序。在"次序"下拉列表框中选择"自定义序列"，这时会出现"自定义序列"对话框。

步骤5：选择自定义序列。在"自定义序列"列表框中选择所需的自定义序列。然后单击"确定"按钮。所选定的关键字将按照指定的序列排列。

当选定了"自定义排序次序"选项后，只要不重新选定，这以后对该字段的排序操作都将按指定的自定义序列次序排序，包括使用"数据"选项卡"排序和筛选"命令组的"升序"和"降序"命令。

9.2 筛　　选

管理数据时经常需要从众多的数据中挑选出一部分满足某种条件的数据进行处理。例如人事档案管理，需要筛选出到期将要退休的人员；又如学生管理，评选奖学金、推选保送生等，需要筛选出符合条件的学生。Excel 提供了自动筛选和高级筛选两种筛选方法。前者可以满足日常需要的绝大多数筛选需求，后者可以根据用户指定的较为特殊或复杂的筛选条件筛选出自动筛选无法筛选的数据。

9.2.1　自动筛选

执行自动筛选操作时，单击"数据"选项卡"排序和筛选"命令组的"筛选"命令。这时工作表的每个字段名上都会出现一个筛选箭头。单击任意一个筛选箭头，将会根据该字段数据的不同类型出现不同形式的设置筛选条件选项，图9-5所示为在筛选状态下，单击"职称"字段的筛选箭头，并选择"文本筛选"时出现的有关界面。图9-6和图9-7则分别是数值型和日期型数据字段筛选的选项。

图9-5　文本数据筛选界面

图9-6　数值数据筛选选项

图9-7　日期数据筛选选项

可以看出，在列表框中列出了该字段的各记录值供用户选择，可以选择其中一个、多个或全部。根据字段数据类型的不同还可以设置更为灵活的筛选条件。例如文本型数据可以设置筛选出"开头是"或"结尾是"某些特定文本的记录，也可以设置"包含"或"不包含"某些特定文本的记录，还可以自定义更复杂的文本筛选条件。Excel 将自动筛选出满足所设条件的记录并显示出来。可以分别在多个字段设置筛选条件，这时只有同时满足各筛选条件的记录才会显示出来。例如，图 9-8所示为部门为"项目一部"，职称为"经济师"的人员记录。从图中可以看到，设置了筛选条件的部门、职称字段上的筛选箭头有一个漏斗样的筛选标志，满足条件并显示出来的第 34、35、43、44行数据的行号是蓝色的。

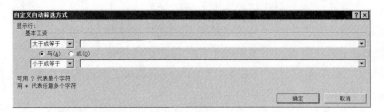

图 9-8　筛选结果示例

如果要进行更复杂的筛选，例如对于数值型的基本工资字段，要筛选出基本工资介于 2 000 到 2 500之间的人员，这时直接从列表框的记录值中选择比较麻烦，可以通过"数字筛选"选项中选择"介于"或"自定义筛选"。这时系统弹出"自定义自动筛选方式"对话框，如图 9-9 所示。

图 9-9　"自定义自动筛选方式"对话框

该对话框允许用户选择由关系运算符组成的条件表达式作为筛选条件，其中左侧的下拉框为关系运算符，有"等于""不等于""大于""大于或等于"等常用关系运算符，以及"开头是""开头不是""结尾是""结尾不是""包含"和"不包含"等特殊关系运算符；右侧的下拉文本框可以从下拉列表中选择数据也可以直接输入数据。每个自定义筛选条件可以设置一个或两个条件表达式。如果设置了两个条件表达式，还需要指定两个条件表达式的关系是"与"还是"或"。

使用自定义筛选条件，且设置了两个条件表达式时，要注意根据实际问题正确地选择两个条件表达式的与/或关系。

在根据字符型数据进行筛选时，可以使用通配符"?"和"*"，其中"?"可以匹配任意一个字符，而"*"可以匹配任意字符序列。

如果需要将筛选的结果保留，可以应用第 3 章介绍的方法，将筛选结果复制、粘贴到其他工作表中。

如果要取消某个字段的筛选条件，单击相应字段的筛选箭头，然后在弹出的选项中选择"从**

中清除筛选"，其中"**"为相应的字段名。如果要取消所有字段的筛选条件，单击"数据"选项卡"数据和筛选"命令组的"清除"命令。也可以单击"数据"选项卡"数据和筛选"命令组的"筛选"命令，这样将退出筛选状态，筛选箭头消失。

9.2.2 高级筛选

有些更复杂的筛选，使用"自定义自动筛选方式"也无法实现，这时就需要使用高级筛选。例如，要从人事档案工作表中筛选出到指定日期应该退休的人员，其条件是性别为"男"且年龄满60岁，或是性别为"女"且年龄满55岁。该条件显然无法使用自动筛选完成。

使用高级筛选命令时，要求先在某个单元格区域（称作条件区域）设置筛选条件。其格式是第一行为字段名，以下各行为相应的条件值。同一行条件的关系为"与"，不同行条件的关系为"或"。定义完筛选条件后，即可进行高级筛选操作。其具体操作步骤如下。

步骤1：打开"高级筛选"对话框。在"数据"选项卡的"排序和筛选"命令组中，单击"高级"命令，系统将弹出"高级筛选"对话框，如图9-10所示。

步骤2：输入高级筛选参数。首先在"列表区域"框中输入筛选数据所在的单元格区域（如果当前单元格在筛选数据所在的单元格区域内，系统通常会自动填上该项）；然后在"条件区域"框中输入条件区域所在的单元格区域。最后根据需要在"方式"选项中选定"在原有区域显示筛选结果"或"将筛选结果复制到其他位置"单选按钮。如果选定了"将筛选结果复制到其他位置"单选按钮，

图9-10 "高级筛选"对话框

则还需要在"复制到"框中指定复制到其他位置的单元格地址。本例选择在原有区域显示筛选结果。有关条件区域和相应的筛选结果如图9-11所示。

	A	B	C	D	E	F	G	H	I	J	K	L	M
1	序号	部门	姓名	性别	出生日期	职务	职称	学历	参加工作日期	婚姻状况	籍贯	联系电话	基本工资
8	7204	人事部	郭新	女	1961/03/26	业务员	经济师	大本	1983/12/12	已婚	北京	13512341240	1360
9	7205	人事部	周晓明	女	1960/06/20	业务员	经济师	大专	1979/03/06	已婚	北京	13512341241	1360
32	7604	项目一部	王利华	女	1959/07/20	项目监察	高级工程师	大专	1980/04/06	已婚	四川	13512341264	2430
33	7605	项目一部	靳晋复	女	1959/02/17	项目监察	高级经济师	大本	1980/11/05	已婚	山东	13512341265	2430
65													
66				性别	出生日期								
67				男	<=1956/12/31								
68				女	<=1961/12/31								

图9-11 条件区域和筛选结果示意图

当选择"在原有区域显示筛选结果"选项时，通常将条件区域设置在列表区域的下方，以便筛选后能够完整显示筛选条件。

9.2.3 删除重复记录

删除重复数据是数据管理工作中经常要做同时也是比较费时费力的一项工作。对于有重复记录的数据，利用高级筛选功能可以方便地剔除重复的记录。这只需要在"高级筛选"对话框中勾选"选择不重复的记录"复选框即可。这时的筛选结果除了只显示满足筛选条件的记录外，将满足条件但是重复的记录也剔除了。

当筛选结果使用完毕，需要显示全部数据时，可以单击"数据"选项卡"排序和筛选"命令组的"清除"命令。

Excel 2010 提供了更方便快捷的"删除重复项"命令。当需要删除重复记录时，可以直接单击"数据"选项卡"数据工具"命令组的"删除重复项"命令，这时将出现"删除重复项"对话框，如图 9-12 所示。可以根据需要选择一个、多个或全部包含重复值的列，Excel 将删除指定列数值重复的记录。

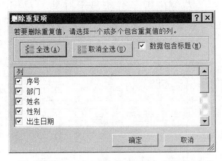

图 9-12　"删除重复项"对话框

9.3 分类汇总

将有关数据按照某个字段或某几个字段进行分类汇总也是日常管理数据经常需要完成的工作。这些计算虽然可以使用 Excel 的有关函数或公式解决，但是直接使用 Excel 提供的分类汇总命令更为方便、快捷和规范。

9.3.1 创建分类汇总

创建分类汇总前，首先应该按照分类汇总依据的字段排序，一般可以通过简单排序实现。假设要对"人事档案"工作表的数据按"部门"汇总基本工资，则执行分类汇总的具体操作步骤如下。

步骤 1：打开"分类汇总"对话框。在"数据"选项卡的"分级显示"命令组中，单击"分类汇总"命令。系统弹出"分类汇总"对话框，如图 9-13 所示。

步骤 2：指定"分类字段"。在"分类字段"下拉列表框中选定分类汇总依据的字段名。本例选择"部门"。

步骤 3：指定"汇总方式"。根据需求在"汇总方式"下拉列表框中选择合适的计算方式。本例选择"求和"。

步骤 4：指定"汇总项"。"分类汇总"对话框的"选定汇总项"列表框中将自动列出数据区域中所有的数值字段名称，根据需要勾选一个或多个需要汇总的字段。本例选定"基本工资"。

图 9-13　"分类汇总"对话框

步骤 5：设置其他汇总选项。本例按默认方式，选定"替换当前分类汇总"和"汇总结果显示在数据下方"，单击"确定"按钮。分类汇总的结果如图 9-14 所示。

如果在执行分类汇总命令之前，没有按相应字段排序，则分类汇总结果可能会出现相同类别的数据没有全部汇总到一起的情况。

9.3.2 分级显示数据

分类汇总完成后，可以根据需要选择分类汇总表的显示层次。从图 9-14 所示可以看出，在显示分类汇总结果的同时，分类汇总表的左侧出现了分级显示符号123和分级标识线。可以根据需要分级显示数据。单击某个显示符号，可将其他的数据隐藏起来，只显示某层的汇总结果。

	A	B	C	D	E	F	G	H	I	J	K	L	M
1	序号	部门	姓名	性别	出生日期	职务	职称	学历	参加工作日期	婚姻状况	籍贯	联系电话	基本工资
2	7101	经理室	黄振华	男	1966/04/10	董事长	高级经济师	大专	1982/11/23	已婚	北京	13512341234	3430
3	7102	经理室	尹洪群	男	1958/09/18	总经理	高级工程师	大本	1981/04/18	已婚	山东	13512341235	2430
4	7104	经理室	扬灵	男	1973/03/19	副总经理	经济师	博士	2000/12/04	已婚	北京	13512341236	2260
5	7107	经理室	沈宁	女	1977/10/02	秘书	工程师	大专	1999/10/23	未婚	北京	13512341237	1360
6		经理室 汇总											9480
7	7201	人事部	赵文	女	1967/12/30	部门主管	经济师	大本	1991/01/18	已婚	北京	13512341238	1360
8	7203	人事部	胡方	男	1960/04/08	业务员	高级经济师	大本	1982/12/24	已婚	四川	13512341239	2430
9	7204	人事部	郭新	男	1961/03/26	业务员	经济师	大专	1983/12/12	已婚	北京	13512341240	1360
10	7205	人事部	周晓明	女	1960/06/20	业务员	经济师	大专	1979/03/06	已婚	北京	13512341241	1360
11	7207	人事部	张淑纺	女	1968/11/09	统计	助理统计师	大专	2001/03/06	已婚	安徽	13512341242	1200
12		人事部 汇总											7710
13	7301	财务部	李忠旗	男	1965/02/10	财务总监	高级会计师	大本	1987/01/01	已婚	北京	13512341243	2880
14	7302	财务部	焦戈	男	1970/02/26	成本主管	高级会计师	大本	1989/11/01	已婚	北京	13512341244	2430
15	7303	财务部	张进明	男	1974/10/27	会计	助理会计师	大本	1996/07/14	已婚	北京	13512341245	1200
16	7304	财务部	傅华	女	1972/11/29	会计	经济师	大专	1997/09/19	已婚	北京	13512341246	1360
17	7305	财务部	杨阳	男	1973/03/19	会计	经济师	硕士	1998/12/05	已婚	湖北	13512341247	1360
18	7306	财务部	任萍	女	1979/10/05	出纳	助理会计师	大本	2004/01/31	未婚	北京	13512341248	1360
19		财务部 汇总											10590

图 9-14 分类汇总结果

例如单击 1 级分级显示符号1只显示总的汇总结果，即总计数据；单击 2 级分级显示符号2则显示各产品类别的汇总结果和总计结果；单击 3 级分级显示符号3则显示全部数据。图 9-15 所示为单击 2 级分级显示符号2的显示结果。

	A	B	C	D	E	F	G	H	I	J	K	L	M
1	序号	部门	姓名	性别	出生日期	职务	职称	学历	参加工作日期	婚姻状况	籍贯	联系电话	基本工资
6		经理室 汇总											9480
12		人事部 汇总											7710
19		财务部 汇总											10590
26		行政部 汇总											7680
34		公关部 汇总											10430
52		项目一部 汇总											27080
71		项目二部 汇总											28330
72		总计											101300

图 9-15 分级显示结果

如果需要查看或隐藏某一类的详细数据，可以单击分级标识线上的"+"号或"–"号，以展开或是折叠其详细数据。图 9-16 所示为展开的"公关部"详细数据人事档案工作表。可以看到"公关部"左侧分级标识线上的"+"号变成了"–"号，再次单击它，可以重新折叠其详细数据。

	A	B	C	D	E	F	G	H	I	J	K	L	M
1	序号	部门	姓名	性别	出生日期	职务	职称	学历	参加工作日期	婚姻状况	籍贯	联系电话	基本工资
6		经理室 汇总											9480
12		人事部 汇总											7710
19		财务部 汇总											10590
26		行政部 汇总											7680
27	7501	公关部	安晋文	男	1971/03/31	部门主管	高级经济师	大专	1995/02/28	已婚	陕西	13512341255	2430
28	7502	公关部	刘润杰	男	1973/08/31	外勤	经济师	大本	1998/01/16	未婚	河南	13512341256	1360
29	7503	公关部	胡大冈	男	1975/05/19	外勤	经济师	高中	1995/05/10	已婚	北京	13512341257	1360
30	7504	公关部	高俊	男	1978/03/26	外勤	经济师	大本	1977/12/12	已婚	山东	13512341258	1360
31	7505	公关部	张乐	女	1962/08/11	外勤	工程师	大本	1981/04/29	已婚	四川	13512341259	1360
32	7506	公关部	李小东	女	1974/10/28	业务员	助理经济师	大本	1996/07/15	已婚	湖北	13512341260	1200
33	7507	公关部	王蕊	女	1983/03/20	业务员	经济师	硕士	2006/12/05	未婚	安徽	13512341261	1360
34		公关部 汇总											10430
52		项目一部 汇总											27080
71		项目二部 汇总											28330
72		总计											101300

图 9-16 展开明细数据

9.3.3 复制分类汇总

如果需要将分类汇总的结果复制到其他位置或其他工作表，则不能采用直接复制、粘贴的方法。因为分类汇总时有关明细数据只是隐藏了，直接复制、粘贴会将整个数据区域一并复制，所以需要借助其他方法实现。假设要复制图 9-15 所示的分类汇总结果，具体操作步骤如下。

图 9-17　"定位条件"对话框

步骤 1：选取要复制的单元格区域。这里选定 A1:M72 单元格区域。

步骤 2：打开"定位条件"对话框。在"开始"选项卡的"编辑"命令组中，单击"查找和选择"→"定位条件"，系统弹出"定位条件"对话框。

步骤 3：选定"可见单元格"。选定"定位条件"对话框中"可见单元格"单选按钮。如图 9-17 所示。然后单击"确定"按钮。

步骤 4：执行复制/粘贴操作。按【Ctrl】+【C】组合键，将选定单元格区域的内容复制到剪贴板，这时不会复制那些隐藏的明细数据。然后选定另一个工作表的 A1 单元格，按【Ctrl】+【V】组合键粘贴。复制结果如图 9-18 所示。

	A	B	C	D	E	F	G	H	I	J	K	L	M
1	序号	部门	姓名	性别	出生日期	职务	职称	学历	加工作日	婚姻状况	籍贯	联系电话	基本工资
2		经理室 汇总											9480
3		人事部 汇总											7710
4		财务部 汇总											10590
5		行政部 汇总											7680
6		公关部 汇总											10430
7		项目一部 汇总											27080
8		项目二部 汇总											28330
9		总计											101300

图 9-18　复制分类汇总结果

9.3.4 清除分类汇总

当需要将分类汇总数据删除，将工作表还原成原始状态时，操作步骤如下。

步骤 1：打开"分类汇总"对话框。在"数据"选项卡的"分级显示"命令组中，单击"分类汇总"命令。系统弹出"分类汇总"对话框。

步骤 2：清除分类汇总。单击"分类汇总"对话框中的"全部删除"，然后单击"确定"按钮，即可清除工作表中的分类汇总数据。

9.4
应用实例——人事档案管理

人事档案管理是典型的数据管理工作，数据相对稳定，计算简单，但是不同需求的排序、查询以及分类汇总等处理十分频繁。本节通过人事档案管理的应用，进一步介绍 Excel 有关数据管理操作的方法和技巧。

9.4.1 人事档案排序

为了满足不同应用的需求，经常需要将人事档案按照不同的字段排序。如果只是简单地按照某个字段排序，可以直接单击"数据"选项卡"排序和筛选"命令组的"升序" 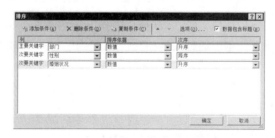和"降序" 命令实现。其他更复杂的排序要求则需要通过"排序"命令来实现。

1. 按姓氏笔划排序

当需要对人事档案工作表按员工的姓氏笔划排序时，可以按下述步骤操作。

步骤1：打开"排序"对话框。在"数据"选项卡的"排序和筛选"命令组中，单击"排序"命令，系统弹出"排序"对话框。

步骤2：指定排序关键字。在"排序"对话中的"主要关键字"下拉列表框中选定"姓名"。

步骤3：设置按"笔划排序"选项。单击"排序"框中"选项"按钮，这时系统将弹出"排序选项"对话框，如图9-4所示。选定"笔划排序"单选按钮。然后单击"确定"按钮，关闭"排序选项"对话框。再单击"确定"按钮，执行排序操作。按姓氏笔划排序结果如图9-19所示。

	A	B	C	D	E	F	G	H	I	J	K	L	M
1	序号	部门	姓名	性别	出生日期	职务	职称	学历	参加工作日期	婚姻状况	籍贯	联系电话	基本工资
2	7706	项目二部	王进	男	1958/03/26	业务员	工程师	大专	1978/12/11	已婚	北京	13512341283	1360
3	7604	项目一部	王利华	女	1959/07/20	项目监察	高级工程师	大专	1980/04/06	已婚	四川	13512341264	2430
4	7507	公关部	王霞	女	1983/03/20	业务员	经济师	硕士	2006/12/05	未婚	安徽	13512341261	1360
5	7102	经理室	尹洪群	男	1958/09/18	总经理	高级工程师	大专	1981/04/18	已婚	山东	13512341236	2430
6	7104	经理室	扬灵	男	1973/03/19	副总经理	经济师	博士	2000/12/04	已婚	北京	13512341236	2260
7	7306	财务部	任萍	女	1979/10/05	出纳	助理会计师	大本	2004/01/31	已婚	北京	13512341248	1360
8	7717	项目二部	刘利	女	1971/06/11	业务员	工程师	博士	1999/02/26	已婚	山西	13512341293	1360
9	7502	公关部	刘润杰	男	1973/08/31	外勤	经济师	大本	1998/01/16	未婚	河南	13512341256	1360
10	7501	公关部	安晋文	男	1971/03/31	部门主管	高级经济师	大本	1995/02/28	已婚	陕西	13512341255	2430
11	7716	项目二部	孙燕	女	1976/02/16	项目监察	高级工程师	大本	1999/01/16	已婚	湖北	13512341292	2430
12	7707	项目二部	李大德	男	1960/09/11	业务员	工程师	大专	1983/05/30	已婚	重庆	13512341284	1360
13	7704	项目二部	李小平	男	1959/02/17	业务员	工程师	大专	1968/11/04	已婚	山东	13512341281	2160
14	7506	公关部	李小东	女	1970/10/28	业务员	助理经济师	大本	1996/07/11	已婚	湖北	13512341260	1200
15	7715	项目二部	李历宁	男	1972/07/30	业务员	工程师	大本	1997/04/16	已婚	北京	13512341291	1360
16	7719	项目二部	李丹	男	1973/03/19	业务员	工程师	博士	2000/12/04	未婚	北京	13512341295	1360
17	7402	行政部	李龙吟	男	1973/02/24	业务员	助理经济师	大本	1992/11/11	未婚	吉林	13512341250	1200
18	7616	项目一部	李仪	女	1972/07/30	业务员	工程师	大本	1996/04/16	已婚	北京	13512341274	1360
19	7718	项目二部	李红	女	1975/01/29	业务员	工程师	硕士	2000/10/18	已婚	黑龙江	13512341294	1360

图9-19　按姓氏笔划排序结果

2. 按部门、性别和婚姻状况排序

假设需要将人事档案按照"部门"排序，相同部门的员工按"性别"排序（女员工在前），相同部门相同性别的按"婚姻状况"（未婚在前）排序。因为是按多个字段复合排序，所以应使用排序命令实现。其具体操作步骤如下。

步骤1：选定数据区域内的任意单元格。

步骤2：打开"排序"对话框。在"数据"选项卡的"排序和筛选"命令组中，单击"排序"命令，系统弹出"排序"对话框。

步骤3：设置排序参数。在"主要关键字"下拉列表框中选定"部门"，"排序依据"和"次序"默认；单击"添加条件"按钮，出现"次要关键字"行，在"次要关键字"下拉列表框中选定"性别"，因为要求女员工在前，所以在"次序"下拉列表框中选"降序"；再次单击"添加条件"按钮，设置下一个"次要关键字"选项。设置完排序参数的"排序"对话框如图9-20所示。单击"确定"按钮，即可完成复合排序操作。

图9-20　设置完成的"排序"对话框

按部门、性别和婚姻状况排序的结果如图 9-21 所示。

序号	部门	姓名	性别	出生日期	职务	职称	学历	参加工作日期	婚姻状况	籍贯	联系电话	基本工资
7306	财务部	任萍	女	1979/10/05	出纳	助理会计师	大本	2004/01/31	未婚	北京	13512341248	1360
7302	财务部	焦戈	女	1970/02/26	成本主管	高级会计师	大专	1989/11/01	已婚	北京	13512341244	2430
7304	财务部	傅华	女	1972/11/29	会计	会计师	大专	1997/09/19	已婚	北京	13512341246	1360
7301	财务部	李忠旗	男	1965/02/10	财务总监	高级会计师	大本	1987/01/01	已婚	北京	13512341243	2880
7303	财务部	张进明	男	1974/10/27	会计	助理会计师	大本	1996/07/14	已婚	北京	13512341245	1360
7305	财务部	杨阳	男	1973/03/19	会计	经济师	硕士	1998/12/05	已婚	湖北	13512341247	1360
7507	公关部	王蘋	女	1983/03/20	业务员	经济师	硕士	2006/12/05	未婚	安徽	13512341261	1360
7505	公关部	张乐	女	1962/08/11	外勤	工程师	大本	1975/04/29	已婚	四川	13512341259	1360
7506	公关部	李小东	女	1974/10/28	业务员	助理经济师	大本	1996/07/15	已婚	湖北	13512341260	1200
7502	公关部	刘润杰	男	1973/08/31	外勤	经济师	大本	1998/01/16	未婚	河南	13512341256	1360
7501	公关部	安晋文	男	1971/03/31	部门主管	高级经济师	大专	1995/02/28	已婚	陕西	13512341255	2430
7503	公关部	胡大冈	男	1975/05/19	外勤	经济师	高中	1995/05/10	已婚	北京	13512341257	1360
7504	公关部	高俊	男	1957/03/26	外勤	经济师	大本	1977/12/12	已婚	山东	13512341258	1360
7408	行政部	张玫	女	1984/08/04	业务员	助理经济师	硕士	2008/08/10	未婚	北京	13512341254	1200
7401	行政部	郭永红	女	1969/08/24	部门主管	经济师	大本	1993/01/02	已婚	天津	13512341249	1360
7405	行政部	张玉丹	女	1971/06/11	业务员	经济师	大本	1993/02/25	已婚	北京	13512341251	1360
7406	行政部	周金馨	女	1972/07/07	业务员	经济师	大本	1996/03/24	已婚	北京	13512341252	1360
7402	行政部	李龙吟	男	1973/02/24	业务员	助理经济师	大专	1992/11/11	未婚	吉林	13512341250	1200

图 9-21　按部门、性别和婚姻状况排序结果

3. 按学历排序

当需要按"学历"从高到低排序时，系统本身是不知道学历高低的，所以需要先定义有关的自定义序列，然后指定按照该序列排序。其具体操作步骤如下。

步骤 1：输入自定义序列。具体操作参见 2.4.1 节中的填充自定义序列。

步骤 2：打开"排序"对话框。在"数据"选项卡"的排序和筛选"命令组中，单击"排序"命令，系统弹出"排序"对话框。

步骤 3：指定排序关键字。在"主要关键字"下拉列表框中选定"学历"。

步骤 4：指定排序次序。在"次序"下拉列表框中选定"自定义序列"，系统弹出"自定义序列"对话框。

步骤 5：选择所需的自定义序列。在"自定义序列"下拉列表框中选定预先输入的有关学历自定义序列，如图 9-22 所示。然后单击"确定"按钮。

图 9-22　"自定义序列"对话框

人事档案将按照指定的学历序列排序，排序结果如图 9-23 所示。

序号	部门	姓名	性别	出生日期	职务	职称	学历	参加工作日期	婚姻状况	籍贯	联系电话	基本工资
7611	项目一部	谭文广	男	1969/01/01	项目监察	高级工程师	初中	1987/09/03	已婚	四川	13512341271	2430
7610	项目一部	宋维昆	男	1967/09/07	业务员	工程师	中专	1987/05/27	已婚	湖北	13512341270	1360
7503	公关部	胡大冈	男	1975/05/19	外勤	经济师	高中	1995/05/10	已婚	北京	13512341257	1360
7710	项目二部	戴家宏	男	1968/03/01	业务员	助理工程师	高中	1988/05/25	已婚	山东	13512341287	1200
7302	财务部	焦戈	女	1970/02/26	成本主管	高级会计师	大专	1989/11/01	已婚	北京	13512341244	2430
7304	财务部	傅华	女	1972/11/29	会计	会计师	大专	1997/09/19	已婚	北京	13512341246	1360
7501	公关部	安晋文	男	1971/03/31	部门主管	高级经济师	大专	1995/02/28	已婚	陕西	13512341255	2430
7402	行政部	李龙吟	男	1973/02/24	业务员	助理经济师	大专	1992/11/11	未婚	吉林	13512341250	1200
7107	经理室	沈宁	男	1977/10/02	秘书	工程师	大专	1999/10/23	未婚	北京	13512341237	1360
7101	经理室	黄振华	男	1966/04/10	董事长	高级经济师	大专	1982/11/23	已婚	北京	13512341234	3430
7205	人事部	周晓明	女	1960/06/20	业务员	经济师	大专	1979/03/06	已婚	北京	13512341241	1360
7207	人事部	张淑纺	女	1968/11/09	统计	助理统计师	大专	2001/03/06	已婚	安徽	13512341242	1200
7704	项目二部	李小平	男	1959/02/17	业务员	工程师	大专	1980/11/04	已婚	山东	13512341284	2160
7706	项目二部	王进	男	1958/03/26	业务员	工程师	大专	1981/12/11	已婚	北京	13512341283	1360
7711	项目二部	黄和中	男	1968/06/19	项目监察	高级工程师	大专	1990/03/06	已婚	北京	13512341288	2430
7713	项目二部	程光凡	男	1973/02/24	业务员	工程师	大专	1992/11/11	已婚	北京	13512341289	1360
7620	项目一部	曹明菲	女	1981/04/21	业务员	助理工程师	大专	2004/09/26	未婚	北京	13512341278	1200
7604	项目一部	王利华	女	1959/07/20	项目监察	高级工程师	大专	1980/04/06	已婚	四川	13512341264	2430

图 9-23　按学历排序结果

可以看出，关于学历的自定义序列是按低到高次序排列的，而应用案例要求是按学历从高到低排列，这时可以选定学历列任意单元格，然后单击“数据”选项卡“排序和筛选”命令组的“降序”命令按降序重新排序，这时系统会默认按刚刚设置的自定义序列排序。最后排序结果如图 9-24 所示。

	A	B	C	D	E	F	G	H	I	J	K	L	M
1	序号	部门	姓名	性别	出生日期	职务	职称	学历	参加工作日期	婚姻状况	籍贯	联系电话	基本工资
2	7104	经理室	扬灵	男	1973/03/19	副总经理	经济师	博士	2000/12/04	已婚	北京	13512341236	2260
3	7717	项目二部	刘利	女	1971/06/11	业务员	工程师	博士	1999/02/26	已婚	山西	13512341293	1360
4	7719	项目二部	李丹	男	1973/03/19	业务员	工程师	博士	2000/12/04	未婚	北京	13512341295	1360
5	7619	项目一部	李进	男	1975/01/29	业务员	工程师	博士	2002/10/16	已婚	湖北	13512341277	1360
6	7305	财务部	杨阳	男	1973/03/19	会计	经济师	硕士	1998/12/05	已婚	湖北	13512341247	1360
7	7507	公关部	王霞	女	1983/03/20	业务员	经济师	硕士	2006/12/05	未婚	安徽	13512341261	1360
8	7408	行政部	张玫	女	1984/08/04	业务员	助理经济师	硕士	2008/08/10	未婚	北京	13512341254	1200
9	7718	项目二部	李红	女	1975/01/29	业务员	工程师	硕士	2000/10/15	已婚	黑龙江	13512341294	1360
10	7720	项目二部	郝放	男	1979/01/26	业务员	工程师	硕士	2005/12/29	未婚	四川	13512341296	1360
11	7306	财务部	任萍	女	1979/10/05	出纳	助理会计师	大本	2004/01/31	未婚	北京	13512341248	1360
12	7301	财务部	李忠旗	男	1965/02/10	财务总监	高级会计师	大本	1987/01/01	已婚	北京	13512341243	2880
13	7303	财务部	张进明	男	1974/10/27	会计	助理会计师	大本	1996/07/14	已婚	北京	13512341245	1200
14	7505	公关部	张乐	女	1962/08/11	外勤	工程师	大本	1975/04/29	已婚	四川	13512341259	1360
15	7506	公关部	李小东	女	1974/10/28	业务员	助理经济师	大本	1996/07/15	已婚	湖北	13512341260	1200
16	7502	公关部	刘润杰	男	1973/08/31	外勤	经济师	大本	1998/01/16	未婚	河南	13512341256	1360
17	7504	公关部	高俊	男	1957/03/26	外勤	经济师	大本	1977/12/12	已婚	山东	13512341258	1360
18	7401	行政部	郭永红	女	1969/08/24	部门主管	经济师	大本	1993/01/02	已婚	天津	13512341249	1360
19	7405	行政部	张玉丹	女	1971/06/11	业务员	经济师	大本	1993/02/25	已婚	北京	13512341251	1360

图 9-24　按学历从高到低排序结果

9.4.2　人事档案查询

人事档案数据量通常都比较大，经常需要从中找出满足某些条件的人员或人员集合。一般的日常查询大多可通过自动筛选来实现。只有特殊复杂的才需要使用高级筛选。

1. 查询籍贯为四川的业务员

要查询籍贯为四川的业务员，实际查询条件为“籍贯”字段值为“四川”而且“职务”字段值为“业务员”。这可以用自动筛选实现。其具体操作步骤如下。

步骤 1：进入自动筛选状态。单击 “数据”选项卡“排序和筛选”命令组的“筛选”命令。这时工作表的每个字段名上都会出现一个筛选箭头。

步骤 2：设置“职务”字段的筛选条件。单击“职务”字段的筛选箭头，在下拉列表中取消“全部”复选框的勾选，勾选“业务员”复选框，单击“确定”按扭。

初步筛选结果如图 9-25 所示。

	A	B	C	D	E	F	G	H	I	J	K	L	M
1	序	部门	姓名	性	出生日期	职务	职称	学	参加工作日	婚姻状	籍	联系电话	基本工
7	7203	人事部	胡方	男	1960/04/08	业务员	高级经济师	大本	1982/12/24	已婚	四川	13512341239	2430
8	7204	人事部	郭新	女	1961/03/26	业务员	经济师	大本	1983/12/12	已婚	北京	13512341240	1360
9	7205	人事部	周晓明	女	1960/06/20	业务员	经济师	大专	1979/03/06	已婚	北京	13512341241	1360
18	7402	行政部	李龙吟	男	1973/02/24	业务员	助理经济师	大专	1992/11/11	未婚	吉林	13512341250	1200
19	7405	行政部	张玉丹	女	1971/06/11	业务员	经济师	大本	1993/02/25	已婚	北京	13512341251	1360
20	7406	行政部	周金馨	女	1972/07/07	业务员	经济师	大本	1996/03/24	已婚	北京	13512341252	1360
21	7407	行政部	周新联	男	1975/01/29	业务员	助理经济师	大本	1996/10/15	已婚	北京	13512341253	1200
22	7408	行政部	张玫	女	1984/08/04	业务员	助理经济师	硕士	2008/08/10	未婚	北京	13512341254	1200
28	7506	公关部	李小东	女	1974/10/28	业务员	助理经济师	大本	1996/07/15	已婚	湖北	13512341260	1200
29	7507	公关部	王霞	女	1983/03/20	业务员	经济师	硕士	2006/12/05	未婚	安徽	13512341261	1360
34	7606	项目一部	苑平	男	1958/06/19	业务员	经济师	大本	1981/03/07	已婚	北京	13512341266	1360
35	7607	项目一部	李燕	女	1962/03/26	业务员	经济师	大专	1983/12/12	已婚	北京	13512341267	1360
36	7608	项目一部	郝海为	男	1960/09/11	业务员	工程师	大本	1985/05/29	已婚	北京	13512341268	1360
37	7609	项目一部	盛代国	男	1962/09/29	业务员	工程师	大本	1985/06/16	已婚	湖北	13512341269	1360
38	7610	项目一部	宋维昆	男	1967/09/07	业务员	工程师	中专	1987/05/27	已婚	湖北	13512341270	1360
40	7612	项目一部	邵林	女	1965/10/26	业务员	工程师	大本	1988/07/13	已婚	四川	13512341272	1360
41	7613	项目一部	张山	男	1973/03/19	业务员	助理工程师	大专	1992/12/04	已婚	安徽	13512341273	1200
42	7616	项目一部	李仪	女	1972/07/30	业务员	工程师	大本	1996/04/16	已婚	北京	13512341274	1360

图 9-25　初步筛选结果

步骤 3：设置“籍贯”字段的筛选条件。单击“籍贯”字段的筛选箭头，在下拉列表中取消“全部”复选框的勾选，勾选“四川”复选框，单击“确定”按钮。

最终筛选结果如图 9-26 所示。

	A	B	C	D	E	F	G	H	I	J	K	L	M
1	序▾	部门▾	姓名▾	性▾	出生日期▾	职务▾	职称▾	学▾	参加工作日▾	婚姻状▾	籍▾	联系电话▾	基本工▾
7	7203	人事部	胡方	男	1960/04/08	业务员	高级经济师	大本	1982/12/24	已婚	四川	13512341239	2430
40	7612	项目一部	邵林	女	1965/10/26	业务员	工程师	大本	1988/07/13	已婚	四川	13512341272	1360
64	7720	项目二部	郝放	男	1979/01/26	业务员	工程师	硕士	2005/12/29	未婚	四川	13512341296	1360

图 9-26　最终筛选结果

2. 查询高级职称的员工

假设"人事档案"工作表中包含"高级工程师"、"高级会计师"和"高级经济师"3 种高级职称的员工，当要筛选出所有高级职称的员工时，可以在记录值列表框中逐个勾选上述 3 项，也可以通过"自定义自动筛选方式"对话框来设置相应的筛选条件。其具体操作步骤如下。

步骤 1：进入自动筛选状态。在"数据"选项卡的"排序和筛选"命令组中，单击"筛选"命令。

步骤 2：打开"自定义自动筛选方式"对话框。分析筛选条件可以看出，要筛选的职称都是以"高级"二字开头的，所以可以利用 Excel 的特殊关系运算符"开头是"设置自定义筛选条件。单击"职称"字段的筛选箭头→"文本筛选"→"开头是"。也可以单击"文本筛选"→"自定义筛选"。系统弹出"自定义自动筛选方式"对话框。

步骤 3：设置自定义筛选条件。在左侧列表框中选择"开头是"，在右侧下拉文本框中输入高级。然后单击"确定"按钮。

人事档案高级职称员工的筛选结果如图 9-27 所示。

	A	B	C	D	E	F	G	H	I	J	K	L	M
1	序▾	部门▾	姓名▾	性▾	出生日期▾	职务▾	职称▾	学▾	参加工作日▾	婚姻状▾	籍▾	联系电话▾	基本工▾
2	7101	经理室	黄振华	男	1966/04/10	董事长	高级经济师	大专	1982/11/23	已婚	北京	13512341234	3430
3	7102	经理室	尹洪群	男	1958/09/18	总经理	高级工程师	大本	1981/04/18	已婚	山东	13512341235	2430
7	7203	人事部	胡方	男	1960/04/08	业务员	高级经济师	大本	1982/12/24	已婚	四川	13512341239	2430
11	7301	财务部	李忠旗	男	1965/02/10	财务总监	高级会计师	大本	1987/01/01	已婚	北京	13512341243	2880
12	7302	财务部	焦戈	女	1970/02/26	成本主管	高级会计师	大本	1992/05/31	已婚	北京	13512341244	2430
23	7501	公关部	安蓉文	男	1971/03/31	部门主管	高级经济师	大专	1995/02/28	已婚	陕西	13512341255	2430
31	7603	项目一部	沈桢	男	1957/07/21	项目监察	高级工程师	大本	1977/04/06	已婚	陕西	13512341263	2430
32	7604	项目一部	王利华	男	1959/07/20	项目监察	高级工程师	大专	1980/11/05	已婚	四川	13512341264	2430
33	7605	项目一部	靳晋夏	女	1959/02/17	项目监察	高级经济师	大本	1980/11/05	已婚	山东	13512341265	2430
39	7611	项目一部	谭文广	男	1969/01/01	项目监察	高级经济师	初中	1987/09/03	已婚	四川	13512341271	2430
48	7703	项目二部	张爽	女	1983/04/08	项目监察	高级工程师	大本	1980/12/25	已婚	北京	13512341280	2430
56	7711	项目二部	黄和中	男	1968/06/19	项目监察	高级工程师	大专	1990/03/06	已婚	北京	13512341288	2430
60	7716	项目二部	孙燕	女	1976/02/16	项目监察	高级工程师	大本	1999/01/16	已婚	湖北	13512341292	2430

图 9-27　高级职称筛选结果

小技巧　筛选高级职称的条件也可以用通配符"*"实现，即设置条件左侧的关系运算符为"等于"，条件右侧的值为"高级*"。

请读者考虑：如何用另一种通配符"？"设置筛选中级职称的条件？假设中级职称包括"工程师"、"会计师"和"经济师"3 种。但是显然不能用"止于""师"这样的条件，因为高级职称的最后一个字也是"师"。也不能用"并非起始于""高级"且"止于""师"这样的条件，因为初级职称，如"助理会计师""助理统计师"等也符合这个条件。

3. 查询基本工资 2 000～2 500 的员工

要筛选出所有基本工资在 2 000 元到 2 500 元之间的员工，也需要通过自动筛选的"自定义自动筛选方式"对话框来设置相应的筛选条件，而且需要同时设置两个条件。其具体操作步骤如下。

步骤 1：进入自动筛选状态。单击 "数据"选项卡"排序和筛选"命令组的"筛选"命令。

步骤 2：打开"自定义自动筛选方式"对话框。单击"职称"字段的筛选箭头→"数字筛选"→"介于"。也可以单击"数字筛选"→"自定义筛选"。系统弹出"自定义自动筛选方式"对话框。

步骤 3：设置自定义筛选条件。分析筛选条件可以看出，要设置的条件是大于或等于 2 000 和小于或等于 2 500 两个条件，而且两个条件的关系是"与"的关系。所以在第一行左侧列表框中选择"大于或等于"，在右侧下拉文本框中输入 2000；在第二行左侧列表框中选择"小于或等于"，在右侧下拉文本框中输入 2500。然后单击"确定"按钮。

人事档案基本工资在 2 000～2 500 范围内的员工筛选结果如图 9-28 所示。

	A	B	C	D	E	F	G	H	I	J	K	L	M
1	序	部门	姓名	性	出生日期	职务	职称	学	参加工作日	婚姻状	籍	联系电话	基本工
3	7102	经理室	尹洪群	男	1958/09/18	总经理	高级工程师	大本	1981/04/18	已婚	山东	13512341235	2430
4	7104	经理室	扬灵	男	1973/03/19	副总经理	经济师	博士	2000/12/04	已婚	北京	13512341236	2260
7	7203	人事部	胡方	男	1960/04/08	业务员	高级经济师	大本	1982/12/24	已婚	四川	13512341239	2430
12	7302	财务部	焦戈	女	1970/02/26	成本主管	高级会计师	大专	1989/11/01	已婚	北京	13512341244	2430
23	7501	公关部	安晋文	男	1971/03/31	部门主管	高级经济师	大专	1995/02/28	已婚	陕西	13512341255	2430
31	7603	项目一部	沈核	男	1957/07/21	项目监察	高级工程师	大本	1977/04/06	已婚	陕西	13512341263	2430
32	7604	项目一部	王利华	女	1959/07/20	项目监察	高级工程师	大专	1980/04/06	已婚	四川	13512341264	2430
33	7605	项目一部	靳晋复	女	1959/02/17	项目监察	高级经济师	大本	1980/11/05	已婚	山东	13512341265	2430
39	7611	项目一部	谭文广	男	1969/01/01	项目监察	高级工程师	初中	1987/09/03	已婚	山东	13512341271	2430
48	7703	项目二部	张爽	男	1958/04/08	项目监察	高级工程师	大本	1980/12/25	已婚	北京	13512341280	2430
49	7704	项目二部	李小平	男	1959/02/17	业务员	工程师	大专	1986/11/04	已婚	山东	13512341281	2160
56	7711	项目二部	黄和中	男	1968/06/19	项目监察	高级工程师	大本	1990/03/06	已婚	北京	13512341288	2430
60	7716	项目二部	孙燕	女	1976/02/16	项目监察	高级工程师	大本	1999/01/16	已婚	湖北	13512341292	2430

图 9-28　基本工资在 2 000~2 500 范围内的员工筛选结果

4. 查询基本工资最低的 5 位职工

要查询基本工资最低的 5 位职工，可以通过"数字筛选"的"自动筛选前 10 个"对话框来设置筛选条件。其具体操作步骤如下。

步骤 1：进入自动筛选状态。在"数据"选项卡的"排序和筛选"命令组中，单击"筛选"命令。

步骤 2：打开"自动筛选前 10 个"对话框。单击"基本工资"字段的筛选箭头→"数字筛选"→"10 个最大的值"。系统弹出"自动筛选前 10 个"对话框。

步骤 3：设置筛选条件。分析筛选条件可以看出，因为要筛选的是基本工资最低的，所以在左侧下拉列表中选择"最小"；因为要筛选出 5 个，所以在中间输入 5（也可以通过数字调节箭头调整为 5），右侧选项保持不变。设置完成的对话框如图 9-29 所示。然后单击"确定"按钮。

图 9-29　"自动筛选前 10 个"对话框

人事档案基本工资最低的 5 位员工筛选结果如图 9-30 所示。由于基本工资最低的 9 个员工数值相同，所以显示的员工数超过了 5 个。

	A	B	C	D	E	F	G	H	I	J	K	L	M
1	序	部门	姓名	性	出生日期	职务	职称	学	参加工作日	婚姻状	籍	联系电话	基本工
10	7207	人事部	张淑纺	女	1968/11/09	统计	助理统计师	大专	2001/03/06	已婚	安徽	13512341242	1200
13	7303	财务部	张进明	男	1974/10/27	会计	助理会计师	大本	1996/07/14	已婚	北京	13512341245	1200
18	7402	行政部	李龙吟	男	1973/02/24	业务员	助理经济师	大专	1992/11/11	未婚	吉林	13512341250	1200
21	7407	行政部	周新联	男	1975/01/29	业务员	助理经济师	大本	1996/10/15	已婚	北京	13512341253	1200
22	7408	行政部	张玫	女	1984/08/04	业务员	助理经济师	硕士	2008/08/10	未婚	北京	13512341254	1200
28	7506	公关部	李小东	男	1974/10/28	业务员	助理经济师	大本	1996/07/15	已婚	湖北	13512341260	1200
41	7613	项目一部	张山	男	1973/03/19	业务员	助理工程师	大专	1992/12/04	已婚	安徽	13512341273	1200
46	7620	项目一部	曹明菲	女	1981/04/21	业务员	助理工程师	大专	2004/09/26	未婚	北京	13512341278	1200
55	7710	项目二部	戴家宏	男	1968/03/01	业务员	助理工程师	高中	1988/05/25	已婚	山东	13512341287	1200

图 9-30　基本工资最低的 5 位职工筛选结果

9.5 应用实例——销售管理

销售管理经常需要根据不同指标进行分类汇总，其中比较常用的主要有生产计划部门较为关心的不同产品销售情况，以及销售部门比较关心的业务员的销售业绩。本节通过销售管理的应用，进一步说明 Excel 有关分类汇总操作的方法和技巧。

9.5.1 按产品汇总

按产品分类汇总有些比较简单，例如按产品品牌分类汇总，因为是独立的字段，所以比较容易实现。但有些则相对复杂些，例如按产品规格分类汇总，因为规格信息嵌入在产品代号中，所以首先要将其分列出来，然后才能进行分类汇总。下面分别介绍有关操作。

1．按产品品牌分类汇总

由于销售情况工作表已经包含产品品牌字段，所以按产品品牌分类汇总十分方便。其具体操作步骤如下。

步骤1：按"产品品牌"字段排序。选定"产品品牌"所在列任意单元格，在"数据"选项卡的"排序和筛选"命令组中，单击"升序"命令 $\underset{\downarrow}{A}$。

步骤2：打开"分类汇总"对话框。在"数据"选项卡的"分级显示"命令组中，单击"分类汇总"命令。系统弹出"分类汇总"对话框。

步骤3：指定"分类字段"。在"分类字段"下拉列表框中选定"产品品牌"。

步骤4：指定"汇总方式"。在"汇总方式"下拉列表框中选择"求和"。

步骤5：指定"汇总项"。勾选"数量"和"销售额"两个数据字段。

步骤6：设置其他汇总选项。按默认方式设置，选择"替换当前分类汇总"和"汇总结果显示在数据下方"，单击"确定"按钮。

图9-31所示为按产品品牌分类汇总，并按2级分级符号 $\boxed{2}$ 显示的结果。

1 2 3		A	B	C	D	E	F	G	H	I
	1	序号	日期	产品代号	产品品牌	订货单位	业务员	单价	数量	销售额
+	18				佳能牌 汇总					¥ 119,195
+	88				金达牌 汇总					¥ 430,015
+	116				三工牌 汇总					¥ 201,385
+	144				三一牌 汇总					¥ 132,770
+	186				雪莲牌 汇总					¥ 258,106
-	187				总计					¥ 1,141,471

图9-31　按产品品牌分类汇总结果

2．按产品规格分类汇总

由于产品规格不是独立的字段，而是嵌入在产品代号中，因此首先用分列命令将其独立出来，然后再进行分类汇总。分列的具体操作步骤如下。

步骤1：在产品代号右侧插入1列。选定D列，右键单击D列列标，在弹出的快捷菜单中选择"插入"。在新插入的D1单元格中输入新字段名称产品规格。

步骤2：选定要分列的数据。选定C2:C181单元格区域。

步骤3：打开"分列"命令向导。在"数据"选项卡的"数据工具"命令组中，单击"分列"命令。系统弹出"文本分列向导—3 步骤之 1"对话框。在"请选择最合适的文件类型"选项中选择"固定宽度"单选按钮，如图9-32所示。单击"下一步"按钮。系统弹出"文本分列向导—3 步骤之 2"对话框。

步骤4：设置分列字段宽度。在"文本分列向导—3步骤之 2"对话框中的分列线的适当位置单击，如图9-33所示。单击"下一步"按钮。系统弹出"文本分列向导—3 步骤之 3"对话框。

步骤5：设置分列单元格格式。分别设置分列后的两列单元格格式为"文本"，如图9-34所示。单击"完成"按钮。

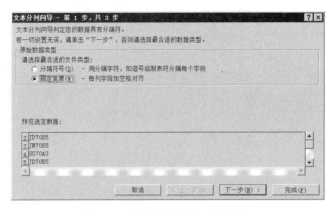

图 9-32　文本分列向导—3 步骤之 1

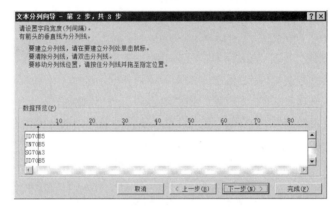

图 9-33　文本分列向导—3 步骤之 2

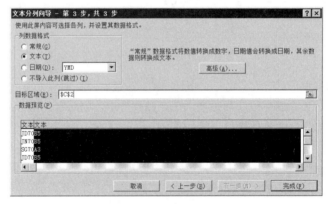

图 9-34　文本分列向导—3 步骤之 3

执行"分列"操作之前，系统会提示"是否替换目标单元格内容？"。因为需要将分列后的一部分数据替换原来单元格内容，所以选择"确定"即可。

分列后数据如图 9-35 所示。注意，原来的产品代号分成了两列，分别是原来的前 4 位和后 2 位。

按照前面所介绍的操作步骤，先按"产品规格"排序，然后按"产品规格"分类汇总即可。按产品规格分类汇总的结果如图 9-36 所示。

	A	B	C	D	E	F	G	H		I	J	
1	序号	日期	产品代号	产品规格	产品品牌	订货单位	业务员	单价		数量	销售额	
2	1	2015/01/02	JD70	B5	金达牌	天缘商场	李丽	¥	185	18	¥	3,330
3	2	2015/01/05	JN70	B5	佳能牌	白云出版社	杨韬	¥	185	19	¥	3,515
4	3	2015/01/05	SG70	A3	三工牌	蓝图公司	王霞	¥	230	23	¥	5,290
5	4	2015/01/07	JD70	B5	金达牌	天缘商场	邓云洁	¥	185	20	¥	3,700
6	5	2015/01/10	SY80	B5	三一牌	星光出版社	王霞	¥	210	40	¥	8,400
7	6	2015/01/12	JD70	A4	金达牌	期望公司	杨韬	¥	225	40	¥	9,000
8	7	2015/01/12	XL70	A3	雪莲牌	海天公司	刘恒飞	¥	230	50	¥	11,500
9	8	2015/01/14	JD70	B5	金达牌	白云出版社	杨韬	¥	195	21	¥	4,095
10	9	2015/01/14	XL70	B5	雪莲牌	蓓蕾商场	邓云洁	¥	189	22	¥	4,158
11	10	2015/01/16	JD70	A3	金达牌	开心商场	杨东方	¥	220	40	¥	8,800
12	11	2015/01/16	JN80	B5	佳能牌	天缘商场	杨东方	¥	245	70	¥	17,150
13	12	2015/01/16	JD70	B5	金达牌	蓓蕾商场	杨韬	¥	185	18	¥	3,330
14	13	2015/01/18	JD70	B4	金达牌	星光出版社	杨韬	¥	190	21	¥	3,990
15	14	2015/01/20	SY80	B5	三一牌	天缘商场	方一心	¥	220	40	¥	8,800
16	15	2015/01/22	XL70	B5	雪莲牌	期望公司	张建生	¥	185	22	¥	4,070
17	16	2015/01/24	SY70	B4	三一牌	星光出版社	赵飞	¥	190	20	¥	3,800

图 9-35　分列后的数据

1 2 3		A	B	C	D	E	F	G	H	I	J	
	1	序号	日期	产品代号	产品规格	产品品牌	订货单位	业务员	单价	数量	销售额	
+	53				A3 汇总						¥	410,110
+	62				A4 汇总						¥	64,575
+	97				B4 汇总						¥	166,204
+	185				B5 汇总						¥	500,582
-	186				总计						¥	1,141,471

图 9-36　按产品规格分类汇总的结果

9.5.2　按业务员汇总

对于销售部门来说，主要希望通过汇总不同业务员的情况来考核业务员的销售业绩。最常用的就是按业务员汇总。其具体操作步骤在此不再赘述。按业务员汇总的结果如图 9-37 所示。

1 2 3		A	B	C	D	E	F	G	H	I	J	
	1	序号	日期	产品代号	产品规格	产品品牌	订货单位	业务员	单价	数量	销售额	
+	14							陈明华 汇总			¥	76,678
+	39							邓云洁 汇总			¥	163,628
+	52							杜宏涛 汇总			¥	65,916
+	67							方一心 汇总			¥	95,539
+	80							李丽 汇总			¥	61,617
+	95							刘恒飞 汇总			¥	88,010
+	111							王霞 汇总			¥	85,511
+	139							杨东方 汇总			¥	212,656
+	164							杨韬 汇总			¥	147,682
+	181							张建生 汇总			¥	92,480
+	192							赵飞 汇总			¥	51,560
-	193							总计			¥	1,141,471

图 9-37　按业务员汇总结果

如果需要建立按业务员分类汇总的销售情况表，可以将给汇总结果复制/粘贴到另一个工作表中。注意，复制时应采用 9.3.3 小节所介绍的方法，先按条件定位至可见单元格，再执行复制操作。

从图 9-37 中可以看出业务员"杨东方"的销售业绩比较突出，如果要查看该业务员的明细数据，可以单击该业务员所在行对应的"+"号，显示其明细数据。图 9-38 所示是明细数据显示结果。

1 2 3		A	B	C	D	E	F	G	H		I	J	
	1	序号	日期	产品代号	产品规格	产品品牌	订货单位	业务员	单价		数量	销售额	
+	14							陈明华 汇总				¥	76,678
+	39							邓云洁 汇总				¥	163,628
+	52							杜宏涛 汇总				¥	65,916
+	67							方一心 汇总				¥	95,539
+	80							李丽 汇总				¥	61,617
+	95							刘恒飞 汇总				¥	88,010
+	111							王霞 汇总				¥	85,511
·	112	10	2015/01/16	JD70	A3	金达牌	开心商场	杨东方	¥	220	40	¥	8,800
·	113	11	2015/01/16	JN80	A3	佳能牌	天缘商场	杨东方	¥	245	70	¥	17,150
·	114	22	2015/02/06	XL70	B5	雪莲牌	白云出版社	杨东方	¥	185	40	¥	7,400
·	115	39	2015/03/21	JD70	B5	金达牌	期望公司	杨东方	¥	185	22	¥	4,070
·	116	45	2015/04/02	JD70	B5	金达牌	星光出版社	杨东方	¥	185	85	¥	15,725
·	117	48	2015/04/08	XL70	A3	雪莲牌	蓓蕾商场	杨东方	¥	230	40	¥	9,200
·	118	65	2015/05/26	JD70	A3	金达牌	天缘商场	杨东方	¥	220	21	¥	4,620
·	119	73	2015/06/05	SY70	B4	三一牌	天缘商场	杨东方	¥	190	22	¥	4,180
·	120	74	2015/06/07	XL80	B4	雪莲牌	天缘商场	杨东方	¥	183	40	¥	7,320

图 9-38　明细数据显示结果

如果需要进行更进一步的详细分析，例如分析不同业务员销售业绩和订货单位的关系、不同业务员在不同时期销售业绩的变化情况，则使用下一章介绍的数据透视表更为方便。

习　　题

一、选择题

1. 要想在一个包含"系别"字段的数据清单中只显示"金融系"学生的分数记录，应该使用命令是（　　）。

    A．排序　　　　　　　　B．筛选　　　　　　　　C．分类汇总　　　　　　　　D．分列

2. 以下关于 Excel 筛选功能的叙述中，错误的是（　　）。

    A．可以对多个字段分别设置筛选条件

    B．对于某个字段设置不止一个筛选条件

    C．对两个字段设置的筛选条件即可以是"与"也可以是"或"的关系

    D．对某个字段设置的两个筛选条件即可以是"与"也可以是"或"的关系

3. 以下关于 Excel 高级筛选功能的叙述中，正确的是（　　）。

    A．必须先设置条件区域　　　　　　　　B．条件区域中字段名不能重复

    C．条件区域修改后筛选结果自动更新　　D．条件区域中行数不能超过 5 行

4. 在 Excel 中对某列作升序排序后，该列上的空白单元格的行将（　　）。

    A．放置在排序的数据清单最后　　　　　B．不被排序

    C．放置在排序的数据清单最前　　　　　D．保持原始次序

5. 以下关于 Excel 2010 排序命令的叙述中，正确的是（　　）。

    A．可以对多个字段分别设置排序次序

    B．可以对多个字段分别设置排序选项

    C．既可以对多个字段分别设置排序次序，也以对多个字段分别设置排序选项

    D．一次只能最多按三个字段进行复合排序

6. Excel 的排序命令的排序依据不能是（　　）。

    A．单元格的公式　　　　　　　　　　　B．单元格的数值

    C．单元格的颜色　　　　　　　　　　　D．单元格字体的颜色

7. 以下关于 Excel 分类汇总命令的叙述中，正确的是（　　）。

    A．分类字段必须是文本类型　　　　　　B．分类字段必须是数值类型

    C．分类字段必须是逻辑类型　　　　　　D．分类字段必须有序

8. Excel 分类汇总的结果（　　）。

    A．只能显示在数据的下方

    B．只能显示在数据的上方

    C．即可以显示在数据的下方，也可以显示在数据的上方

    D．只能显示在所有数据的最后

9. 以下关于 Excel 高级筛选功能的叙述中，正确的是（　　）。

    A．必须先设置条件区域　　　　　　　　B．条件区域中字段名不能重复

C. 条件区域修改后筛选结果自动更新　　D. 条件区域中行数不能超过 5 行

10. 以下关于 Excel 分列命令的叙述中，正确的是（　　　）。

 A. 只能按指定的分隔符分列

 B. 只能按 Excel 规定的分隔符分列

 C. 只能按固定长度分列

 D. 以上都不正确

二、填空题

1. Excel 的"排序和筛选"命令除了在"数据"选项卡以外，还在_____选项卡中也有。

2. Excel 的排序命令即可以按升序排序，也可以按降序排序，还可以按_____排序。

3. 高级筛选的条件区域中，相同行的条件之间是_____关系；不同行的条件之间是_____关系。

4. 执行分类汇总前，应对数据清单先按_____排序。

5. 如果需要删除重复记录，可以执行"数据"选项卡_____命令组的_____命令。

三、问答题

1. 数据清单基本约定包括哪几部分？

2. 简单排序有几种排序方式？

3. 自动筛选的自定义筛选可以设置几行筛选条件？

4. 高级筛选的条件区域不同行列条件的关系为何？

5. 分类汇总操作对工作表有何要求？

实　训

现有"人事档案"表如图 9-1 所示，按以下要求完成操作。

1. 按照职称从高到低排序。

2. 按照部门、性别、学历顺序排序。

3. 筛选出所有学历为硕士和博士的员工。

4. 筛选出所有学历为大专或大本且为 20 世纪 80 年代出生的员工。

5. 计算出不同学历的平均基本工资。

6. 计算出不同职称的平均基本工资，并将计算结果复制粘贴到另一个新工作表中。

第10章 | 透视数据

内容提要

本章主要介绍 Excel 数据透视表的特性，建立数据透视表的基本步骤，应用数据透视表和数据透视图进行数据分析的方法和技巧。重点是通过销售情况的透视分析，掌握数据透视表和数据透视图工具的应用。数据透视表是 Excel 分析数据的利器，掌握和应用好数据透视表，可以有效地提高数据分析的效率和水平。

主要知识点

- 数据透视表的概念
- 数据透视表的建立
- 数据透视表的编辑
- 数据透视表的应用
- 数据透视图的应用

数据透视表是 Excel 提供的一种简单实用的数据分析工具，它综合了前面介绍的数据排序、筛选和分类汇总等数据处理工具的优点，并具有上述工具无法比拟的灵活性，用它可以完成绝大多数日常的数据计算和分析工作。

10.1 创建数据透视表

要应用数据透视表分析数据，首先需要在原有数据的基础上创建数据透视表。Excel 可以根据需要，利用 Excel 数据列表、多重合并计算区域以及外部数据源建立数据透视表。

10.1.1 认识数据透视表

从外表看，数据透视表除了某些单元格的格式较为特殊外，与一般的工作表没有明显区别，也是二维电子表格，也可以定义单元格的格式，还可以对表格中的数据进行排序、筛选等操作，以及根据数据制作图表等。但是，实际上它们有着很重要的差异。

"透视"特性：数据透视表是具有第三维查询应用的表格。它通常是根据多个工作表或是一个较长的数据列表经过重新组织得到的。其中的基本数据可能都是根据某个工作表的一行或一列数据计算得出的。所以可以认为它是一个三维表格。同时，数据透视表可以方便地调整计算的方法和范围，因而可以从不同的角度，更清楚地给出数据的各项特征，因此称其为数据透视表。

"只读"属性：数据透视表具有只读属性，即不可以直接在数据透视表中输入数据，或是修改数据透视表中的数据。只有当存放原始数据的工作表中相应的数据变更，且执行了数据透视表操作中的有关更新数据的命令后，数据透视表中的数据才会变动。

数据透视表还具有良好的交互性，应用十分灵活。当创建了数据透视表后，可以方便地组织和显示存在于多个工作表或工作簿中的数据；可以通过改变数据透视表的页面布局对数据进行不同角度的综合分析；可以根据需要显示或隐藏所需的任何细节数据；而所有这些都可以在创建了的数据透视表上实现，而不需要重新构建数据透视表。所以说，数据透视表是 Excel 中最为常用的数据分析工具，特别适合于对数据的计算和分类操作，像数据的分类汇总、交叉分析、评分与排名、百分比计算以及准备各种报告等日常常用的数据分析，均可利用数据透视表的操作完成。

10.1.2 建立数据透视表

建立和应用数据透视表的关键问题是设计数据透视表的布局：根据现有的数据由哪些字段组成行，哪些字段组成列，按哪几个字段的值分类，对哪些字段进行计算。这些问题如果不设计好，则建立的数据透视表可能会是杂乱无章、毫无意义的。

下面仍然应用第 9 章关于销售管理的实例说明建立数据透视表的操作步骤。"销售情况表"工作表中是某公司上一年度的销售情况数据。其中包括序号、日期、产品代号、产品规格、产品品牌、订货单位、业务员、单价、数量和金额等字段。假设需要分析该公司各业务员在不同时期的销售业绩，为此建立数据透表的操作步骤如下。

图 10-1 "创建数据透视表"对话框

步骤 1：打开"创建数据透视表"对话框。在"插入"选项卡的"表格"命令组中，单击"数据透视表"命令，系统弹出"创建数据透视表"对话框，如图 10-1 所示。

步骤 2：选择要分析的数据并指定要放置数据透视表的位置。一般系统会自动识别并选定数据区域，如果要分析的数据区域与此有出入，可以在"表/区域"框内输入或编辑。这里默认系统自动选定的区域"销售情况表!\$A\$2:\$I\$181"。可以选择新建工作表放置数据透视表，也可以在现有工作表的指定位置放置数据透视表，这时需在"位置"文本框中输入放置数据透视表位置的左上角单元格地址。这里默认系统选项，在新工作表中创建数据透视表。单击"确定"即建立了数据透视表框架，如图 10-2 所示。

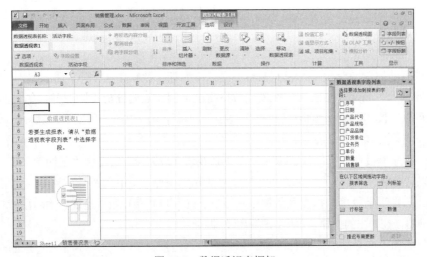

图 10-2 数据透视表框架

从图10-2可以看到，功能区出现了"数据透视表工具"上下文选项卡，其中包含"选项"和"设计"两个子选项卡。工作表左侧为数据透视表区域，当前还没有数据。工作表右侧为"数据透视表字段列表"窗格。有关数据透视表的创建、编辑、修饰和应用都将通过这两个选项卡的命令和该窗格的有关控件完成。

步骤3：添加报表字段。因为需要分析各业务员在不同时期的销售业绩，所以应分别设置"日期"和"业务员"为行标签和列标签，"销售额"为计算数值。设置时可以用鼠标右键单击"数据透视表字段列表"窗格中相应的字段名，然后在弹出的快捷菜单中选择添加到报表的位置。快捷菜单如图10-3所示。

初步建立的数据透视表如图10-4所示。

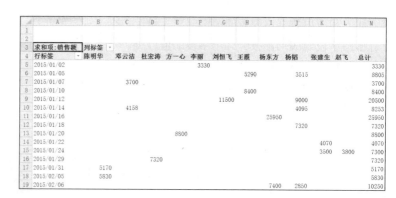

图10-3　添加报表字段快捷菜单　　　　　　　图10-4　初步建立的数据透视表

设置数据透视表字段时，也可以用鼠标将所需字段从"数据透视表字段列表"直接拖曳到相应区域。如果放置错了，可以重新拖曳到正确的区域。如果要删除数据透视表中的某个字段，将其拖曳到数据区域以外即可。

这时的数据透视表将销售额数据横向按日期、纵向按业务员姓名顺序显示出来，可以直观地进行比较分析。

10.1.3　编辑数据透视表

数据透视表虽然具有"透视""只读"特性，但是其他方面和一般的工作表一样，也可以进行编辑、格式设置以及排序等操作。

1. 添加、删除字段

数据透视表的编辑同一般工作表的编辑不同，不允许在数据中间插入、删除或修改数据，而是可以根据需要插入、删除行字段、列字段或数值字段。例如需要分析不同业务员销售的不同产品品牌的情况，可以在图10-4所示的数据透视表基础上，将行字段中的"日期"删除，然后添加"产品品牌"字段。其具体操作步骤如下。

步骤1：删除"日期"行字段。取消"数据透视表字段列表"窗格中"日期"字段名前复选框的勾选；也可以直接单击"行标签"中的"日期"，在弹出的快捷菜单中选"删除字段"；也可以用鼠标将行区域中的"日期"字段直接拖曳到数据区域以外；还可以直接在数据透视表中用鼠标右键单击行标签中任意单元格，在弹出的快捷菜单中选删除"日期"。

步骤2：添加"产品品牌"到行区域。勾选"数据透视表字段列表"窗格中"产品品牌"字段名前的复选框；也可以用鼠标右键单击"产品品牌"字段名，在弹出的快捷菜单中选择"添加到行标签"；

还可以用鼠标将"产品品牌"字段直接拖曳到行区域。调整后的数据透视表如图 10-5 所示。

求和项:销售额	列标签											
行标签	陈明华	邓云洁	杜宏涛	方一心	李丽	刘恒飞	王霞	杨东方	杨韬	张建生	赵飞	总计
佳能牌	3885			14640	16955			35575	13315	21875	12950	119195
金达牌	3420	48420	20840	28750	28555	35300	26395	87660	81810	48855	20010	430015
三工牌	43720	60080	4830	9275		12650	5290	21175	30640	10200	3525	201385
三一牌	8040	31980	12800	26200	7980	13640	12580	12140			7410	132770
雪莲牌	17613	23148	27446	16674	8127	26420	41246	56300	21917	11550	7665	258106
总计	76678	163628	65916	95539	61617	88010	85511	212850	147682	92480	51560	1141471

图 10-5 调整后的数据透视表

2．排序和筛选

数据透视表的排序主要是针对行字段、列字段。从图 10-5 中可以看出，数据透视表中的列字段"业务员"从左到右、行字段"产品品牌"从上到下都是按字母排序的。如果有需要，可以对数据透视表重新进行排序。例如，可以按"产品品牌"降序排序；或者按"业务员"姓氏笔划排序。操作方法与一般工作表类似，只是不像一般工作表排序时，纵向数据按列排序，横向数据按行排序，而是行列字段分别按行列方向排序。也可以手工调整指定标签的顺序。

在数据透视表中还可以方便地进行多种不同形式的筛选，即可以按标签筛选，也可以按值筛选。例如图 10-5 所示的数据透视表，可以设置行标签筛选，只显示行标签开头是"三"的产品品牌；也可以设置列标签筛选，只显示销售额总计数据大于 90 000 的业务员的数据。

3．定制外观

如果需要提交或打印数据透视表，为了使表格更加美观、醒目、规范或重点突出，还可以定制不同形式的数据透视表外观。包括以压缩、大纲还是表格布局形式显示数据透视表；是否显示和在什么位置显示总计数据；选择何种系统内置的数据透视表样式等。需要用到的命令如图 10-6 所示。

图 10-6 "数据透视表"上下文选项卡"设计"子卡命令

还可以通过单元格格式的各种设置进行一定的修饰，有关操作与一般工作表类似，这里不再赘述。

在"数据透视表样式"命令中，系统所给出了浅色、中等深浅和深色三类几十种样式，并可以在有关样式基础上进一步选择是否应用行标题、列标题、镶边行和镶边列等选项。

10.1.4 更新数据透视表

由于数据透视表是一种"只读"的工作表，因此，如果数据透视表中的数据有误或者有变动，不能直接在其上进行修改。而是需要修改数据来源，然后通过刷新数据命令，使数据透视表更新为正确的信息。

例如发现"销售情况表"工作表中的数据有误，应将 G6 单元格的销售数量"23"改为"32"，这时数据透视表的数据也应做相应的修改。其具体操作步骤如下。

步骤1：修改原始数据所在的工作表。将"销售情况表"工作表的G6单元格的数据改为"32"。

步骤2：刷新数据透视表。切换到数据透视表，在"数据透视表"上下文选项卡"选项"子卡的"数据"命令组中，单击"刷新"命令。

这样原来数据透视表中的数据将根据修改后的源数据重新计算。

10.2　应用数据透视表

数据透视表建立以后，还可以根据分析的需要，灵活地进行多种应用，充分满足多种透视数据的需求。

10.2.1　组合数据项

有些数据在分析过程中需要进行组合。例如日期数据，可能需要按照周、月、季度或年等不同周期进行汇总；又比如省市数据，可能需要按照一定范围合并成地区数据等。这些可以通过 Excel 的组合数据项功能实现。例如，将图 10-4 所示的数据透视表中的"日期"字段组合成月份，具体操作步骤如下。

步骤1：打开"分组"对话框。用鼠标右键单击任意"日期"数据单元格，在弹出的快捷菜单中单击"创建组"。系统弹出"分组"对话框，如图 10-7 所示。

步骤2：指定分组步长。在"步长"列表框中选定"月"选项，然后单击"确定"按钮。组合数据项后的数据透视表如图 10-8 所示。

图 10-7　"分组"对话框

求和项:销售额	列标签											
行标签	陈明华	邓云洁	杜宏涛	方一心	李丽	刘恒飞	王霞	杨东方	杨韬	张建生	赵飞	总计
1月	5170	7858	7320	8800	3330	11500	13690	25950	23930	7570	3800	118918
2月	5830	21395	3885	9250	4900	4025	4485	7400	2850	3885	4830	72735
3月	3420	7320	4950	5300	3150	12440	3780	4070	9500	11000	3610	68540
4月	4255	4070	4050	5390	3700	13200	7600	24925	9200	6475	3510	86375
5月	18550	9160		16975	4158	7000	7320	4620	3900	7000	12950	91633
6月	3420	8270	16100	4180	8355	9200	3402	20500	3885	12025	3525	92862
7月	4158	22800	4026	15725	8325	4400	3800	39475	3885	5830	3900	116324
8月	4620	3800		9200	9500	3450	3294	42705	32970	11515	8800	129854
9月	3885	16450	8810	4025	7400	3700	7000	4950	7600	4070	2835	70725
10月	9200	12965	3990	9000	3969	7320	10160	12355	7400		3700	80059
11月	4770	25560	3885	4400	4830	7875	4180	12950	20072	8070	3800	100392
12月	9400	23980	8900		3294		1900	16800	12950	22490	11340	113054
总计	76678	163628	65916	95539	61617	88010	85511	212850	147682	92480	51560	1141471

图 10-8　组合数据项后的数据透视表

这样创建的数据透视表可以更清晰地反映各销售人员不同月份的销售业绩。

10.2.2　选择计算函数

默认情况下，数据透视表对于数值型字段总是按"求和"方式进行计算的，而对非数值型字段则是按"计数"方式进行计算的。实际应用中可以根据需要使用其他函数，如"平均值""最大值""最小值"等。改变计算函数的操作步骤如下。

步骤1：打开"值字段设置"对话框。单击"数据透视表字段列表"窗格下方"数值"区域中的字段，在弹出的菜单中选择"值字段设置"；也可以用鼠标右键单击数据透视表中任意数值单元格，在弹出的快捷菜单中选择"值字段设置"。系统弹出"值字段设置"对话框，如图10-9所示。

步骤2：选择计算函数。根据需要在"值字段设置"对话框的"值汇总方式"选项卡下"计算类型"列表框中选择所需的计算函数。数据透视表的汇总方式包括下述计算函数："求和""计数""平均值""最大值""最小值""乘积""数值计数""标准偏差""总体标准偏差""方差"和"总体方差"。然后单击"确定"按钮。

图10-9　"值字段设置"对话框

数据透视表将自动按照指定的函数重新进行计算。

> 如果单纯选择计算函数，也可在数据透视表中选定任意数值单元格后，直接单击"数据透视表"上下文选项卡"选项"子卡"计算"命令组的"按值汇总"命令，然后选择所需的计算函数。或者是右键单击数据透视表中任意数值单元格，在弹出的快捷菜单中选择"值汇总依据"命令，然后选择所需的计算函数。

10.2.3　改变显示方式

数据透视表创建以后，可以根据需求以多种不同的方式来显示数据。显示数据主要包括以下几个方面的操作。

1. 重构字段布局

在图10-8所示的数据透视表中，"日期"是行字段，数据按行方向显示，而"业务员"是列字段，数据按列方向显示。"销售额"是数值项，进行分类汇总计算。此外，还可以设置某个字段为报表筛选字段，使有关数据项按类分页显示。在实际应用过程中，可以通过调整数据透视表字段的不同布局，构建灵活多样的报表，展示数据不同的分析结果。

当需要重构字段布局时，可以通过10.1.3小节所介绍的插入/删除字段的方法重新设置。而更简单的方法是直接在"数据透视表字段列表"窗格中，用鼠标拖曳相应字段到指定位置即可。当用鼠标拖曳某个字段到窗格中不同的报表区域时，鼠标指针的形状会发生变化，分别表示该字段将按照行字段、列字段、报表筛选字段或数值项显示。这时如果放开鼠标键，该字段则会改为相应的字段。鼠标指针形状以及对应的意义如图10-10所示。

图10-10　鼠标指针形状说明

2. 改变数据显示方式

默认情况下数据透视表都是按普通方式，即"无计算"方式显示数值项的，为了更清晰地分析数据间的相关关系，可以指定数据透视表以特殊的数据显示方式，例如以"差异""百分比""差异百分比"等方式显示数据。假设对于图10-8所示的数据透视表，需要分析不同月份销售额的变化情况，可以"差异"方式显示数值项，具体操作步骤如下。

步骤1：打开"值字段设置"对话框。单击"数据透视表字段列表"窗格下方"数值"区域中的字段，在弹出的菜单中选择"值字段设置"；也可以用鼠标右键单击数据透视表中任意数值单元格，在弹出的快捷菜单中选择"值字段设置"命令。系统弹出"值字段设置"对话框。

步骤2：选择"值显示方式"选项卡。单击"值字段设置"对话框中的"值显示方式"选项卡，"值字段设置"对话框将显示"值显示方式""基本字段"和"基本项"等选项，如图10-11所示。

步骤3：指定所需的数据显示方式。在"值显示方式"列表中选择"差异"。系统会显示有关"差异"显示方式所需指定的"基本字段"和"基本项"列表，如图10-12所示。

图10-11　"值显示方式"选项卡

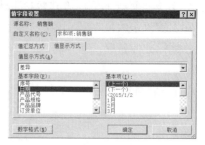

图10-12　"基本字段""基本项"列表框

步骤4：指定"基本字段"和"基本项"。因为指定的是"差异"显示方式，所以需要具体指定差异的比较对象。这里选择"基本字段"为"日期"，"基本项"为"（上一个）"。然后单击"确定"按钮。

按差异显示的数据透视表如图10-13所示。表中显示的数据为当前月与上个月销售额的差额，其中1月的销售额数据为空。

求和项:销售额	列标签										
行标签	陈明华	邓云洁	杜宏涛	方一心	李丽	刘恒飞	王霞	杨东方	杨韬	张建生	赵飞	总计
1月												
2月	660	13537	-3435	450	1570	-7475	-9205	-18550	-21080	-3685	1030	-46183
3月	-2410	-14075	1065	-3950	-1750	8415	-705	-3330	6650	7115	-1220	-4195
4月	835	-3250	-900	90	550	760	3820	20855	-300	-4525	-100	17835
5月	14295	5090	-4050	11585	458	-6200	-280	-20305	-5300	525	9440	5258
6月	-15130	-890	16100	-12795	4197	2200	-3918	15880	-15	5025	-9425	1229
7月	738	14530	-12074	11545	-30	-4800	398	18975	0	-6195	375	23462
8月	462	-19000	-4026	-6525	1175	-950	-506	3230	29085	5685	4900	13530
9月	-735	12650	8810	-5175	-2100	250	3706	-37755	-25370	-7445	-5965	-59129
10月	5315	-3485	-4820	4975	-3431	3620	3160	7405	-200	-370	-2835	9334
11月	-4430	12595	-105	-4600	861	555	-5980	595	12672	4370	3800	20333
12月	4630	-1580	5015	-1106	-4830	-3975	12620	0	2418	3270	-3800	12662
总计												

图10-13　按差异显示的数居透视表

3．显示明细数据

默认情况下，数据透视表显示的是经过分类汇总后的汇总数据。如果需要了解其中某个汇总信息的具体来源，可以令数据透视表显示该数据对应的明细数据。显示明细数据的具体操作是用鼠标右键单击需要显示明细数据的原数据所在单元格，在弹出的快捷菜单中选择"显示详细信息"命令；也可以用鼠标直接双击该单元格。系统会自动创建一个新的工作表，显示该汇总数据的细节。

10.3

应用数据透视图

图表是展示数据最直观有效的手段。一组数据的各种特征、发展变化趋势或多组数据之间的相互关系都可以通过图表一目了然地反映出来。Excel为数据透视表提供了配套的数据透视图，任何时候都可以方便地将数据透视表的数据以数据透视图的形式展示。数据透视图与一般图表的操作没有太多差别，其差异主要表现在一是数据透视图可创建的图表类型有一定限制，不能创建散点图、气泡图和股价图3种图表类型；二是数据透视图具有良好的交互性，可以在数据透视图上直接进行重构字段布局等操作，从不同角度直观地透视分析数据。本节介绍有关数据透视图的建立和编辑操作。

10.3.1　创建数据透视图

当需要根据当前的数据透视表建立数据透视图时，可以在"数据透视表"上下文选项卡的"选项"子卡的"工具"命令组中，单击"数据透视图"命令。系统会弹出"插入图表"对话框，并默认为数据透视表建立簇状柱形图。单击"确定"即可建立数据透视图。此时，功能区将自动出现"数据透视图"上下文选项卡，其下面包含"设计""布局""格式"和"分析"4个子卡。"数据透视表字段列表"窗格中的"行区域"和"列区域"也自动变换成"轴字段"和"图例字段"。根据图10-8所示的数据透视表的数据建立的数据透视图如图10-14所示。

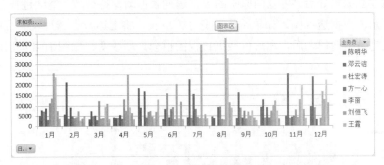

图 10-14　数据透视图

10.3.2　调整数据透视图

从图10-14所示的数据透视图可以看出，数据透视图的横坐标轴对应数据透视表的行字段，称作"轴字段"；右侧图例对应数据透视表的列字段，称作"图例字段"；数据系列对应数据透视表的数值字段。可以根据分析的需要进行设置和调整，而且对数据透视图所进行的有关操作，数据透视表也会自动同步变动。

如果需要交换轴字段和图例字段，可以直接在"数据透视表字段列表"窗格中用鼠标将轴字段"日期"拖曳到图例字段区域，将图例字段"业务员"拖曳到轴字段区域。更改了字段布局的数据透视表如图10-15所示。

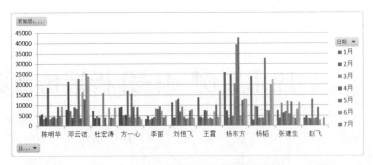

图 10-15　更改字段布局后的数据透视图

对于图10-14所示的数据透视图，如果需要重点比较分析业务员"李丽"和"刘恒飞"的销售业绩，可以直接单击数据透视图上的"业务员"按钮，然后在弹出的选项中取消"全部"复选框的勾选，勾选"李丽"和"刘恒飞"名称前的复选框。执行筛选操作后的数据透视图如图10-16所示。

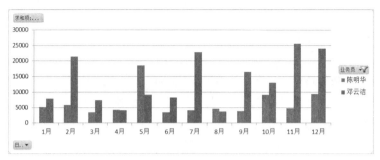

图 10-16   执行筛选操作后的数据透视图

数据透视图建立编辑好后，可以同原来的数据透视表自动保持一致，继续进行各种分析。例如，对于图 10-14 所示的数据透视图，如果希望改变分析步长，将上述数据透视表的日期字段组合改成"季度"，则修改完数据透视表后，相应的数据透视图也会自动改变，如图 10-17 所示。

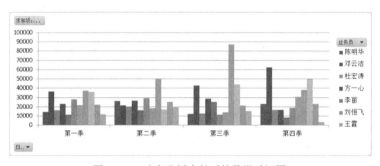

图 10-17   改变分析步长后的数据透视图

除了以上介绍的专门针对数据透视图的操作以外，也可以按一般图表的操作方法编辑数据透视图。例如，为了更加直观地反映出不同业务员销售业绩的变化趋势，可以改变数据透视图的图表类型，选用折线图显示销售额数据。又如，为了使用黑白打印机打印该数据透视图，可以适当调整和修改绘图区颜色和数据系列图形的颜色。上述操作与前面介绍的对一般图表操作方法类似，不再赘述。

除了图表类型、绘图区、数据系列以外，数值轴、分类轴、网格线等图形要素都可以根据需要分别设置不同的属性，以制作出各种不同风格的数据透视图。

10.4   应用实例——分析销售情况

这里仍以前几章使用过的销售情况工作表为例。通过本节的介绍可以发现，使用数据透视表进行计算、分析更为灵活方便。为了使分析更为全面，这里使用图 9-30 所示的添加了"产品规格"分列后的工作表，并已建立数据透视表框架。

10.4.1   产品销售情况分析

假设首先分析不同时期各个产品品牌的销售数量。其具体操作步骤如下。

步骤 1：设置数据透视表的字段布局。将"数据透视表字段列表"中的"日期""产品品牌"和"数量"字段分别拖放到行区域、列区域和数值区域。

步骤 2：设置"日期"字段步长。用鼠标右键单击任意"日期"列数据单元格，在弹出的快捷菜单中单击"创建组"命令，然后在弹出的"分组"对话框的"步长"列表框中选定"月"，单击"确定"按钮。

建立好的数据透视表如图 10-18 所示。

如果需要分析计算不同时期的销售额情况，只需要简单地移去/添加字段即可。其具体操作步骤如下。

步骤 1：移去"数量"字段。在"数据透视表字段列表"窗格中取消"数量"字段名前复选框的勾选。也可以直接用鼠标将数值区域中的"求和项:数量"拖到报表区域之外。

步骤 2：添加"销售额"字段。在"数据透视表字段列表"窗格中勾选"销售额"字段名前的复选框。或者用鼠标右键单击"销售额"字段，然后在弹出的快捷菜单中选择"添加到值"命令。还可以直接用鼠标将"销售额"字段拖到报表区域的数值框内。

修改后的数据透视表如图 10-19 所示。

求和项:数量	列标签					
行标签	佳能牌	金达牌	三工牌	三一牌	雪莲牌	总计
1月	89	198	45	100	134	566
2月	70	88	114		76	348
3月		144	20	74	100	338
4月	57	203	40	20	103	423
5月	70	142	107	60	62	441
6月	19	164	55	42	172	452
7月	22	230	95	78	135	560
8月	87	297	77	61	98	620
9月	61	127	70	41	55	354
10月	23	191	21	21	136	392
11月		210	109	65	108	492
12月	61	217	79	79	118	554
总计	559	2211	832	641	1297	5540

图 10-18　"日期"/"产品品牌"/"数量"数据透视表

求和项:销售额	列标签					
行标签	佳能牌	金达牌	三工牌	三一牌	雪莲牌	总计
1月	20665	39745	10460	21000	27048	118918
2月	14150	16280	27225		15080	72735
3月		29520	5300	15020	18700	68540
4月	11865	39855	9200	4400	21055	86375
5月	12950	26510	27695	13000	11478	91633
6月	4655	32030	12725	8380	35072	92862
7月	5390	44250	22735	15780	28169	116324
8月	18915	59115	19220	12600	20004	129854
9月	11285	23745	16450	8810	10435	70725
10月	5635	37730	5565	3990	27139	80059
11月		41120	25810	13410	20052	100392
12月	13685	40115	19000	16380	23874	113054
总计	119195	430015	201385	132770	258106	1141471

图 10-19　"日期"/"产品品牌"/"销售额"数据透视表

如果需要进一步分析不同时期各种规格产品的销售额，可以采用上述操作步骤，在列区域移去"产品品牌"字段，添加"产品规格"字段。再次重构的数据透视表如图 10-20 所示。

求和项:销售额	列标签				
行标签	A3	A4	B4	B5	总计
1月	47910	9000	19205	42803	118918
2月	36955		4485	31295	72735
3月	16300	4950	23850	23440	68540
4月	32590	4050	3510	46225	86375
5月	32315		15210	44108	91633
6月	33480	9000	14920	35462	92862
7月	53025		19326	43973	116324
8月	48735	15750	20884	44485	129854
9月	16450	4950		49325	70725
10月	23700	9000	18240	29119	80059
11月	30650	7875	7980	53887	100392
12月	38000		18594	56460	113054
总计	410110	64575	166204	500582	1141471

图 10-20　"日期"/"产品规格"/"销售额"数据透视表

如果需要更直观地显示不同时期各种规格产品的销售趋势，可以改用数据透视图展示分析结果。

其具体操作步骤如下。

步骤1：建立数据透视图。在"数据透视表"上下文选项卡的"选项"子卡的"工具"命令组中，单击"数据透视图"命令。系统会弹出"插入图表"对话框，并默认为数据透视表建立簇状柱形图。单击"确定"即可建立数据透视图。系统自动建立的数据透视图如图10-21所示。

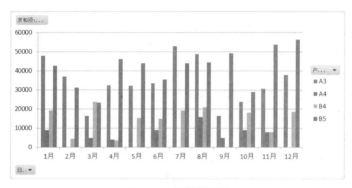

图10-21　数据透视图

步骤2：将图表类型更改为折线图。在"数据透视图工具"上下文选项卡"设计"子卡的"类型"命令组中，单击"更改图表类型"命令，系统弹出"更改图表类型"对话框。在图表类型列表框中选择"折线图"，然后单击"确定"。更改后的数据透视图如图10-22所示。

由于规格为"A4"的产品销售金额不太稳定，从现有图形看销售趋势不太明显，为此可以为该数据系列添加趋势线。具体操作步骤如下。

步骤1：打开"设置趋势线格式"对话框。右键单击数据透视图中"A4"数据系列折线，在系统弹出的快捷菜单中单击"添加趋势线"命令。系统弹出"设置趋势线格式"对话框。

步骤2：选择趋势线类型。在"设置趋势线格式"对话框的"趋势预测/回归分析类型"选项中选"移动平均"，在"周期"中选"2"，如图10-23所示。单击"确定"按钮。

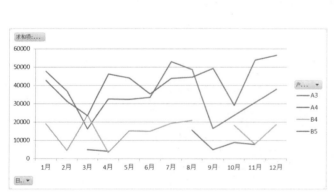

图10-22　更改图表类型后的数据透视图

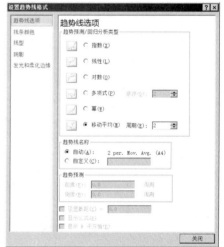

图10-23　"添加趋势线"对话框

添加了趋势线的数据透视图如图10-24所示。

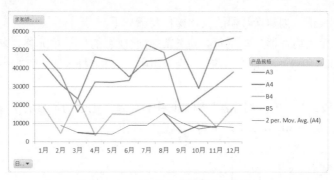

图 10-24　添加趋势线的数据透视图

10.4.2　业务员销售业绩分析

如果希望能够更清晰、更具体地分析每个业务员在不同时期、不同产品品牌的销售业绩。可以按下述方式建立数据透视表：以"日期"作为行字段，"数量"和"销售额"为数值字段。并将"业务员"和其他需要分析的若干字段，例如"产品规格"和"产品品牌"作为报表筛选字段。建立的数据透视表如图 10-25 所示。

有关销售信息的数据具有数据量大，更新频繁，统计汇总多样等特点，应用数据透视表可以快速准确地完成各种分析工作。例如对于图 10-25 所示的报表，如果需要制作有关的日报表、月报表或季报表，只需要为"日期"字段数据创建"日""月"或"季度"组合即可。图 10-26 是为"日期"字段创建了"月"组合而建立的销售月报。

	A	B	C
1	业务员	(全部)	
2	产品规格	(全部)	
3	产品品牌	(全部)	
4			
5	行标签	求和项:数量	求和项:销售额
6	2015/01/02	18	3330
7	2015/01/05	42	8805
8	2015/01/07	20	3700
9	2015/01/10	40	8400
10	2015/01/12	90	20500
11	2015/01/14	43	8253
12	2015/01/16	110	25950
13	2015/01/18	39	7320
14	2015/01/20	40	8800
15	2015/01/22	22	4070
16	2015/01/24	40	7300
17	2015/01/29	40	7320
18	2015/01/31	22	5170
19	2015/02/05	22	5830

图 10-25　包含报表筛选字段的数据透视表

	A	B	C
1	业务员	(全部)	
2	产品规格	(全部)	
3	产品品牌	(全部)	
4			
5	行标签	求和项:数量	求和项:销售额
6	1月	566	118918
7	2月	348	72735
8	3月	338	68540
9	4月	423	86375
10	5月	441	91633
11	6月	452	92862
12	7月	560	116324
13	8月	620	129854
14	9月	354	70725
15	10月	392	80059
16	11月	492	100392
17	12月	554	113054
18	总计	5540	1141471

图 10-26　销售月报

如果需要制作某个业务员，例如"杨东方"的月报，可以在数据透视表的报表筛选字段上，单击"业务员"字段的下拉箭头，然后在弹出的选项中选择"杨东方"即可。业务员"杨东方"的销售月报如图 10-27 所示。

如果需要进一步分析"杨东方"具体某个产品规格或某个产品品牌的销售情况，可以在数据透视表的报表筛选字段上，单击"产品规格"或"产品品牌"字段的下拉箭头，然后在弹出的选项中选择指定的产品规格或产品品牌即可。图 10-28 所示是指定了产品规格为"B5"的数据透视表。图 10-29 所示是指定了产品品牌为"金达牌"的数据透视表。

Excel 2010 版为数据透视表最新推出了切片器数据分析工具。每一个切片器对应数据透视表的一个字段，其中包含了该字段中的数据项。所以应用切片器实际上就是对字段进行筛选操作，但是使用起来更加方便和灵活。创建切片器的具体操作步骤如下。

步骤 1：打开“插入切片器”对话框。选定数据透视表的任一单元格，然后在“数据透视表”上下文选项卡的“选项”子卡的“排序和筛选”命令组中，单击“插入切片器”命令。系统弹出“插入切片器”对话框。

步骤 2：选择字段。在“插入切片器”对话框中，勾选要创建切片器的字段“业务员”“产品规格”和“产品名称”，如图 10-30 所示。单击“确定”按钮。

	A	B	C
1	业务员	杨东方	
2	产品规格	(全部)	
3	产品品牌	(全部)	
4			
5	行标签	求和项:数量	求和项:销售额
6	1月	110	25950
7	2月	40	7400
8	3月	22	4070
9	4月	125	24925
10	5月	21	4620
11	6月	102	20500
12	7月	173	39475
13	8月	204	42705
14	9月	22	4950
15	10月	56	12355
16	11月	70	12950
17	12月	70	12950
18	总计	1015	212850

图 10-27　业务员“杨东方”的个人销售月报

	A	B	C
1	业务员	杨东方	
2	产品规格	B5	
3	产品品牌	(全部)	
4			
5	行标签	求和项:数量	求和项:销售额
6	2月	40	7400
7	3月	22	4070
8	4月	85	15725
9	7月	18	3780
10	8月	142	26935
11	11月	70	12950
12	12月	70	12950
13	总计	447	83810

图 10-28　“产品规格”为“B5”的数据透视表

	A	B	C
1	业务员	杨东方	
2	产品规格	(全部)	
3	产品品牌	金达牌	
4			
5	行标签	求和项:数量	求和项:销售额
6	1月	40	8800
7	3月	22	4070
8	4月	85	15725
9	5月	21	4620
10	6月	40	9000
11	7月	40	8800
12	8月	65	12025
13	9月	22	4950
14	10月	33	6720
15	12月	70	12950
16	总计	438	87660

图 10-29　“产品品牌”为“金达牌”的数据透视表

图 10-30　“插入切片器”对话框

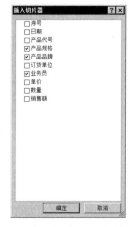

系统将在当前工作表上创建 3 个切片器，如图 10-31 所示。从图中可以看到已经创建了 3 个切片器，同时功能区也自动打开并切换到“切片器工具”上下文选项卡。应用该选项卡的命令可以对切片器的外观和样式等进行设置。

创建了切片器以后，可以方便地应用切片器对数据透视表进行筛选操作。例如要查看业务员“杨东方”关于“金达牌”品牌、“A4”和“B5”两种规格产品的销售情况，可以分别在不同的切片器中单击相应的项。如果在某个切片器中要选定连续或不连续的多个数据项，可以按住【Shift】键或【Ctrl】键单击相应的项。图 10-32 是应用切片器筛选后的数据透视表。其中切片器中选定的数据项高亮显示。

如果需要清除某个切片器设置的筛选条件，可以单击相应切片器右上角的“清除筛选器”按钮。如果某个切片器不再使用，可以选定该切片器后，按【Del】键删除指定的切片器。

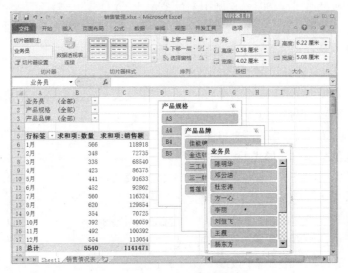

图 10-31　切片器应用界面

图 10-32　应用切片器筛选结果

通过以上示例，可以清楚地反映出数据透视表的强大功能和应用灵活性。而将其和数据透视图、趋势线等结合使用，则可以更好地分析、展示数据。

习　　题

一、选择题

1. 在数据透视表中，不能设置筛选条件的是（　　　）。

    A．报表筛选字段　　B．列字段　　　　　　C．行字段　　　　　　D．数值字段

2. 数据透视图中不能创建的图表类型是（　　　）。

    A．饼图　　　　　　B．气泡图　　　　　　C．雷达图　　　　　　D．曲面图

3. 对于数据透视表不能进行的操作是（　　　）。

    A．编辑　　　　　　B．排序　　　　　　　C．筛选　　　　　　　D．刷新

4. 在数据透视表的数值字段计算函数中不包含（ 　　 ）。

    A．排名   B．乘积   C．方差   D．标准偏差

5. 以下关于数据透视表的叙述中，正确的是（ 　　 ）。

    A．数据透视表只能在当前工作表之外新建

    B．数据透视表一经建立就不能变动

    C．数据透视表的调整会同步影响数据透视图

    D．数据透视表的源数据只能来自同一个工作表

6. 数据透视表的报表布局形式不包含（ 　　 ）。

    A．表单形式   B．表格形式   C．压缩形式   D．大纲形式

7. 在数据透视表中，值显示的方式不包含（ 　　 ）。

    A．升序排序   B．降序排序   C．自定义排序   D．差异百分比

8. 以下关于数据透视表的叙述中，正确的是（ 　　 ）。

    A．数据透视表的报表筛选字段最多设置 3 个

    B．数据透视表的字段调整只用鼠标拖曳无法实现

    C．数据透视表的行字段和列字段无法设置筛选条件

    D．数据透视表的数值字段必须是数值类型

9. 数据透视表必须包含（ 　　 ）。

    A．报表筛选字段   B．列字段   C．行字段   D．数值字段

10. 以下关于数据透视表的切片器的叙述中，正确的是（ 　　 ）。

    A．一个切片器只能对应一个字段

    B．一个切片器只能指定一个数据项

    C．切片器只能指定一个或连续的多个字段

    D．切片器只能对应数据透视表中已有的字段

二、填空题

1. 创建数据透视表应在_____选项卡中单击"数据透视表"命令。

2. 在数据透视表的报表筛选字段中如果希望选择多个选项，应勾选_____复选框。

3. 在数据透视表中除了可以使用字段设置筛选条件以外，还可以应用_____筛选要分析的数据。

4. 数据透视图与一般图表的最大区别是具有良好的_____。

5. "数据透视图工具"上下文选项卡中包含"设计""布局""格式"和_____子卡。

三、问答题

1. 数据透视表具有什么特性？

2. 建立数据透视表的关键步骤是什么？

3. 数据透视表的计算可以使用哪些函数？

4. 数据透视表中通常可以对哪种数据字段设置组合？

5. 数据透视表如何查看明细数据？

6. 数据透视表的内容如何更新？

7. 如何将数据透视表的数据改用数据透视图显示？

实　　训

1. 根据销售情况工作表的数据，建立分析不同订货单位、各种品牌的销售数量的数据透视表。

2. 将上述数据透视表的计算函数改为"计数"。将显示方式改为以"产品规格"为基本字段，"A3"为基本项的"差异"显示方式。

3. 根据销售情况工作表的数据，建立以"业务员"为报表筛选字段，"日期"为行字段，"订货单位"为列字段，"销售额"为数值字段的数据透视表。

4. 将上述数据透视表转换为数据透视图方式显示，并将图表类型更改为"折线图"。

5. 为上述数据透视表创建"业务员""产品品牌"和"订货单位"3 个切片器，并设置不同的筛选条件。

第11章 | 分析数据

内容提要

本章主要介绍 Excel 在数据分析方面的应用，分别通过不同的应用实例说明了 Excel 的模拟运算表、单变量求解、方案、规划求解等数据分析工具的功能、特点、适应范围和使用方法。Excel 的数据分析工具功能强大，使用方便，掌握和用好数据分析工具，能够为管理决策提供更为有效的信息。

主要知识点

- 单变量模拟运算表
- 双变量模拟运算表
- 单变量求解
- 方案分析
- 规划求解
- 回归分析

除了各种计算函数之外，Excel 还为金融分析、财政决算、工程核算、计划管理等数据处理提供了许多分析工具。其中模拟运算表、单变量求解、方案分析、规划求解和回归分析等是最为常用的几个工具。相对来说，使用这些工具来分析处理数据更为方便、快捷和高效。

11.1 | 模拟运算表

模拟运算表是对一个单元格区域中的数据进行模拟运算，测试在公式中使用变量时，变量值的变化对公式运算结果的影响。在 Excel 中可以构造两种类型的模拟运算表：单变量模拟运算表和双变量模拟运算表。前者测试一个输入变量的变化对公式的影响，后者可以测试两个输入变量的变化对公式的影响。

11.1.1 单变量模拟运算表

在单变量模拟运算表中，输入的数据值需要放在同一行或同一列中，并且，单变量模拟运算表中使用的公式必须要引用"输入单元格"。输入单元格是指模拟运算表中其值不确定而需要用输入行或输入列的单元格中的值替换的单元格。

例如：某公司计划贷款 1 000 万元，年限为 10 年，目前的年利率为 3%，需要计算出分月偿还时每个月的偿还额。

利用 Excel 的 PMT 函数可以直接计算出每月的偿还额。但根据宏观经济的发展情况，国家会通过调整利率对经济发展进行宏观调控。投资人为了更好地进行决策，需要全面了解利率变动对偿贷能力的影响。一般的应用可以通过直接修改"利率"单元格的数值来查看"月偿还额"单元格数据的变化情况，观测到在某一利率条件下每月的偿还额，方便将不同利率下相对应的偿还额进行对比。使用单变量模拟运算表可以更直观地以表格的形式，将偿贷能力与利率变化的关系在工作表上列出来，供投资人参考。

用单变量模拟运算表解决此问题的步骤如下。

步骤1：在工作表中输入有关参数，如图11-1所示。

步骤2：利用PMT函数计算出每月的偿还额。选定B5单元格，打开"插入函数"对话框，选择"财务"类别中的PMT函数，然后在弹出的"函数参数"对话框中输入有关参数。在"Rate"栏中填入B3/12，其中B3为存放年利率的单元格。因为要计算的偿还额是按月计算的，所以要将年利率除以12，将其转换成月利率。同样道理，在"Nper"栏中输入B4*12，即付款期总数为贷款年度10乘以12，为120。在"Pv"栏中输入B2，即贷款总额所在的单元格。"Fv"和"Type"栏均可忽略，如图11-2所示。

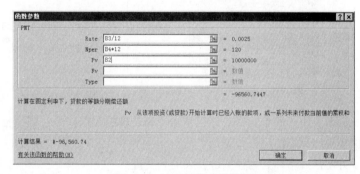

图11-1 贷款分析有关参数　　　　　　　图11-2 PMT函数参数设置结果

最后该函数的计算结果为"-96 560.7447"，即在年利率为3%，年限为10年的条件下，每月需偿还约96 560.74元，如图11-3所示。

图11-3 月偿还额计算结果

注意　因为该函数的计算结果为每月的偿还额，是支出项，所以为负值。

步骤3：输入模拟数据和计算公式。选择某个单元格区域作为模拟运算表存放区域，本例选择A7：B16单元格区域。在该区域的最左列即A8:A16单元格区域输入假设的利率变化范围的数据，本例为2.25%、2.50%、2.75%、…、4.25%。在模拟运算表区域的第2列第1行（即B7单元格）输入计算月偿还额的计算公式=PMT (B3/12,B4*12,B2)，然后选定整个模拟运算表区域（即A7:B16），如图11-4所示。

模拟数据系列通常是等差或是等比数列，可利用 Excel 的自动填充功能快速建立。

步骤4：执行"模拟运算表"命令。在"数据"选项卡的"数据工具"命令组中，单击"模拟分析"→"模拟运算表"命令，系统弹出"模拟运算表"对话框。在该对话框的"输入引用列的单元格"框中输入$B$3，如图11-5所示。单击"确定"按钮。

图11-4 选定整个模拟运算表区域   图11-5 "模拟运算表"对话框

所谓引用列的单元格，即模拟运算表的模拟数据（最左列数据）要代替公式中的单元格地址。本例模拟运算表的模拟数据是"利率"，所以指定$B$3为引用列的单元格，即年利率所在的单元格。为了方便，通常称其为模拟运算表的列变量。

模拟运算表的计算结果如图11-6所示。

图11-6 模拟运算表的计算结果

在已经生成的模拟运算表中，单元格区域 B8:B16 中的公式为"{=TABLE(,B3)}"，表示一个以 B3 为列变量的模拟运算表。表中原有的数值和公式都可以修改，如本例中的 A8:A16，B7；而结果区域不能被修改，如本例中的 B8:B16。当修改模拟数据时，模拟运算表的数据会自动重新计算。

单变量模拟运算表的模拟数据，既可以纵向按列组织，也可以横向按行组织。如果要建立按行组织模拟数据的模拟运算表，基本步骤如下。

步骤 1：在工作表中输入有关参数。

步骤 2：利用 PMT 函数计算出每月的偿还额。

步骤 3：输入模拟数据和计算公式。选择 D3:M4 作为模拟运算表存放区域。在 E3:M3 单元格区域输入假设的利率变化范围数据：2.25%、2.50%、2.75%、…、4.25%，在模拟运算表的第 1 列第 2 行即 D5 单元格输入模拟运算表的计算公式，然后选定整个模拟运算表区域（即 D4:J5），如图 11-7 所示。

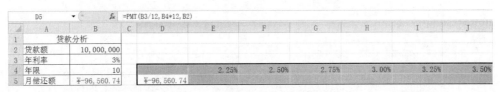

图 11-7　横向的模拟运算表区域

步骤 4：执行"模拟运算表"命令。在"数据"选项卡的"数据工具"命令组中，单击"模拟分析"→"模拟运算表"命令，系统弹出"模拟运算表"对话框。在该对话框的"输入引用行的单元格"框中输入$B$3，单击"确定"按钮。模拟运算表计算结果如图 11-8 所示。

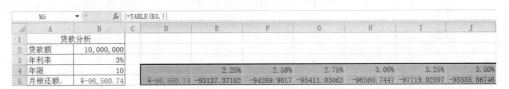

图 11-8　横向的模拟运算表运算结果

在该模拟运算表中，模拟数据"利率"位于模拟运算表的最上方一行，所以指定$B$3 为引用行的单元格，它也被称为模拟运算表的行变量。

除了用于贷款分析之外，其他需要分析单个决策变量变化对某个计算公式的影响时，也可以使用单变量模拟运算表工具。例如要分析不同工时费用对产品成本的影响，不同年化收益率对理财产品收益的影响，不同房贷周期对还款额度的影响等。

11.1.2　双变量模拟运算表

单变量模拟运算表只能解决一个输入变量对一个或多个公式计算结果的影响，如果想查看两个变量变化对公式计算结果的影响就需要用到双变量模拟运算表。例如上例中，如果不仅要考虑利率的变化，还需要分析不同贷款年限的选择对偿还额的影响，则可以使用双变量模拟运算表。

双变量模拟运算表的操作步骤与单变量模拟运算表的类似，下面仍使用贷款分析示例说明建立双变量模拟运算表的具体操作步骤。

步骤 1：选定某个单元格区域作为模拟运算表存放区域。本例选定 A7:F16 作为模拟运算表选定区域。

步骤 2：在模拟运算表区域的第一列和第一行分别输入两个可变变量的模拟数据。本例在模拟运算表区域的最左列（即 A8:A16 单元格区域）输入假设的利率变化范围数据，在模拟运算表区域的第 1 行（即 B7:F7 单元格区域）输入可能的贷款年限数据。

步骤 3：在模拟运算表区域左上角的单元格输入计算公式。本例在 A7 单元格中输入计算月偿还额的计算公式，然后选定整个模拟运算表区域，如图 11-9 所示。

步骤4：执行"模拟运算表"命令。在"数据"选项卡的"数据工具"命令组中，单击"模拟分析"→"模拟运算表"命令，系统弹出"模拟运算表"对话框。在"模拟运算表"对话框的"输入引用行的单元格"框中输入$B$4，在"输入引用列的单元格"框中输入$B$3，单击"确定"按钮，得出双变量模拟运算表的计算结果，如图11-10所示。

	A	B	C	D	E	F
	A7		fx	=PMT(B3/12, B4*12, B2)		
1		贷款分析				
2	贷款额	10,000,000				
3	年利率	3%				
4	年限	10				
5	月偿还额	¥-96,560.74				
6						
7	¥-96,560.74	5	10	15	20	25
8	2.25%					
9	2.50%					
10	2.75%					
11	3.00%					
12	3.25%					
13	3.50%					
14	3.75%					
15	4.00%					
16	4.25%					

图11-9　选定整个模拟运算表区域

	A	B	C	D	E	F
	F16		fx	{=TABLE(B4,B3)}		
1		贷款分析				
2	贷款额	10,000,000				
3	年利率	3%				
4	年限	10				
5	月偿还额	¥-96,560.74				
6						
7	¥-96,560.74	5	10	15	20	25
8	2.25%	¥-176,373.45	¥-93,137.37	¥-65,505.48	¥-51,780.83	¥-43,613.07
9	2.50%	¥-177,473.62	¥-94,269.90	¥-66,678.92	¥-52,990.29	¥-44,861.67
10	2.75%	¥-178,578.10	¥-95,411.03	¥-67,862.16	¥-54,216.63	¥-46,131.09
11	3.00%	¥-179,686.91	¥-96,560.74	¥-69,058.16	¥-55,459.76	¥-47,421.13
12	3.25%	¥-180,800.02	¥-97,719.03	¥-70,266.88	¥-56,719.58	¥-48,731.62
13	3.50%	¥-181,917.45	¥-98,885.87	¥-71,488.25	¥-57,995.97	¥-50,062.36
14	3.75%	¥-183,039.18	¥-100,061.24	¥-72,722.24	¥-59,288.83	¥-51,413.12
15	4.00%	¥-184,165.22	¥-101,245.14	¥-73,968.79	¥-60,598.03	¥-52,783.68
16	4.25%	¥-185,295.56	¥-102,437.53	¥-75,227.84	¥-61,923.45	¥-54,173.81

图11-10　双变量模拟运算表的计算结果

双变量模拟运算表中 B8:F16 单元格区域的计算公式为"{=TABLE(B4,B3)}"，表示其是一个以 B4 为行变量，B3 为列变量的模拟运算表。

11.2 单变量求解

模拟运算表可以实现模拟不同变量的变化，计算可能达到的最终目标。有些应用需求恰恰相反，需要根据预先设定的目标来分析要达到该目标所需实现的具体指标。在进行这样的分析时，往往由于计算方法较为复杂或许多因素交织在一起而很难进行，这时可以利用 Excel 提供的单变量求解命令来完成计算。以下通过具体示例说明单变量求解命令的应用方法。

图 11-11 所示为某公司编制的损益简表，假设该公司下个月的利润总额指标要达到 150 000 元，请分析在其他条件基本保持不变的情况下，产品销售收入需要增加到多少。

在本例中，产品销售成本、产品销售费用以及产品销售税金及附加金额均是与产品销售收入有关的公式计算出来的，其计算公式如下。

产品销售成本=产品销售收入×44.5%

产品销售费用=产品销售收入×5%

产品销售税金及附加金额=产品销售收入×40%

管理费用=产品销售收入×1.05%

财务费用=产品销售收入×0.2%

在此基础上分别可以计算出产品销售利润和营业利润，最后计算出利润总额。由于利润总额与产品销售收入的关系不是简单的同量增加的关系（即不是销售收入增加 1 元，利润总额也增加 1 元），也不是简单的同比例增长关系（即不是销售收入增加 1 元，利润总额按 70%比例增加 0.7 元），而可能要涉及其他多方面因素，例如，销售收入增加，可能导致销售成本、销售费用等开支的增加。

要手工完成这些计算是比较复杂的，需要根据工作表中的计算公式一项一项的进行倒推计算。但如果利用单变量求解命令就可以方便地完成计算。

应用单变量求解命令计算的步骤如下。

步骤1：打开"单变量求解"对话框。在"数据"选项卡的"数据工具"命令组中，单击"模拟分析"→"单变量求解"命令。系统弹出"单变量求解"对话框，如图 11-12 所示。

	A	B
1	项目	本月数
2	一. 产品销售收入	1402700.00
3	减: 产品销售成本	624201.50
4	产品销售费用	70135.00
5	产品销售税金及附加金额	561080.00
6	二. 产品销售利润	147283.50
7	加: 其他业务利润	28054.00
8	减: 管理费用	14728.35
9	财务费用	2805.40
10	三. 营业利润	157803.75
11	加: 投资收益	18700.00
12	营业外收入	10938.80
13	减: 营业外支出	45987.20
14	四. 利润总额	141455.35

图 11-11　损益简表

图 11-12　"单变量求解"对话框

打开"单变量求解"对话框前的当前单元格地址，会自动填到"单变量求解"对话框的"目标单元格"框中。

步骤2：输入单变量求解有关参数。选定目标单元格 B14，在"目标值"框中输入预定的目标 150000；在"可变单元格"框中输入产品销售收入所在的单元格地址 B2，也可选定"可变单元格"框后，直接单击 B2 单元格。

步骤3：执行单变量求解命令。单击"单变量求解"对话框中的"确定"按钮，系统弹出"单变量求解状态"对话框，如图 11-13 所示。说明已找到一个解，并与所要求的解一致。单击"确定"按钮。

最终求解的结果如图 11-14 所示。可以看出要达到利润总额增加到 150 000 元，产品销售收入需要增加到 1 495 074 元。也就是说利润总额要增加 8 544 元，销售收入需要增加 92 374 元。

图 11-13 "单变量求解状态"对话框

	A	B
1	项目	本月数
2	一. 产品销售收入	1495074.59
3	减: 产品销售成本	665308.19
4	产品销售费用	74753.73
5	产品销售税金及附加金额	598029.84
6	二. 产品销售利润	156982.83
7	加: 其他业务利润	28054.00
8	减: 管理费用	15698.28
9	财务费用	2990.15
10	三. 营业利润	166348.40
11	加: 投资收益	18700.00
12	营业外收入	10938.80
13	减: 营业外支出	45987.20
14	四. 利润总额	150000.00

图 11-14 单变量求解的计算结果

注意 使用单变量求解命令的关键是在工作表上建立正确的数学模型，即通过有关的公式和函数描述清楚相应数据之间的关系。这是保证分析结果有效和正确的前提。例如上例中，目标单元格 B14 的值是根据 B10 等单元格计算出来的，而 B10 的值又是根据 B6 等单元格计算出来的，最后 B6 单元格的值则是根据指定的可变单元格 B2 等单元格计算出来的，其中还有多个中间单元格的值直接或间接与 B2 单元格相关。

所以，只要能够正确描述各变量之间的制约关系，单变量求解工具在许多领域中都可以直接应用。例如 11.1.1 中的贷款分析问题，如果需要在已知利率、还贷期限和还款能力的情况下，计算可贷款额度的上限，就可以使用单变量求解工具完成。又如，求解一元多次方程，只要给出方程式的公式，也可以使用单变量求解工具计算。

在 Excel 中，单变量求解是通过迭代来实现的，即通过不断修改可变单元格中的值逐个地测试数值，直到求得的解是目标单元格中的目标值，或在目标值的精度许可范围内。

许多时候，不可能求得与目标值完全匹配的结果，只需得出单变量求解的近似解即可，这时，就需要指定最多迭代次数或精确度。操作方法如下：单击"文件"→"选项"，在弹出的"Excel 选项"对话框中选择"公式"，然后在"计算选项"中设置"最多迭代次数"和"最大误差"，如图 11-15 所示。

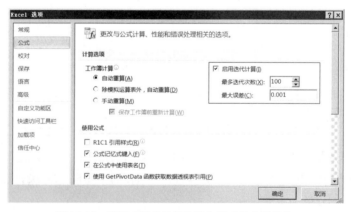

图 11-15 设置"最多迭代次数"和"最大误差"

11.3 方案分析

单变量求解只能解决具有一个未知变量的问题，模拟运算表最多只能解决两个变量变化引起的问题。如果要解决包括更多可变因素的问题，或是要在多种假设分析中找出最佳执行方案，上述两种工具就无法实现了，这时可以使用 Excel 的方案分析工具来完成。

Excel 的方案分析主要用于多方案求解问题，利用方案管理器，模拟不同方案的大致结果，根据多个方案的对比分析，考查不同方案的优劣，从中寻求最佳的解决方案。本节以图 11-11 所示的某公司编制的损益简表为例，说明如何通过建立和比较"增加收入""减低成本"和"减少费用"等不同方案，分析它们对"利润总额"指标的影响。损益简表中 B2:B5、B7:B9、B11:B13 单元格区域的原始数据来自上一周期的收支平衡表，B6、B10和 B14 单元格中是产品销售利润、营业利润和利润总额的计算公式。有关公式如图 11-16 所示。

	A	B
1	项目	本月数
2	一. 产品销售收入	1402700
3	减: 产品销售成本	624201.5
4	产品销售费用	70135
5	产品销售税金及附加额	561080
6	二. 产品销售利润	=B2-B3-B4-B5
7	加: 其他业务利润	28054
8	减: 管理费用	14728.35
9	财务费用	2805.4
10	三. 营业利润	=B6+B7-B8-B9
11	加: 投资收益	18700
12	营业外收入	10938.8
13	减: 营业外支出	45987.2
14	四. 利润总额	=B10+B11+B12-B13

图 11-16 "损益简表"中的计算公式

11.3.1 命名单元格

在应用方案分析工具之前，首先应做些准备工作。为了使创建的方案能够明确地显示有关变量，以及将来在进行方案总结时便于阅读方案摘要报告，需要先给有关变量所在的单元格命名。其具体操作步骤如下。

步骤 1：输入有关指标名称。在存放有关变量数据单元格的右侧单元格中输入相应指标的名称，然后选定要命名的单元格区域和单元格名称区域 B2:C14，如图 11-17 所示。

步骤 2：打开"以选定区域创建名称"对话框。在"公式"选项卡的"定义的名称"命令组中，单击"根据所选内容创建"命令，系统弹出"以选定区域创建名称"对话框。

步骤 3：指定有关选项。在"以选定区域创建名称"对话框中勾选"最右列"复选框，如图 11-18所示。单击"确定"按钮。

	A	B	C
1	项目	本月数	
2	一. 产品销售收入	1402700.00	销售收入
3	减: 产品销售成本	624201.50	销售成本
4	产品销售费用	70135.00	销售费用
5	产品销售税金及附加额	561080.00	销售税金
6	二. 产品销售利润	147283.50	销售利润
7	加: 其他业务利润	28054.00	其他利润
8	减: 管理费用	14728.35	管理费用
9	财务费用	2805.40	财务费用
10	三. 营业利润	157803.75	营业利润
11	加: 投资收益	18700.00	投资收益
12	营业外收入	10938.80	营业外收入
13	减: 营业外支出	45987.20	营业外支出
14	四. 利润总额	141455.35	利润总额

图 11-17 选定要命名的单元格区域和单元格名称区域

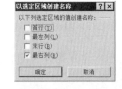

图 11-18 "以选定区域创建名称"对话框

这样 Excel 将 B2:B14 单元格区域的每个单元格分别以 C2:C14 单元格的内容命名。可以在"公式"选项卡的"定义的名称"命令组中，单击"名称管理器"。在系统弹出的"名称管理器"对话框中查看和编辑单元格的命名情况，如图 11-19 所示。

如果希望工作表中的计算公式自动将有关单元格的引用改成已定义的名称，可以执行应用名称的操作。在"公式"选项卡的"定义的名称"命令组中，单击"定义名称"按钮的右侧下拉箭头→"应用名称"命令，系统弹出"应用名称"对话框。在该对话框中逐个选定需要应用的名称，如图 11-20

所示。单击"确定"按钮。

此时所有计算公式中，那些引用已定义名称的单元格都将被相应的名称替代，使得计算公式的意义更加明确。单元格命名后的工作表和单元格中的公式如图11-21所示。

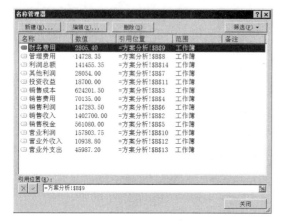

图11-19 "名称管理器"对话框

图11-20 "应用名称"对话框

	A	B
1	项目	本月数
2	一. 产品销售收入	1402700
3	减: 产品销售成本	624201.5
4	产品销售费用	70135
5	产品销售税金及附加额	561080
6	二. 产品销售利润	=销售收入-销售成本-销售费用-销售税金
7	加: 其他业务利润	28054
8	减: 管理费用	14728.35
9	财务费用	2805.4
10	三. 营业利润	=销售利润+其他利润-管理费用-财务费用
11	加: 投资收益	18700
12	营业外收入	10938.8
13	减: 营业外支出	45987.2
14	四. 利润总额	=营业利润+投资收益+营业外收入-营业外支出

图11-21 单元格命名以后的工作表

在创建方案前先将相关的单元格定义为易于理解的名称，可以在后续的创建方案过程中简化操作，也可以让将来生成的方案摘要更具可读性。这一步不是必需的，但却是非常有意义的。

11.3.2 创建方案

创建方案是方案分析的关键，应根据实际问题的需要和可行性来创建各个方案。下面逐一创建所需的各个方案。

步骤1：打开"方案管理器"对话框。在"数据"选项卡的"数据工具"命令组中，单击"模拟分析"→"方案管理器"命令。系统弹出"方案管理器"对话框。由于现在还没有任何方案，因此"方案管理器"对话框中间显示"未定义方案"的信息，如图11-22所示。

步骤2：打开"添加方案"对话框。单击"添加"按钮，出现"添加方案"对话框。

步骤3：输入有关方案信息。在"添加方案"对话框的"方案名"框中输入方案的名称，这里输入增加收入，然后指定"销售收入"和"营业外收入"所在的单元格为可变单元格，如图11-23所示。单击"确定"按钮。出现"方案变量值"对话框，框中显示可变单元格原来的数据。在相应的框中输入方案模拟数值，如图11-24所示。

注意

在可变单元格中需要输入"销售收入"和"营业外收入"两个单元格的地址，在选定一个单元格后，可以按住【Ctrl】键再单击另一个单元格。也可以直接输入两个单元格的地址，两个单元格地址之间用逗号分隔。

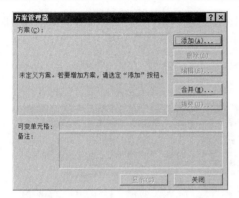

图 11-22　"方案管理器"对话框

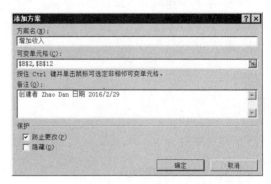

图 11-23　"添加方案"对话框

步骤4：创建方案。单击"确定"按钮，"增加收入"方案创建完毕，相应的方案自动添加到"方案管理器"的方案列表中。

步骤5：按照上述步骤可依次建立"减少费用"和"降低成本"两个方案。这时的"方案管理器"对话框如图 11-25 所示。

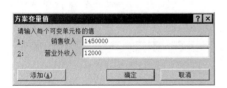

图 11-24　"方案变量值"对话框

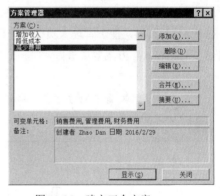

图 11-25　建立三个方案

方案创建完成以后，可以在"方案管理器"对话框的"方案"列表中，选定某一方案，单击"显示"按钮，来查看这个方案对利润总额的影响。执行上述操作后，在方案中保存的变量值将会替换工作表中可变单元格中的数据。

同时，还可以通过"方案管理器"对话框中的"编辑""删除"按钮来修改、删除已建立的方案。

11.3.3　建立方案总结报告

应用"方案管理器"对话框中的"显示"按钮只能一个方案、一个方案地查看，如果能将所有方案汇总到一个工作表中，形成一个方案报告，然后再对不同方案的影响进行比较分析，将更有助于决策人员综合考查各种方案的效果。Excel 的方案工具可以根据需要对多个方案创建方案总结，具体操作步骤如下。

步骤1：打开"方案管理器"对话框。在"数据"选项卡的"数据工具"命令组中，单击"模拟分析"→"方案管理器"命令。系统弹出"方案管理器"对话框。

步骤2：打开"方案摘要"对话框。单击"方案管理器"对话框中的"摘要"按钮，出现"方案摘要"对话框，如图11-26所示。

步骤3：指定生成方案摘要的"报表类型"和"结果单元格"。在"方案摘要"对话框中选择"报表类型"为"方案摘要"，在"结果单元格"框中指定"利润总额"所在的单元格B14，单击"确定"按钮。系统自动创建一个新的名为"方案摘要"的工作表，有关内容如图11-27所示。

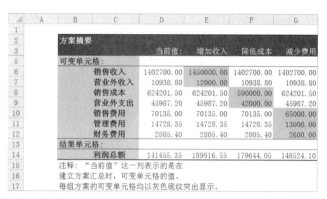

图11-27   方案摘要工作表

图11-26   "方案摘要"对话框

在方案摘要中，"当前值"列显示的是在建立方案汇总时，可变单元格原来的数值。每组方案的可变单元格均以灰色底纹突出显示。根据各方案的模拟数据计算出的目标值也同时显示在摘要中（单元格区域D14:G14），便于管理人员比较分析。比较3个方案的结果单元格"利润总额"的数值，可以看出"增加收入"方案效果最好，"降低成本"方案次之，"减少费用"方案对目标值的影响最小。

对于比较简单的方案，一般情况下可选择"方案摘要"类型，如果方案比较复杂多样，或者需要对方案总结的结果做进一步分析，可选择"方案数据透视表"。

11.4 规划求解

以上介绍的一些方法可以求解信息管理工作中的许多问题，但也存在一定的局限性。模拟运算表只能分析一两个决策变量对最终目标的影响，方案分析在可行方案过多时操作会比较繁琐；单变量求解只能通过一个变量的变化求得一个目标值。在实际工作中往往会有众多因素、无数方案需要计算、比较和分析，从中选择出最优方案。例如，人员调度、材料调配、运输规划等问题，都是希望能够合理地利用有限的人力、物力、财力等资源，得到最佳的经济效果，即达到产量最高、利润最大、成本最小、资源消耗最少等目标。解决这些问题时通常要涉及众多的关联因素，复杂的数量关系，只凭经验进行简单估算显然是不行的，逐个方案去计算比较，则计算量太大。传统上，对于这样的问题都是使用线性规划、非线性规划和动态规划等方法来解决的，为此，人们还建立了一个数学分支——运筹学。但这些方法的缺点是即使最简单的问题，用手工解决过程也非常复杂，计算量也非常大。这种工作显然比较适合用计算机来完成。Excel 的规划求解工具可以较好地解决上述问题。利用该工具，可以避开难懂的细节，方便快捷地计算出各种规划问题的最佳解。

规划问题种类繁多，归结起来可以分成两类：一类是确定了某个任务，研究如何使用最少的人力、物力和财力去完成它；另一类是已经有了一定数量的人力、物力和财力，研究如何使它们获得最大的收益。从数学角度来看，规划问题都有下述 3 个共同特征。

（1）决策变量：每个规划问题都有一组需要求解的未知数（$x_1, x_2, \cdots, x_n$），称为"决策变量"。这组决策变量的一组确定值就代表一个具体的规划方案。

（2）约束条件：对于规划问题的决策变量通常都有一定的限制条件，称为"约束条件"。约束条件通常用包含决策变量的不等式或等式来表示。

（3）目标函数：每个问题都有一个明确的目标，如利润最大或成本最小。目标通常是用与决策变量有关的表达式表示，称为"目标函数"。

如果约束条件和目标函数都是线性函数，则称为线性规划；否则为非线性规划。如果要求决策变量的值为整数，则称为整数规划。

11.4.1   安装规划求解工具

规划求解是 Excel 的一个加载项，一般安装时默认不加载规划求解工具。如果需要使用规划求解工具，必须手工先加载。其具体操作步骤如下。

步骤 1：打开"加载宏"对话框。在"开发工具"选项卡的"加载项"命令组中，单击"加载项"命令，系统弹出"加载宏"对话框。

步骤 2：选定"规划求解"加载宏。在"加载宏"对话框的"可用加载宏"列表中勾选"规划求解"复选框，如图 11-28 所示。单击"确定"按钮。

Excel 将安装"规划求解"工具。这以后的 Excel "数据"选项卡中将会增加"分析"命令组，其中会包含"规划求解"命令。

图 11-28   "加载宏"对话框

11.4.2   建立规划模型

在进行规划求解时首先要将实际问题数学化、模型化，即将实际问题用一组决策变量、一组用不等式或等式表示的约束条件以及目标函数来表示，这是求解规划问题的关键。然后才可以应用 Excel 的规划求解工具求解。

例如：某企业要制定下一年度的生产计划。按照合同规定，该企业第一季度到第四季度需分别向客户供货 80、60、60 和 90 台。该企业的季度最大生产能力为 130 台，生产费用为 $f(x) = 80 + 98x - 0.12x^2$（元），这里的 x 为季度生产的台数。该函数反映出生产规模越大，平均生产费用越低。若生产数量大于交货数量，多余部分可以下季度交货，但企业需支付每台 16 元的库存费用。所以生产规模过大，超过交货数量太多，将增加库存费用。那么如何安排各季度的产量，才能既满足供货合同，同时使得企业的各种费用之和最小呢？

这个问题是一个典型的非线性规划问题。先将其模型化，即根据实际问题确定决策变量，设置约束条件和目标函数。

（1）决策变量。

该问题的决策变量为一季度、二季度、三季度和四季度的产量，设其分别为 x_1、x_2、x_3 和 x_4。

（2）约束条件。

$$交货数量约束\begin{cases} x_1 \geqslant 80 \\ x_1 + x_2 \geqslant 140 \\ x_1 + x_2 + x_3 \geqslant 200 \\ x_1 + x_2 + x_3 + x_4 \geqslant 290 \end{cases}$$

$$生产能力约束\begin{cases} x_1 \leqslant 130 \\ x_2 \leqslant 130 \\ x_3 \geqslant 130 \\ x_4 \geqslant 130 \end{cases}$$

（3）目标函数。

该问题的目标是企业的费用最小，费用为生产费用 P 和可能发生的存储费用 S 之和，用公式表示则分别为

$$P = \sum_{i=1}^{4} \left(80 + 98x_i - 0.12x_i^2 \right)$$

$$S = \sum_{i=1}^{4} 16y_i$$

则目标函数 Z 为

$$\min Z = P + S$$

其中 y 为实际生产数量与交货数量之差。

11.4.3　输入规划模型

建立好规划模型后，下一步工作是将规划模型的有关数据和公式输入到工作表中，具体步骤如下。

步骤1：输入有关参数。在工作表的 B5:B8 单元格区域输入一季度到四季度的应交货数量。在 C5:C8 单元格区域存放需要计算求解的一季度到四季度的生产数量，设置其初始值与应交货数量相同，可以直接将 B5:B8 单元格区域的内容复制到 C5:C8 单元格区域。在 G5:G8 单元格区域输入生产能力限制。

步骤2：建立有关计算公式。在 D5 单元格建立计算一季度生产费用的公式=80+98*C5-0.12*C5^2，并将其填充到 D6:D8 单元格区域，计算出其他季度的生产费用。在 E5 单元格建立计算一季度存储数量的公式=C5-B5，即等于一季度的生产数量减去一季度的应交货数量。在 E6 单元格建立计算二季度存储数量的公式=E5+C6-B6，即等于一季度的存储数量加上二季度的生产数量减去二季度的应交货数量。将其填充到 E7:E8 单元格区域，计算出三季度和四季度的存储数量。在 F5 单元格建立计算一季度存储费用的公式=16*E5，并将其填充到 F6:F8 单元格区域，计算出其他季度的存储费用。在 H5 单元格建立计算一季度可交货数量的公式=C5，即应等于一季度的生产数量。在 H6 单元格建立计算二季度可交货数量的公式=E5+C6，即等于一季度的存储数量加上二季度的生产数量。将其填充到 H7:H8 单元格区域，计算出三季度和四季度的可交货数量。在 B9:F9 单元格区域输入计算应交货数量、生产数量、生产费用、存储数量、存储费用合计的公式。最后在 B2 单元格输入计算目标函数的公式=D9+F9，即等于生产费用和存储费用的总和。

计算结果如图 11-29 所示。

B2 f_x =D9+F9

	A	B	C	D	E	F	G	H
1	规划求解							
2	目标函数	26136						
3								
4		应交货数量	生产数量	生产费用	存储数量	存储费用	生产能力	可交货数量
5	第一季	80	80	7152	0	0	130	80
6	第二季	60	60	5528	0	0	130	60
7	第三季	60	60	5528	0	0	130	60
8	第四季	90	90	7928	0	0	130	90
9	合计	290	290	26136	0	0		

图 11-29　初始生产方案结果

可以看出，按照应交货数量安排生产计划时，生产费用为 26 136 元，存储费用为 0 元，总的费用为 26 136 元。

如果按照均衡生产方式安排生产，即按 80、70、70 和 70 的数量安排生产计划，计算结果如图 11-30 所示。

B2 f_x =D9+F9

	A	B	C	D	E	F	G	H
1	规划求解							
2	目标函数	26688						
3								
4		应交货数量	生产数量	生产费用	存储数量	存储费用	生产能力	可交货数量
5	第一季	80	80	7152	0	0	130	80
6	第二季	60	70	6352	10	160	130	70
7	第三季	60	70	6352	20	320	130	80
8	第四季	90	70	6352	0	0	130	90
9	合计	290	290	26208	30	480		

图 11-30　均衡生产方案结果

这时的生产费用和存储费用分别为 26 208 元和 480 元，总费用为 26 688 元，效益不如初始生产方案好。

通过生产函数可知，生产规模越大，单位生产费用越低。考查按 130、10、130 和 20 的数量安排生产计划，计算结果如图 11-31 所示。

B2 f_x =D9+F9

	A	B	C	D	E	F	G	H
1	规划求解							
2	目标函数	26544						
3								
4		应交货数量	生产数量	生产费用	存储数量	存储费用	生产能力	可交货数量
5	第一季	80	130	10792	50	800	130	130
6	第二季	60	10	1048	0	0	130	60
7	第三季	60	130	10792	70	1120	130	130
8	第四季	90	20	1992	0	0	130	90
9	合计	290	290	24624	120	1920		

图 11-31　规模生产方案结果

该方案的生产费用和存储费用分别为 24 624 元和 1920 元，总费用为 26 544 元。虽然生产费用大大降低，但是存储费用不菲，整体效益介于初始生产方案和均衡生产方案之间。可选的方案很多，究竟哪一个方案最佳呢？一个方案一个方案地试算显然不是好的办法。使用 Excel 提供的规划求解工具求解，可以快速找到最优解。

11.4.4　求解规划模型

应用规划求解工具的具体操作步骤如下。

步骤1：打开"规划求解参数"对话框。在"数据"选项卡的"分析"命令组中，单击"规划求解"命令，系统弹出"规划求解参数"对话框。

步骤2：设置目标函数。指定"设置目标"为目标函数所在的单元格$B$2，并选定"最小值"单选按钮。

步骤3：设置决策变量。指定"通过更改可变单元格"为决策变量所在的单元格区域$C$5:$C$8，如图11-32所示。

步骤4：设置生产能力约束条件，即设置各季度生产数量应小于或等于各季度生产能力。单击"添加"按钮，弹出"添加约束"对话框。在"单元格引用"中指定各季度生产数量所在单元格区域C5:C8，在"约束"中指定各季度生产能力所在单元格区域G5:G8，并选择关系运算符"<="，如图11-33所示。相当于设置了一组约束条件："C5>=G5""C6>=G6""C7>=G7"和"C8>=G8"。

图11-32　"规划求解参数"对话框

图11-33　"添加约束"对话框

步骤5：设置交货数量约束条件即设置各季度可交货数量大于或等于各季度应交货数量。再次单击"添加"按钮，出现新的空白"添加约束"对话框。在"单元格引用"中指定各季度可交货数量所在单元格区域H5:H8，在"约束"中指定各季度应交货数量所在单元格区域B5:B8，并选择关系运算符">="。单击"确定"按钮。这时的"规划求解参数"对话框如图11-34所示。

图11-34　参数设置结果

步骤6：选择求解方法。由于该问题的生产成本计算公式是非线性的，所以不能应用单纯线性规划，这里选择"非线性 GRG"。

步骤7：开始求解。单击"求解"按钮，Excel 即开始进行计算，最后出现"规划求解结果"对话框，如图11-35 所示。该对话框显示的信息表明规划求解工具已经找到一个最优解。

步骤8：保存求解结果。根据需要选择"保存规划求解结果"或"还原初值"。本例选定"保存规划求解结果"，单击"确定"按钮。计算结果如图11-36 所示。

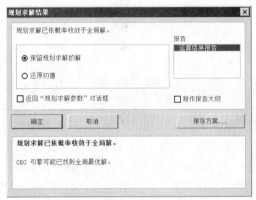

图11-35　"规划求解结果"对话框　　　　图11-36　最佳生产方案

从计算结果可以看出，最佳生产方案是第一季度到第四季度分别生产 130、10、60 和 90，生产费用和存储费用分别为 25 296 元和 800 元，总费用为 26 096 元，较手工试算的最佳方案节省 520 元。

对于非线性 GRG 算法，为了提高求解结果的精度，可以单击"规划求解参数"对话框中的"选项"按钮，然后在"选项"对话框的"非线性 GRG"选项卡下，设置"收敛"参数，并勾选"使用多初始点"等选项。如果规划求解失败，可以在"选项"对话框的"所有方法"选项卡下，设置"约束精确度""最长时间"和"迭代次数"等选项，然后单击"确定"按钮，再重新求解。

11.4.5　分析求解结果

从图11-35 所示的"规划求解结果"对话框中可以看出，规划求解找到解后，可以自动生成有关的"运算结果报告"，如果是单纯线性规划算法，则除了"运算结果报告"以外，还可以给出"敏感性报告"和"极限值报告"。可以根据需要在"报告"列表中选中需要建立的结果分析报告，单击"确定"按钮，Excel 将在独立的工作表中自动建立有关报告。内容包括规划求解所采用的算法，有关参数和选项的说明，目标单元格、可变单元格的初值和终值，约束条件的状态等。图11-37 所示为运算结果报告中给出的目标单元格和可变单元格的初值和终值。

从报告中可以清楚地看出最佳方案与原方案的差异。图11-38 所示为运算结果报告中给出的约束条件的状态。

从报告中可以看出，可交货数量除了第一季未到限制值以外，其他3个季度都到达限制值。而生产数量除了第一季达到限制值以外，其他3个季度都未到限制值。根据这些信息可以了解最优方案的约束状态，为进一步优化生产计划提供改善方向。

	A	B	C	D	E	F
14	目标单元格（最小值）					
15		单元格	名称	初值	终值	
16		$B$2	目标函数	26136	26096	
17						
18						
19	可变单元格					
20		单元格	名称	初值	终值	整数
21		$C$5	第一季 生产数量	80	130	约束
22		$C$6	第二季 生产数量	60	10	约束
23		$C$7	第三季 生产数量	60	60	约束
24		$C$8	第四季 生产数量	90	90	约束

图 11-37　运算结果报告之一

	A	B	C	D	E	F	G
27	约束						
28		单元格	名称	单元格值	公式	状态	型数值
29		$H$5	第一季 可交货数量	130	$H$5>=$B$5	未到限制值	50
30		$H$6	第二季 可交货数量	60	$H$6>=$B$6	到达限制值	0
31		$H$7	第三季 可交货数量	60	$H$7>=$B$7	到达限制值	0
32		$H$8	第四季 可交货数量	90	$H$8>=$B$8	到达限制值	0
33		$C$5	第一季 生产数量	130	$C$5<=$G$5	到达限制值	0
34		$C$6	第二季 生产数量	10	$C$6<=$G$6	未到限制值	120
35		$C$7	第三季 生产数量	60	$C$7<=$G$7	未到限制值	70
36		$C$8	第四季 生产数量	90	$C$8<=$G$8	未到限制值	40

图 11-38　运算结果报告之二

11.5 回归分析

无论是面向企业的微观经济管理还是面向国家的宏观经济管理，所面临的最大挑战就是在决策管理过程中如何更好地利用数据，如何从海量的数据中找到趋势，发现规律，为管理决策提供依据。预测分析就是根据过去的相关历史数据和现在的实际情况，运用科学的理论和方法对研究对象的未来发展状态或趋势进行估计和推断。根据所涉及的预测领域，可以分为经济预测、社会预测、军事预测、技术预测和气象预测等；根据预测的范围，可以分为宏观预测和微观预测；按照预测时间的长短，可以分为长期预测、中期预测、短期预测和近期预测。常用的预测方法有时间序列预测、回归分析预测、马尔科夫预测和投入产出预测等。这些方法都可以方便地应用 Excel 的有关工具实现。本节主要通过多元回归模型的建立和应用，介绍 Excel 回归等数据分析工具操作的基本步骤和要点。

预测分析通常具有数据量大，模型复杂，计算繁琐等特点，虽然可以应用有关函数完成相应的计算，但是直接应用 Excel 提供的数据分析工具更为方便快捷。而且数据分析工具通常不只是简单地给出计算结果，而是包含统计检验、误差分析、敏感分析和各种图表的报告。Excel 的数据分析工具包括移动平均、指数平滑、回归、相关系数、t 检验和方差分析等，集成在分析工具库加载项中。一般安装时默认不加载分析工具库，当需要使用上述数据分析工具时，需要采用 11.4.1 节介绍的安装规划求解工具类似的方法安装，只是在图 11-28 所示的“加载项”对话中，勾选的不是“规划求解加载项”，而是“分析工具库”。

所谓回归分析，也就是应用数理统计的方法，通过对历史数据的计算分析，建立一个或多个变量（自变量）与另一个变量（因变量）的定量关系式，称作回归方程。然后在此基础上，根据自变量的取值来预测因变量的可能值。一般习惯用 Y 表示因变量，用 X_1，X_2，X_3……表示自变量。回归方程一般记作：

$$Y = a + b_1X_1 + b_2X_2 + \cdots\cdots b_mX_m$$

当 m=1 时称作一元回归分析，m>1 时称作多元回归分析。假设要分析民航客运量未来若干年的变化情况，现有近期 16 个年份民航客运量、国民收入、居民消费额、铁路客运量、航线里程和来华旅游人数的数据，应用 Excel 进行多元回归分析大致需要下述步骤。

11.5.1　输入历史数据

回归分析前首先需要将待分析的历史数据规范地存放到 Excel 工作表中，即应该符合数据清单的要求。该问题经过整理的工作表如图 11-39 所示。其中 Y 为因变量——民航客运量，X_1，X_2，X_3，X_4 和 X_5 为自变量——国民收入、居民消费额、铁路客运量、航线里程和来华旅游人数。

序号	Y	X_1	X_2	X_3	X_4	X_5
1	231	3010	1888	81491	14.89	180.92
2	298	3350	2195	86389	16.00	420.39
3	343	3688	2531	92204	19.53	570.25
4	401	3941	2799	95300	21.82	776.71
5	445	4258	3054	99922	23.27	792.43
6	391	4736	3358	106044	22.91	947.70
7	554	5652	3905	113530	26.02	1285.22
8	744	7020	4879	112110	27.72	1783.30
9	997	7859	5552	108579	32.43	2281.95
10	1310	9313	6386	112429	38.91	2690.23
11	1442	11738	8038	122645	37.38	3169.48
12	1283	13176	9005	113807	47.19	2450.14
13	1660	14384	9663	95712	50.68	2746.20
14	2178	16557	10969	95081	55.91	3335.65
15	2886	20223	12985	99693	83.66	3311.50
16	3383	24882	15949	105458	96.08	4152.70

图 11-39 回归分析历史数据

11.5.2 建立回归方程

所谓建立回归方程实际上就是计算出回归方程式中各个系数的值。为了保证回归方程预测的科学、准确，通常采用最小二乘法进行计算，以保证回归拟合曲线的残差平方和最小。而最小二乘法需要计算大量的公式，虽然可以应用 Excel 的公式和函数计算，但是非常繁琐，而直接利用 Excel 提供的数据分析工具则非常方便快捷。应用数据分析工具进行回归分析的具体操作步骤如下。

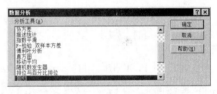

图 11-40 "数据分析"对话框

步骤 1：打开"回归"对话框。在"数据"选项卡的"分析"命令组中，单击"数据分析"命令，系统弹出"数据分析"对话框，如图 11-40 所示。在"分析工具"列表框中选定"回归"，单击"确定"按钮。系统弹出"回归"对话框。

如果"数据"选项卡中未包含"分析"命令组，或是"分析"命令组中未包含"数据分析"命令，请采用 11.4.1 小节介绍的安装规划求解工具类似的方法手动安装。

步骤 2：设置回归分析选项。先设置输入选项：在"Y 值输入区域"和"X 值输入区域"分别输入或选定因变量和自变量数据所在的区域 B1:B17 和 C1:G17。因为所选的数据区域包含了第一行，所以勾选"标志"复选框。勾选"置信度"复选框，输入 95。然后设置输出选项：指定"输出区域"的右上角单元格地址 I1。其他选项根据需要设置。设置完成的"回归"对话框如图 11-41 所示。

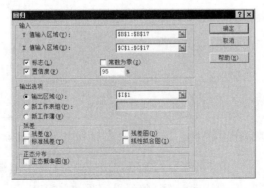

图 11-41 "回归"对话框

步骤3：计算。单击"确定"按钮，系统自动完成有关计算，并根据设置的输出选项给出有关结果。该例计算结果如图11-42所示。

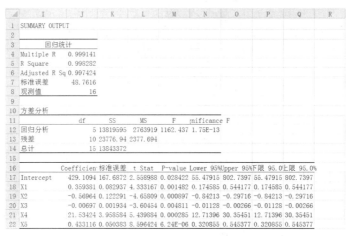

图11-42　回归结果

11.5.3　统计检验

通过图11-42所示的回归结果可以看出，变量X_2（居民消费额）的系数为负值，也就是说居民消费额越高，民航客运量越少。这显然与正常的经济学意义不符。对于多元回归模型来说，前提假设是多个自变量之间线性无关。该问题很可能是其多个自变量之间存在严重的多重共线性造成的。可以应用Excel分析工具的相关分析检验和分析。具体操作步骤如下。

步骤1：打开"相关系数"对话框。在"数据"选项卡的"分析"命令组中，单击"数据分析"命令，系统弹出"数据分析"对话框。在"分析工具"列表框中选定"相关系数"，单击"确定"按钮。系统弹出"相关系数"对话框。

步骤2：设置相关分析选项。先设置输入选项：在"输入区域"中键入或选定所有自变量数据所在的区域C1:G17。因为所选的数据区域包含了第一行，所以以勾选"标志位于第一行"复选框。然后设置输出选项：指定"输出区域"的右上角单元格地址 B19。设置完成的"相关系数"对话框如图11-43所示。

步骤3：计算。单击"确定"按钮，系统自动完成有关计算，5个自变量之间的相关系数如图11-44所示。

图11-43　"相关系数"对话框

	B	C	D	E	F	G
19		X1	X2	X3	X4	X5
20	X1	1				
21	X2	0.9989578	1			
22	X3	0.2423631	0.2729873	1		
23	X4	0.9836088	0.9778043	0.1995546	1	
24	X5	0.9301665	0.9422928	0.4863271	0.8817976	1

图11-44　相关分析结果

从相关系数可以看到，X_1（国民收入）和X_2（居民消费额）相关系数高达0.9989，所以删除自变量X_2，重新进行回归计算。第二次回归的计算结果如图11-45所示。

	I	J	K	L	M	N	O	P	Q
1	SUMMARY OUTPUT								
2									
3	回归统计								
4	Multiple R	0.997274							
5	R Square	0.994556							
6	Adjusted R Sq	0.992576							
7	标准误差	82.77446							
8	观测值	16							
9									
10	方差分析								
11		df	SS	MS	F	nificance F			
12	回归分析	4	13768004	3442001	502.3637	2.28E-12			
13	残差	11	75367.73	6851.612					
14	总计	15	13843372						
15									
16		Coefficien	标准误差	t Stat	P-value	Lower 95%	Upper 95%	下限 95.0%	上限 95.0%
17	Intercept	610.3037	276.8899	2.204139	0.049725	0.873173	1219.734	0.873173	1219.734
18	X1	-0.01807	0.03001	-0.60212	0.559302	-0.08412	0.047982	-0.08412	0.047982
19	X3	-0.01074	0.002982	-3.60332	0.004146	-0.01731	-0.00418	-0.01731	-0.00418
20	X4	29.95645	5.97793	5.011175	0.000396	16.79912	43.11379	16.79912	43.11379
21	X5	0.34894	0.079837	4.370669	0.001116	0.173221	0.52466	0.173221	0.52466

图 11-45 第二次回归结果

通过图 11-45 所示的回归结果可以看出，变量 X_1（国民收入）的系数为负值，经济学意义仍然不合理，模型仍然存在较为严重的多重共线性。由图 11-44 所示的相关系数可以看出，变量 X_1（国民收入）和 X_4（航线里程）也具有较高的相关系数，所以删除自变量 X_1，重新进行回归计算。最终的回归结果如图 11-46 所示。

从图 11-46 回归结果可以看出，各自变量系数的符号符合经济学意义。修正后的判定系数为 0.99297，说明回归方程拟合良好。方差分析结果统计量 F 值为 707.2683，在给定置信度水平下通过检验，说明回归方程总体显著成立。几个自变量的 t 检验值在给定置信度水平也都通过检验，说明选定的自变量都是可靠的。更严格的模型还可以进行序列相关和异方差等检验，此处不再赘述。最终的回归方程如下：

$$Y = 550.5132 - 0.0099X_3 + 26.63635X_4 + 0.311065X_5$$

	I	J	K	L	M	N	O	P	Q
1	SUMMARY OUTPUT								
2									
3	回归统计								
4	Multiple R	0.997184							
5	R Square	0.994376							
6	Adjusted R Sq	0.99297							
7	标准误差	80.54593							
8	观测值	16							
9									
10	方差分析								
11		df	SS	MS	F	nificance F			
12	回归分析	3	13765520	4588507	707.2683	9.25E-14			
13	残差	12	77851.75	6487.646					
14	总计	15	13843372						
15									
16		Coefficien	标准误差	t Stat	P-value	Lower 95%	Upper 95%	下限 95.0%	上限 95.0%
17	Intercept	550.5132	251.5126	2.18881	0.049113	2.514425	1098.512	2.514425	1098.512
18	X3	-0.0099	0.002559	-3.86772	0.002237	-0.01548	-0.00432	-0.01548	-0.00432
19	X4	26.63635	2.246755	11.85548	5.53E-08	21.7411	31.53161	21.7411	31.53161
20	X5	0.311065	0.04784	6.502157	2.93E-05	0.20683	0.4153	0.20683	0.4153

图 11-46 最终回归结果

注意

对于多元回归模型来说，由于多重判定系数与模型的自变量个数相关，所以应该使用修正后的判定系数来测定模型的拟合度。

11.5.4 预测

建立回归方程的目的是用来做预测分析，考察各个自变量不同取值的情况下因变量的变动情况。假设下一年度铁路客运量、航线里程和来华旅游人数的估计值分别是 111 000、110 和 4 000，带入模型得到预测结果为 3 750，如图 11-47 所示。较上一年度 3 383 增加了 367。

	I	J	K	L	M	N	O	P	Q	R
	I23		f_x =J17+J18*J23+J19*K23+J20*L23							
15										
16		Coefficien	标准误差	t Stat	P-value	Lower 95%	Upper 95%	下限 95.0%	上限 95.0%	
17	Intercept	550.5132	251.5126	2.18881	0.049113	2.514425	1098.512	2.514425	1098.512	
18	X3	-0.0099	0.002559	-3.86772	0.002237	-0.01548	-0.00432	-0.01548	-0.00432	
19	X4	26.63635	2.246755	11.85548	5.53E-08	21.7411	31.53161	21.7411	31.53161	
20	X5	0.311065	0.04784	6.502157	2.93E-05	0.20683	0.4153	0.20683	0.4153	
21										
22	Y	X₃	X₄	X₅						
23	3750.435285	111000	110.00	4400.00						

图 11-47 预测结果

自变量的估计值可以应用基于时间序列分析的移动平均或指数平滑等方法计算，也可以建立多个相关的回归方程（联立方程模型）计算。考虑到估计值的不确定性，也可以应用模拟运算表、方案等工具，借助回归方程计算自变量不同取值时因变量的结果。此外，还可以应用单变量求解工具结合回归方程分析要达到特定的目标所需具备的条件。

除了相关分析、回归分析以外，Excel 的分析工具库中还有多个工具，操作方法大同小异，都是根据需要设置输入选项、输出选项和计算参数，然后直接得到多种分析结果。重点或难点是熟练掌握和应用相关的数学、运筹学、经济学和管理学等方面的背景知识。

11.6 应用实例——粮食产量预测

根据历史数据分析的结果定量分析有关研究对象未来的发展趋势和可能的变化范围，是数据分析的重要应用分支。本节通过未来粮食产量的预测，进一步介绍 Excel 有关数据分析操作的方法和技巧。

11.6.1 建立回归方程

一般认为，粮食产量与化肥施用量、粮食播种面积、成灾面积、农业机械总动力和农业劳动力几个因素有关，搜集整理近 23 个年份的有关数据如图 11-48 所示。其中 Y 为需要预测分析的研究对象，即回归方程的因变量——粮食产量，X_1，X_2，X_3，X_4 和 X_5 为待分析的相关因素，即回归方程的自变量——化肥施用量、粮食播种面积、成灾面积、农业机械总动力和农业劳动力。

对于多元回归分析来说，特别是当自变量比较多时，通常首先要对多个自变量进行筛选。可以采用最优子集法筛选，也就是给出自变量的所有子集，然后分别进行回归，找出其中检验效果最好的。假设问题有 3 个自变量 X_1，X_2，X_3，则有 7 个子集$\{X_1\}$，$\{X_2\}$，$\{X_3\}$，$\{X_1, X_2\}$，$\{X_1, X_3\}$，$\{X_2, X_3\}$ 和$\{X_1, X_2, X_3\}$。如果有 4 个自变量，则有 15 个子集……所以当自变量个数较多时，该方法计算量太大，应用受到限制。更加有效的方法是向前增选法。第一步首先针对每个自变量进行回归分析，找出其中最佳的。第二步只考虑最佳的自变量和其他一个自变量的子集，进行回归分析，再从中找出最佳组合。第三步只可虑最佳组合再增加其他一个自变量的子集，进行回归分析，……依此类推。当自变量数目较多时，后一种方法具有明显的优势。本实例采用向前增选法。具体操作步骤如下。

步骤 1：分析单个自变量的回归效果。分别以 X_1，X_2，X_3，X_4 和 X_5 为自变量建立一元回归方程，比较各回归方程结果，以 X_1 为自变量效果最佳，如图 11-49 所示。

	A	B	C	D	E	F	G
1	序号	Y	X_1	X_2	X_3	X_4	X_5
2	1	38728	1659.8	114047	16209.3	18022	31645.1
3	2	40731	1739.8	112884	15264.0	19497	31685.0
4	3	37911	1775.8	108845	22705.3	20913	30351.5
5	4	39151	1930.6	110933	23656.0	22950	30467.0
6	5	40208	1999.3	111268	20392.7	24836	30870.0
7	6	39408	2141.5	110123	23944.7	26575	31455.7
8	7	40755	2357.1	112205	24448.7	28067	32440.5
9	8	44624	2590.3	113466	17819.3	28708	33336.4
10	9	43529	2805.1	112314	27814.0	29389	34186.3
11	10	44264	2930.2	110560	25894.7	30308	34037.0
12	11	45649	3151.9	110509	23133.0	31817	33258.2
13	12	44510	3317.9	109544	31383.0	33803	32690.3
14	13	46662	3593.7	110060	22267.0	36118	32334.5
15	14	50454	3827.9	112548	21233.0	38547	32260.4
16	15	49417	3980.7	112912	30309.0	42016	32677.9
17	16	51230	4083.7	113787	25181.0	45208	32626.4
18	17	50839	4124.3	113161	26731.0	48996	32911.8
19	18	46218	4146.4	108463	34374.0	52574	32797.5
20	19	45264	4253.8	106080	31793.0	55172	32451.0
21	20	45706	4339.4	103891	27319.0	57930	31990.6
22	21	43070	4411.6	99410	32516.0	60387	31259.6
23	22	46947	4636.6	101606	16297.0	64028	30596.0
24	23	48402	4766.2	104278	19966.0	68398	29975.5

图 11-48　粮食产量有关历史数据

	A	B	C	D	E	F	G	H	I	J
1	SUMMARY OUTPUT									
2										
3		回归统计								
4	Multiple	0.8238								
5	R Square	0.678646								
6	Adjusted	0.663344								
7	标准误差	2341.498								
8	观测值	23								
9										
10	方差分析									
11		df	SS	MS	F	gnificance F				
12	回归分析	1	2.43E+08	2.43E+08	44.34851	1.36E-06				
13	残差	21	1.15E+08	5482615						
14	总计	22	3.58E+08							
15										
16		Coefficien	标准误差	t Stat	P-value	Lower 95%	Upper 95%	下限 95.0	上限 95.0%	
17	Intercept	34205.3	1622.245	21.08516	1.3E-15	30831.65	37578.94	30831.65	37578.94	
18	X1	3.177894	0.477199	6.659468	1.36E-06	2.185503	4.170284	2.185503	4.170284	

图 11-49　以 X_1 为自变量的回归结果

因为需要建立多个回归方程，为了便于比较，可以在"回归"对话框设置输出选项时，选择"新工作表组"单选按钮。这样 Excel 会为每个回归方程计算结果建立一个新的工作表。

步骤 2：分析包含 X_1 的两个自变量的回归效果。分别以 $\{X_1, X_2\}$，$\{X_1, X_3\}$，$\{X_1, X_4\}$ 和 $\{X_1, X_5\}$ 为自变量建立多元回归方程，比较各回归方程结果，以 $\{X_1, X_2\}$ 为自变量效果最佳，如图 11-50 所示。

	A	B	C	D	E	F	G	H	I	J
1	SUMMARY OUTPUT									
2										
3		回归统计								
4	Multiple	0.975869								
5	R Square	0.95232								
6	Adjusted	0.947552								
7	标准误差	924.1983								
8	观测值	23								
9										
10	方差分析									
11		df	SS	MS	F	nificance F				
12	回归分析	2	3.41E+08	1.71E+08	199.7312	6.07E-14				
13	残差	20	17082851	854142.5						
14	总计	22	3.58E+08							
15										
16		Coefficien	标准误差	t Stat	P-value	Lower 95%	Upper 95%	下限 95.0%	上限 95.0%	
17	Intercep	-39864.9	6942.806	-5.7419	1.28E-05	-54347.3	-25382.4	-54347.3	-25382.4	
18	X1	4.56581	0.228598	19.97312	1.11E-14	4.088963	5.042656	4.088963	5.042656	
19	X2	0.634242	0.059196	10.71464	9.8E-10	0.510762	0.757723	0.510762	0.757723	

图 11-50　以$\{X_1, X_2\}$为自变量的回归结果

因为回归分析要求自变量位于连续的单元格区域，当移动某个 X_i 变量数据所在的单元格区域时，可以选定该单元格区域后，移动鼠标指针指向该单元格区域的边界，待鼠标指针变成十字箭头形状后，用鼠标右键拖曳到所需位置，然后在弹出的快捷菜单中选择"移动选定区域，原有区域右移"。

步骤 3：分析包含$\{X_1, X_2\}$的 3 个自变量的回归效果。分别以$\{X_1, X_2, X_3\}$，$\{X_1, X_2, X_4\}$和$\{X_1, X_2, X_5\}$为自变量建立多元回归方程，比较各回归方程结果，以$\{X_1, X_2, X_3\}$为自变量效果最佳，如图 11-51 所示。

	A	B	C	D	E	F	G	H	I	J
1	SUMMARY OUTPUT									
2										
3		回归统计								
4	Multiple	0.985553								
5	R Square	0.971314								
6	Adjusted	0.966785								
7	标准误差	735.4758								
8	观测值	23								
9										
10	方差分析									
11		df	SS	MS	F	nificance F				
12	回归分析	3	3.48E+08	1.16E+08	214.4496	7.94E-15				
13	残差	19	10277567	540924.6						
14	总计	22	3.58E+08							
15										
16		Coefficien	标准误差	t Stat	P-value	Lower 95%	Upper 95%	下限 95.0%	上限 95.0%	
17	Intercep	-38020.6	5549.488	-6.85119	1.55E-06	-49635.8	-26405.4	-49635.8	-26405.4	
18	X1	4.823763	0.195916	24.62159	7.06E-16	4.413706	5.23382	4.413706	5.23382	
19	X2	0.635099	0.047109	13.48157	3.54E-11	0.536499	0.733699	0.536499	0.733699	
20	X3	-0.11382	0.03209	-3.54695	0.002153	-0.18098	-0.04666	-0.18098	-0.04666	

图 11-51　以$\{X_1, X_2, X_3\}$为自变量的回归结果

步骤 4：分析包含$\{X_1, X_2, X_3\}$的更多个自变量的回归效果。分别以$\{X_1, X_2, X_3, X_4\}$和$\{X_1, X_2, X_3, X_5\}$以及$\{X_1, X_2, X_3, X_4, X_5\}$为自变量建立多元回归方程，比较各回归方程结果，虽然有的方程修正后的判定系数或是方差分析结果更好，但是有的回归系数的经济意义不符，有的回归系数的显著性检验没通过。所以最终仍以$\{X_1, X_2, X_3\}$为自变量的回归方程效果最佳。

严格的多元回归分析还应进行 DW 检验，以判断方程是否存在序列相关。Excel 的数据分析工具没有提供现成的 DW 检验结果，需要利用有关公式自行计算。DW 检验值的计算公式为：

$$DW = \frac{\sum_{i=2}^{n}(e_i - e_{i-1})^2}{\sum_{i=1}^{n}e_i^2}$$

应用 Excel 进行 DW 检验的具体步骤如下。

步骤 1：计算残差。在回归计算过程中设置输出选项时，勾选"回归"对话框中"残差"复选框。Excel 在给出回归计算结果的同时将给出残差 e_i 的计算值。

步骤 2：计算 DW 统计量。在 E28 单元格输入公式=(C28−C27)^2，在 F27 单元格输入公式=C27^2，并将它们分别填充至 E29:E49 和 F28:F49 单元格区域。最后在 E50 单元格输入 DW 的计算公式=SUM(E28:E49)/SUM（F27:F49）。根据 DW 计算公式计算 DW 统计量的结果如图 11-52 所示。

	A	B	C	D	E	F
26	观测值	预测 Y	残差		$(e_i-e_{i-1})^2$	e_i^2
27	1	40572.05	-1844.05			3400534
28	2	40326.93	404.0711		5054065.01	163273.4
29	3	37088.45	822.5514		175125.783	676590.8
30	4	39053.04	97.95502		525039.932	9595.185
31	5	39968.63	239.3746		19999.4906	57300.19
32	6	39523.09	-115.087		125642.699	13244.92
33	7	41828	-1073		917599.489	1151331
34	8	44508.32	115.6776		1412956.17	13381.31
35	9	43675.23	-146.233		68597.2363	21384.12
36	10	43383.18	880.8225		1054843.23	775848.3
37	11	44734.55	914.4467		1130.58865	836212.8
38	12	43983.41	526.5899		150432.935	277296.9
39	13	46679.1	-17.1009		295599.616	292.4394
40	14	49506.64	947.3572		930179.369	897485.7
41	15	49441.86	-24.857		945200.485	617.8708
42	16	51078.09	151.9133		31247.7457	23077.65
43	17	50699.94	139.0619		165.157737	19338.22
44	18	46952.92	-734.92		763843.761	540106.8
45	19	46251.32	-987.321		63706.4522	974802.7
46	20	45783.24	-77.2353		828255.923	5965.294
47	21	42694.11	375.8917		205324.077	141294.6
48	22	47020.18	-73.1837		201668.688	5355.852
49	23	48924.72	-522.721		202084.153	273237.7
50				DW=	1.35953456	

图 11-52　残差和 DW 统计量计算结果

步骤 3：判断是否存在序列相关。查表可知：$k=3$，$n=23$ 时的 $D_l=1.078$，$D_u=1.660$。$D_l=1.078<DW=1.359<D_u=1.660$。所以 DW 值处于不能判定是否存在序列相关的区域。这也是 DW 检验法的局限性，当样本数较少时，无法判定的区域较大。这时可以应用其他方法检验，这里限于篇幅不再赘述，请读者查阅有关预测的专业书籍。

最终回归方程如下：

$$Y = -38020.6 + 4.823763X_1 + 0.635099X_2 - 0.11382X_3$$

11.6.2　预测与控制

假设下一年度化肥施用量、粮食播种面积和成灾面积的估计值分别是 4 700、103 000 和 20 500，则带入回归方程得到相应的粮食产量预测值为 47 733。点估计的计算公式和计算结果如图 11-53 所示。

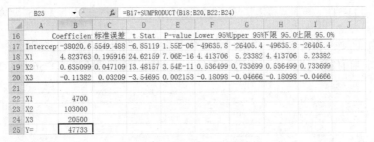

	A	B	C	D	E	F	G	H	I	J
	B25		f_x	=B17+SUMPRODUCT(B18:B20,B22:B24)						
16		Coefficien	标准误差	t Stat	P-value	Lower 95%	Upper 95%	下限 95.0%	上限 95.0%	
17	Intercep	-38020.6	5549.488	-6.85119	1.55E-06	-49635.8	-26405.4	-49635.4	-26405.4	
18	X1	4.823763	0.195916	24.62159	7.06E-16	4.413706	5.23382	4.413706	5.23382	
19	X2	0.635099	0.047109	13.48157	3.54E-11	0.536499	0.733699	0.536499	0.733699	
20	X3	-0.11382	0.03209	-3.54695	0.002153	-0.18098	-0.04666	-0.18098	-0.04666	
21										
22	X1	4700								
23	X2	103000								
24	X3	20500								
25	Y=	47733								

图 11-53　回归方程和预测结果

小技巧 点估计的计算公式中使用了 SUMPRODUCT 函数。该函数可以计算指定数组或区域乘积的和。例如 SUMPRODUCT(B18:B20,B22:B24)相当于计算 B18*B22+B19*B23+B20*B24。同样的计算，显然使用函数更简洁。

根据回归结果中给出的标准误差 735.4758，以及查阅 t 分布表 $t_{0.05}(19)=2.083$，可以计算出置信度 95%下的预测区间为 49 444 ± 735.4758×2.093，即（46194，49272）。

如果需要比较分析成灾面积不变的前提下，化肥施用量和粮食播种面积对粮食产量的影响，可以采用双变量模拟运算表计算。具体操作步骤如下。

步骤 1：输入模拟运算表计算公式。在模拟运算表区域的左上角单元格 B25 输入回归方程计算公式=B17+SUMPRODUCT(B18:20,B22:B24)。

步骤 2：输入模拟数据。在模拟运算表区域的第一行输入行变量的模拟值，第一列输入列变量的模拟值。

步骤 3：计算模拟结果。选定整个模拟运算表单元格区域 B25:G30，在"数据"选项卡的"数据工具"命令组中，单击"模拟分析"→"模拟运算表"命令。在系统弹出的"模拟运算表"对话框中指定"引用行的单元格"为 B23，"引用列的单元格"为 B22，单击"确定"按钮。有关计算结果如图 11-54 所示。

如果需要分析化肥施用量和粮食播种面积保持上一年度数据不变的情况下，将粮食产量提高到 49 200，需要将成灾面积控制到多少？可以应用单变量求解计算。具体操作步骤如下。

步骤 1：输入计算公式和相关数据。在 B32:B34 单元格区域输入上一年度的化肥施用量、粮食播种面积和成灾面积数据。在 B35 单元格输入回归方程计算公式。

步骤 2：设置单变量求解参数。在"数据"选项卡的"数据工具"命令组中，单击"模拟分析"→"单变量求解"命令。在系统弹出的"单变量求解"对话框中指定"目标单元格"为回归公式所在的单元格 B35，"目标值"为 49200，"可变单元格"为成灾面积数据所在的单元格 B34，如图 11-55 所示。

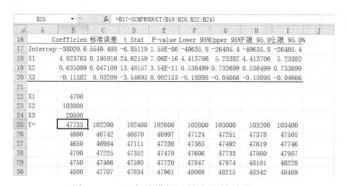

图 11-54 双变量模拟运算表计算结果

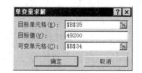

图 11-55 "单变量求解"对话框

步骤 3：执行单变量求解命令。单击"确定"按钮，系统开始求解，并弹出"单变量求解状态"对话框，报告所求当前解的值。单击"确定"按钮，最终计算结果如图 11-56 所示。

图 11-56 单变量求解结果

从图 11-56 可以看出，在化肥施用量和粮食播种面积保持上一年度数据不变的情况下，要将粮食产量提高到 49 200，需要将成灾面积控制在 17 547 以内。

习　　题

一、选择题

1. 在"模拟分析"命令中，不包括的子命令是（　　）。

　　A．规划求解　　　　B．模拟运算表　　　　C．方案管理器　　　　D．单变量求解

2. 如果按列组织的单变量模拟运算表位于 A6:B15 单元格区域，则计算公式应放置的单元格地址是（　　）。

　　A．A6　　　　　　　B．B6　　　　　　　　C．A7　　　　　　　　D．B7

3. 双变量模拟运算表的公式"{=TABLE(B4,B5)}"中，B5 称作模拟运算表的（　　）。

　　A．自变量　　　　　B．行变量　　　　　　C．列变量　　　　　　D．决策变量

4. 在默认情况下需要先加载，然后才能够使用的数据分析工具是（　　）。

　　A．单变量求解　　　B．模拟运算表　　　　C．规划求解　　　　　D．数据透视表

5. "名称管理器"对话框不能实现的操作是（　　）。

　　A．为指定单元格创建名称

　　B．在指定公式中应用已创建名称

　　C．查看已创建的名称列表

　　D．删除指定的已创建名称

6. 在 Excel 规划求解工具的求解算法中，不包含（　　）。

　　A．人工神经网络　　B．演化　　　　　　　C．单纯线性规划　　　D．非线性 GRG

7. 规划求解算法对所有算法都有效的选项中不包含（　　）。

　　A．最大时间　　　　B．总体大小　　　　　C．迭代次数　　　　　D．约束精确度

8. 对数据进行回归分析时，以下叙述中错误的是（　　）。

　　A．原始数据必须是数据透视表形式

　　B．原始数据必须是数据清单形式

　　C．输入数据必须是相邻的单元格区域

　　D．X 值输入区域可以是多列

9. Excel 回归分析结果可以输出的图标不包含（　　）。

　　A．标准残差图　　　B．残差图　　　　　　C．线性拟合图　　　　D．正态概率图

10. Excel 数据分析工具中没有包含的是（　　）。

　　A．指数平滑　　　　B．移动平均　　　　　C．t 检验　　　　　　D．DW 检验

二、填空题

1. "单变量求解"命令在_____选项卡的_____命令组中。

2. 如果已在工作表中的一行给出了一系列单元格的名称，应使用_____命令给其下面一行单元格命名。

3. 执行了"开发工具"选项卡"加载项"命令加载了"规划求解"或"分析工具库"后，会

在_____选项卡下出现相应的命令。

4．规划求解工具采用单纯线性规划算法时，提供的报告可包括运算结果报告、极限值报告和_____。

5．回归分析的输入数据区域如果包含了标题行，在"回归"对话框中应勾选_____选项。

三、问答题

1．Excel 提供了哪些数据分析工具？

2．模拟运算表有哪几种类型？

3．单变量求解方法用于解决哪方面的问题？

4．与模拟运算表相比，方案分析的优势体现在哪里？

5．在使用 Excel 进行规划求解时，若发现 Excel 功能区中没有"规划求解"命令，应怎样安装它？

实　　训

1．某开发商想贷款 100 万元建立一个山林果园，贷款利率 5%，期限为 25 年，月偿还额是多少？如果有多种不同的利率（3%、4%、5%、6%、7%）和不同贷款年限（10 年、15 年、20 年、30 年）可供选择，各种情况下的月偿还额各是多少？

2．对于上题中的 100 万元贷款，若想每月还贷 2 万元，在贷款利率为 6%的情况下，需要多少年才能还清？

3．根据上题中的有关数据，分别建立利率 4%、贷款年限 30 年；利率 5%、贷款年限 20 年和利率 6%、贷款年限 10 年 3 种方案，并建立相应的方案摘要报告。

4．某公司需要采购一批赠品用于促销活动，采购的目标品种有 4 种，单价分别为 18、11、20、9，根据需要，采购原则如下：（1）全部赠品的总数量为 4 000 件；（2）赠品 A 不能少于 400 件；（3）赠品 B 不能少于 600 件；（4）赠品 C 不能少于 800 件；（5）赠品 D 不能少于 200 件，但也不能多于 1 000 件，如何拟定采购计划，使采购成本最小？

5.应用 11.5 示例的数据，尝试使用其他自变量集合（例如 X_1、X_3 或是 X_2、X_3）进行回归分析，并分析不同回归模型的优劣。

第 4 篇　应用拓展篇

设置更好的操作环境　第12章

内容提要

本章主要介绍利用 Excel 宏自定义操作环境的基本方法，包括宏的录制及使用、自定义功能区、表单控件等。重点是通过创建销售管理用户操作界面，掌握表单控件的灵活运用和宏的各种操作。应用好本章介绍的这些功能，可以创建更好的操作环境，可以有效提高 Excel 的自动化程度和工作效率。

主要知识点

- INDIRECT 函数
- 录制宏
- 表单控件
- 自定义功能区

Excel 除了可以方便、高效地完成各种复杂的数据计算、实现有效的数据管理和数据分析以外，还可以通过宏自动完成特定的操作。宏是 Excel 的重要组成部分，学好、用好宏，可以更方便地操作 Excel，更好地控制 Excel，更深入地挖掘 Excel 的强大功能。

12.1　创建宏

宏是一组指令的集合，它类似于计算机程序，告诉 Excel 所要执行的操作。宏可以使频繁、重复的操作自动化。例如，数据分析员对数据进行分析时，通常是首先选定数据，然后执行"数据"选项卡中相应的数据分析命令，指定要使用的"分析工具"，并在打开的对话框中输入所需的内容。如果将这些操作设置为一个宏，那么只要运行该宏，上述操作就可以自动完成。也就是说，如果在 Excel 中经常重复某项操作，就可以用宏将其设置为可自动执行的操作。

12.1.1　录制宏

创建宏有两种方法，一种是使用宏记录器将一系列操作录制下来，并为其起一个名字；另一种是用 Visual Basic（简称 VBA）程序设计语言编写宏代码。对于普通用户来说，掌握编写 VBA 程序的方法是比较困难的，但是对于一些简单的操作，利用 Excel 提供的录制宏功能，一般都可以快速掌握。

所谓录制宏，与录音、录像类似，即打开录制宏开关，然后将要执行的操作做一遍，Excel 会自动录制所做的操作，并将其转换成对应的 VBA 程序段。录制的操作以宏的形式保存起来，待以后再需要执行同样操作时，直接执行该宏即可。

录制宏的操作步骤如下。

步骤 1：打开"录制新宏"对话框。在"开发工具"选项卡的"代码"命令组中，单击"录制宏"命令，或者在"视图"选项卡的"宏"命令组中，单击"宏"→"录制宏"命令，系统弹出"录制新宏"对话框。

如果功能区中没有"开发工具"选项卡，可以先右键单击功能区，从弹出的快捷菜单中选择"自定义功能区"命令，系统弹出"Excel 选项"对话框；然后在对话框"主选项卡"列表框中，勾选"开发工具"复选框，如图 12-1 所示；最后单击"确定"按钮。这样"开发工具"选项卡就会出现在功能区中。

图 12-1　"Excel 选项"对话框

步骤 2：准备录制宏。在"录制新宏"对话框的"宏名"文本框中输入所建宏的名字，并根据需要设置其他相关选项。比如指定运行宏的快捷键、定义宏的保存位置等。

步骤 3：录制宏。单击"确定"按钮，这时功能区原来的"录制宏"命令变为"停止录制"命令。此时可以开始录制宏，即执行该宏所要完成的操作。完成所有操作后，单击"开发工具"选项卡"代码"命令组中的"停止录制"命令停止录制。

在录制宏的过程中，如果出现操作错误，那么对错误的修改操作也将记录在宏中。因此在记录或编写宏之前，应事先制订计划，确定宏所要执行的步骤和命令。

12.1.2　编辑宏

创建宏以后，如果需要可以查看其宏代码，或对其进行编辑。具体操作步骤如下。

步骤 1：打开"宏"对话框。在"开发工具"选项卡的"代码"命令组中，单击"宏"命令；或者在"视图"选项卡的"宏"命令组中，单击"宏"→"查看宏"命令。系统弹出"宏"对话框。

步骤2：显示宏代码。选定需要查看的宏名称，如图12-2所示。单击"编辑"按钮，这时系统打开 VBA 编辑器，如图12-3所示。

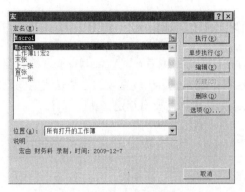

图12-2　选定要查看或编辑的宏

图12-3　所建宏的 VBA 程序

在图12-3所示的 VBA 编辑器的代码窗口中，可以看到已创建宏的 VBA 程序。在宏语句中，以单引号开始的行是注释语句。注释语句在运行宏时并不执行，它的作用仅仅是为了提高程序的可读性，可以根据需要对其进行添加、删除或修改。在宏语句中，为了提高程序的可读性，还用不同颜色显示不同部分。例如，用绿色显示注释行，用蓝色显示语句的关键字，用黑色显示语句的其余部分。

步骤3：编辑宏。在 VBA 编辑器的代码窗口中，修改宏相应的程序代码。

12.1.3　运行宏

宏最大的优点是可以很方便地执行一系列复杂的操作，这是通过运行宏来实现的。运行宏有以下几种方法。

1．使用"宏"命令

宏录制完成后，将会保存在模块中，此时可以直接通过执行"宏"命令来运行宏。其具体操作步骤如下。

步骤1：打开"宏"对话框。在"开发工具"选项卡的"代码"命令组中，单击"宏"命令，系统弹出"宏"对话框。

步骤2：运行宏。选定需要运行的宏名称，如图12-2所示。然后单击"执行"按钮，这时将自动执行所选定宏的操作。

2．使用快捷键

如果创建宏时，在"录制新宏"对话框中设置了快捷键，则可以直接按快捷键来运行宏。

注意

有许多快捷键是 Excel 默认的，比如【Ctrl】+【C】、【Ctrl】+【A】组合键等。如果为创建的宏设置快捷键时与系统内部已有的快捷键发生冲突，那么 Excel 会将这个快捷键赋予宏，当按下这个快捷键时，将执行宏的操作。也就是说，将改变原有快捷键的含义。因此在设置快捷键时，应尽量避免使用系统中常用命令的快捷键。

3．其他运行方法

为了满足特别的需要，可以在工作表上增加表单控件，作为运行宏的工具，具体设置方法是用鼠标右键单击表单控件，从弹出的快捷菜单中选择"指定宏"命令，然后输入宏名或在"宏名"下方列表框中选择一个宏。还可以通过单击功能区上自定义组中的按钮来运行宏。

12.2 自定义功能区

运行宏的方法有多种，比如使用"宏"命令；或者按快捷键；或者在"Visual Basic"编辑器中单击"运行宏"按钮等。但是若要使所建宏用起来更容易、更方便，比较有效的方法是将宏与功能区结合起来，即通过使用功能区的命令来运行宏。Excel 允许根据需要自行定义功能区。

12.2.1 创建选项卡和命令组

可以创建新的选项卡，也可以在功能区的某个选项卡中创建新的命令组，并在该命令组中添加命令。

1. 创建选项卡

在创建新选项卡时，会在其中自动创建一个命令组。创建新选项卡的操作步骤如下。

步骤 1：进入自定义功能区设置环境。使用鼠标右键单击功能区，在弹出的快捷菜单中选择"自定义功能区"命令，系统弹出"Excel 选项"对话框，并自动进入自定义功能区设置环境。

步骤 2：创建选项卡。在打开的对话框中，单击"主选项卡"列表框下方的"新建选项卡"命令按钮，新建一个自定义的主选项卡，并且在该主选项卡下自动建立一个命令组。

步骤 3：命名"新建选项卡"和"新建组"。选择新建的主选项卡，单击"重命名"按钮，打开"重命名"对话框，在"显示名称"文本框中输入名称，如图 12-4 所示。单击"确定"按钮。使用相同方法命名"新建组"。

图 12-4　"重命名"对话框

2. 创建命令组

有时需要在指定选项卡中创建一个新的命令组。其具体操作步骤如下。

步骤 1：进入自定义功能区设置环境。

步骤 2：选定主选项卡。在对话框"主选项卡"列表框中选定所需主选项卡，然后单击列表框下方的"新建组"按钮。这时在所选选项卡中创建一个命令组。

步骤 3：命名"新建组"。右键单击"新建组"，在弹出的快捷菜单中选择"重命名"命令，并在弹出的"重命名"对话框中的"显示名称"文本框中输入新的名称。然后单击"确定"按钮。

3. 向命令组添加命令

可以通过"Excel 选项"对话框为当前功能区上自定义的命令组添加命令。其具体操作步骤如下。

步骤 1：进入自定义功能区设置环境。

步骤 2：在新建命令组中添加命令。在"Excel 选项"对话框中，单击"从下列位置选择命令"下拉箭头，从弹出的下拉列表框中选定命令所属类别，此时其下方列表框中显示该类别包含的所有命令，找到所需命令并选定。在"主选项卡"列表中选定自定义的命令组，然后单击"添加"按钮。

步骤 3：关闭"Excel 选项"对话框。单击"确定"按钮，关闭对话框。

Excel 2010 只允许向自定义的命令组添加命令。

12.2.2 编辑选项卡和命令组

功能区的选项卡包含多组命令，可以根据实际需要对选项卡或命令组进行重新命名、移动和删除操作。

1. 重命名

重新命名选项卡或命令组的方法是：首先进入自定义功能区设置环境；然后选定需要更名的选项卡或命令组；单击"重命名"按钮，并在弹出的"重命名"对话框中的"显示名称"文本框中输入新的名称。

2. 移动

移动选项卡或命令组的方法是：首先进入自定义功能区设置环境；然后选定需要移动的选项卡或命令组，并单击"上移"或"下移"按钮，将其移到所需位置。

3. 删除

从功能区中将选项卡或命令组删除的方法是：首先进入自定义功能区设置环境；然后使用鼠标右键单击需要删除的选项卡或命令组，在弹出的快捷菜单中选择"删除"命令，即可将其删除。

12.2.3 为命令组添加宏

用户可以将创建的宏以命令形式放到功能区的自定义命令组中，当需要运行宏时单击相应的命令即可。其具体操作步骤如下。

步骤 1：进入自定义功能区设置环境。

步骤 2：选择放置运行宏的选项卡和命令组。在"Excel 选项"对话框中，单击"从下列位置选择命令"下拉箭头，从弹出的下拉列表中选择"宏"，此时其下方列表框中显示已定义的宏名称。在"主选项卡"列表框中选定要添加运行宏命令的选项卡和命令组。

步骤 3：为命令组添加宏。在"从下列位置选择命令"下方列表框中选定一个宏，然后单击"添加"按钮，这时指定宏出现在所选命令组中。单击"确定"按钮。

完成上述设置后，当单击该命令时，系统会自动运行指定的宏。

12.3 在工作表中应用控件

功能区作为运行宏的基本工具，可以提高 Excel 的自动化程度和工作效率，可以改善用户的操作环境。同样在工作表中使用控件，也能够为用户提供更加友好的操作界面。控件是在 Excel 与用户交互时，用于输入数据或操作数据的对象。Excel 中有两种控件，分别是表单控件和 ActiveX 控件。两种控件从外观上看是相同的，其功能也非常相似。本节将重点介绍表单控件的应用。

12.3.1　认识常用控件

常用的表单控件包括按钮、选项按钮、复选框、列表框、组合框、滚动条等。使用它们可以创建出丰富多彩、使用方便的用户操作界面。

1. 按钮

按钮是 Excel 中最常用的表单控件，一般用来运行指定的宏。当单击按钮时，将执行指定的宏的操作。

2. 复选框和选项按钮

复选框控件用于二元选择，控件的返回值为 True 或 False；在工作表中可以同时选中多个复选框。选项按钮同样用于二元选择，控件的返回值为 True 或 False。与复选框控件不同的是，选项按钮控件用于单项选择，在多个选项按钮形成一组时，选定其中某个选项按钮后，同组的其他选项按钮的值将设置为False。而复选框用于多项选择，单个复选框控件是否被选定，并不影响其他的复选框控件。

3. 组合框和列表框

组合框与列表框控件非常相似，两种控件都可以在一组列表中进行选择，二者的区别是列表框控件显示多个选项；而组合框控件为一个下拉列表框，在此列表框中选定的选项将出现在文本框中。组合框的优点在于控件占用的面积小，除了可以在预置选项中进行选择以外，还可以输入其他数据。

4. 滚动条

滚动条控件可以实现用户单击控件中的滚动箭头或拖动滚动块来滚动数据。单击滚动箭头或拖动滚动块时，可以滚动一定区域的数据；单击滚动箭头与滚动块之间的区域时，可以滚动整页数据。

12.3.2　在工作表中添加控件

下面以"按钮"控件为例，介绍如何在工作表中添加一个控件。其具体操作步骤如下。

步骤 1：在工作表中添加控件。在"开发工具"选项卡的"控件"命令组中，单击"插入"→ "按钮"控件▬，这时鼠标指针变为十字形状，在工作表上拖放出一个长宽适中的矩形，即创建了一个按钮控件。这时系统会弹出"指定宏"对话框。

步骤 2：设置"按钮"控件。如果需要将已创建的宏指定给该按钮，可以在"宏名"列表框中选定需要的宏，然后单击"确定"按钮；如果不需要指定宏，则单击"取消"按钮。

　只有在激活一张工作表时，工作表中的控件才能运行宏。如果希望按钮在任何工作簿或工作表中都可用，则可指定宏从功能区上运行。

步骤 3：修改"按钮"控件上的显示文字。双击"按钮"控件，输入需要的文字。

步骤 4：设置控件格式。用鼠标右键单击控件，从弹出的快捷菜单中选择"设置控件格式"命令，系统弹出"设置控件格式"对话框，如图 12-5 所示。此时可以对控件进行格式设置，包括字体、对齐、大小、保护、属性等。

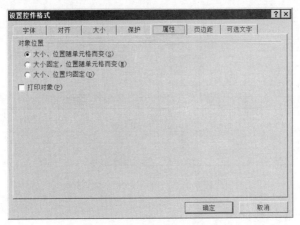

图 12-5　"设置控件格式"对话框

12.4 应用实例——创建销售管理用户操作界面

销售管理可以在用户自己创建的操作界面中进行，不仅可以使操作环境变得更加美观、清晰；也可以通过使用 Excel 提供的宏和表单控件功能设置用户的操作方式，提高 Excel 的自动化程度和工作效率。本节将通过创建销售管理用户操作界面，进一步说明有关宏、表单控件、自定义功能区等操作的方法和技巧。

12.4.1　建立"管理卡"工作表

在很多管理工作中，经常采用卡片的管理方式，如人员管理、图书管理、仪器管理等。销售管理也可以采用此方式，将产品的销售情况以卡片形式显示，在卡片中输入或显示业务员的销售信息等。以往，创建图形用户操作界面通常是由计算机专业人员使用专用的软件工具才能完成。而现在，几乎不用编写程序，就可以在 Excel 工作表中直接使用各种图形化的表单控件，创建符合用户习惯的图形用户操作界面。

下面创建的销售管理用户操作界面，首先需要在工作表中建立销售管理卡片。

1．建立"管理卡"工作表

创建一个新的工作表，工作表名为"管理卡"。然后在"管理卡"工作表中，根据用户习惯和要求，创建如图 12-6 所示的销售管理卡。销售管理卡显示了"销售情况表"工作表中某一行的数据。"销售情况表"如图 12-7 所示。

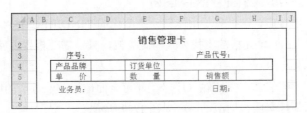

图 12-6　"管理卡"工作表

	A	B	C	D	E	F	G	H	I
1	序号	日期	产品代号	产品品牌	订货单位	业务员	单价	数量	销售额
2	1	2015/01/02	JD70B5	金达牌	天缘商场	李丽	¥　185	18	¥　3,330
3	2	2015/01/05	JN70B5	佳能牌	白云出版社	杨韬	¥　185	19	¥　3,515
4	3	2015/01/05	SG70A3	三工牌	蓝图公司	王霞	¥　230	23	¥　5,290
5	4	2015/01/07	JD70B5	金达牌	天缘商场	邓云洁	¥　185	20	¥　3,700
6	5	2015/01/10	SY80B5	三一牌	星光出版社	王霞	¥　210	40	¥　8,400
7	6	2015/01/12	JD70A4	金达牌	期望公司	杨韬	¥　225	40	¥　9,000
8	7	2015/01/12	XL70B3	雪莲牌	海天公司	刘恒飞	¥　230	50	¥　11,500
9	8	2015/01/14	JD70B4	金达牌	白云出版社	杨韬	¥　195	21	¥　4,095
10	9	2015/01/14	XL70B5	雪莲牌	蓓蕾商场	邓云洁	¥　189	22	¥　4,158
11	10	2015/01/16	JD70A3	金达牌	开心商场	杨东方	¥　220	40	¥　8,800
12	11	2015/01/16	JN80A3	佳能牌	天缘商场	杨东方	¥　245	70	¥　17,150

图 12-7　"销售情况表"工作表

2. 计算并显示各项明细数据

卡片中的数据应根据 D3 单元格中输入或显示的序号，通过公式在"销售情况表"工作表中查找匹配的记录，并显示相应的信息。例如，在 H3 单元格中输入计算公式：

=VLOOKUP($D$3,销售情况表!$A2:$I$181,3,FALSE)

其中$D$3 为要查找的序号；"销售情况表!$A2:$I$181"为整个数据清单所在的单元格区域；3
表示函数返回数据清单的第 3 列，即 C 列"产
品代号"信息；FALSE 指定函数的查找方式
为精确查找。当 D3 单元格内数据为 1 时，
H3 将显示第一行的产品代号"JD70B5"信
息，如图 12-8 所示。

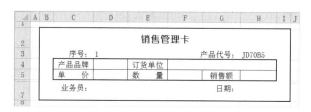

图 12-8　显示"产品代号"后的"管理卡"工作表

考虑到"销售情况表"的数据是动态增
加的，即当前最后一行是 181 行，增加一个
产品后，就会变成 182 行，以后还有可能增加到 183 行、184 行……因此 VLOOKUP 函数的查找和
引用范围应该是动态变化的。解决的方法是将动态变化的单元格区域以字符串的形式存放在某个单
元格中，再利用 INDIRECT 函数间接引用。这其中需要用到 COUNTA 函数、INDIRECT 函数和字
符串连接运算。

应用 COUNTA 函数、INDIRECT 函数和字符串连接运算实现动态单元格区域引用。具体操作步
骤如下。

步骤 1：计算出当前销售情况表的行数。在 P2 单元格中输入公式=COUNTA(销售情况
表!A:A)，当前计算结果为 181，并且会自动随着销售情况表记录的增减而动态增减。

步骤 2：建立数据清单的地址字符串。在 P3 单元格中输入公式="销售情况表!A2:I"&P2，当前
计算结果为"销售情况表!A2:I181"，同样会自动随着销售情况表记录的增减而动态变化。

步骤 3：建立查找公式。例如，在 H3 单元格中输入公式：

=VLOOKUP($D$3,INDIRECT($P$3),3,FALSE)

对照前面的公式可以看出，这里只是用能够动态变化的"INDIRECT($P$3)"代替了固定的"销
售情况表!$A2:$I$181"。其他单元格的查找公式与此类似，只是需要根据返回值的不同，将第 3 个
参数改为 4、5、6……即可。

创建好"管理卡"工作表后，只需输入序号，即可全面地了解业务员的所有销售信息，而不用
像查看"销售情况表"那样来回拖动滚动条，如图 12-9 所示。

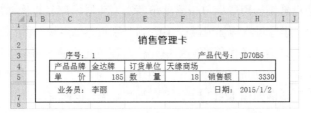

图 12-9　计算并显示明细后的"管理卡"工作表

12.4.2　添加表单控件

用直接输入序号的方法查看产品销售信息，有时还不够方便。例如，看完了第 150 张卡片，还希望看上一张或下一张时，需要重新输入 149 或 151。特别是当输入了错误的序号时，例如输入了 0，整个卡片将会出现混乱，如图 12-10 所示。

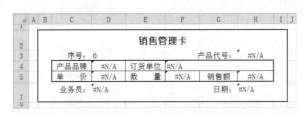

图 12-10　出现错误的"管理卡"工作表

为了避免发生由输入错误而导致的混乱，也为了更方便地浏览卡片，可以在"管理卡"工作表上添加表单控件。下面将为"管理卡"工作表添加"滚动条"控件和"按钮"控件。添加之前需要先调出"开发工具"选项卡，调出方法参见 12.1.1 节。

1．添加滚动条控件

具体操作步骤如下。

步骤 1：添加滚动条控件。在"开发工具"选项卡的"控件"命令组中，单击"插入"→"滚动条"控件 ，鼠标指针变为十字形状，在销售管理卡右侧拖放出一个长宽适中的矩形，如图 12-11 所示。

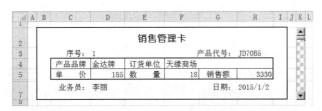

图 12-11　创建"滚动条"控件后的"管理卡"工作表

步骤 2：设置滚动条控件格式。使用鼠标右键单击滚动条，在弹出的快捷菜单中选择"设置控件格式"命令，系统会弹出"设置控件格式"对话框。单击"控制"选项卡。滚动条控件常用来控制输入特定范围的数据，可以根据需要设置其最小值、最大值、步长、页步长和单元格链接等选项。其中"最小值"和"最大值"选项决定了滚动条上滑块的变化范围。假设卡片序号的变化范围是 1 到 1 000，则分别设置这两个选项值为 1 和 1 000。"步长"选项表示当用鼠标单击滚动条两端箭头时滑块增加或减少的值，即滑块移动的最小步长；"页步长"选项表示当用鼠标单击滚动条的空白处时，滑块移动的增加量。假设希望当用鼠标单击滚动条两端箭头时，序号每次增加或减少 1，当用鼠标单击滚动条的空白处时，序号每次增加或减少10，则分别设置"步长"和"页步长"为1和10。"单元格链接"选项可以指定该滚动条控件控制的单元格，该单元格的值将随着滚动条的变化而变化。为了防止操作失误，不让该滚动条直接控制卡片的序号，而是让其临时与 P4 单元格链接。设置完成的"设置控件格式"对话框如图 12-12 所示。单击"确定"按钮完成设置。

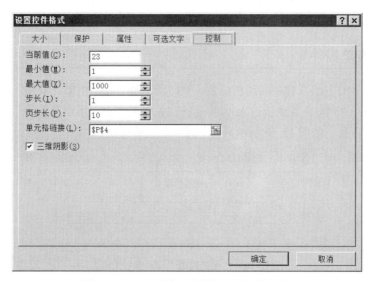

图 12-12　"滚动条"控件格式的设置结果

步骤 3：测试滚动条。分别单击滚动条的两端箭头，单击滚动条滑块上下的空白处，或是拖动滚动条，查看 P4 单元格的数据变化情况。

步骤 4：设置序号单元格与滚动条控制的单元格关联。在 D3 单元格中输入公式=IF(P4>=P2,P2-1,P4)，这时，整个卡片的信息都会随着滚动条的操作而变化。

公式"=IF(P4>=P2,P2-1,P4)"的含义是如果滚动条链接的单元格 P4 的值超出了"销售情况表"数据的范围，则按"P2-1"计算序号，否则按 P4 的值计算序号。

2．添加按钮控件

在"管理卡"工作表中，除了添加滚动条控件以外，还可以添加按钮控件，使其能够直接定位到第一个、最后一个、上一个和下一个记录。添加按钮控件的操作步骤如下。

步骤 1：在表单中添加"按钮"控件。在"开发工具"选项卡的"控件"命令组中，单击"插入"→"按钮"控件，这时鼠标指针变为十字形状，在销售管理卡下方左侧拖放出一个长宽适中的矩形，即创建了一个按钮控件。这时会打开"指定宏"对话框，由于现在还未创建宏，因此先单击"取消"按钮。

步骤 2：复制按钮。右键单击新建的按钮，在弹出的快捷菜单中选择"复制"命令；右键单击工作表中适当的位置，在弹出的快捷菜单中选择"粘贴"命令；再重复两次，即建立了 4 个外观相同的按钮。

步骤 3：修改按钮控件上的显示文字。双击第一个"按钮"控件，输入首张，使用相同方法将另外3 个控件上的文字分别改为上一张、下一张和末张，并将这 4 个按钮均匀排列在销售管理卡的下方，如图 12-13 所示。

图 12-13　创建"按钮"控件后的"管理卡"工作表

添加多个按钮后，通过手工来排序按钮的位置，很难排列整齐。此时可以使用 Excel 提供的"对齐"命令，自动将多个按钮进行排列。例如，将图 12-13 所示的四个按钮排列在同一行上，并且横向均匀分布。其具体操作步骤如下。

步骤 1：选定四个按钮。先选定第 1 个按钮，然后按住【Ctrl】键依次单击其他三个按钮。

步骤 2：将四个按钮顶端对齐。在"页面布局"选项卡的"排列"命令组中，单击"对齐"→"顶端对齐"命令。

步骤 3：将四个按钮横向均匀分布。在"页面布局"选项卡的"排列"命令组中，单击"对齐"→"横向分布"命令。

12.4.3　为按钮指定宏

虽然在"管理卡"工作表上创建了按钮，但是还不能进行任何操作，还需要先创建进行"首张""末张""上一张"和"下一张"等浏览操作的宏，然后将这些宏指定到相应的按钮上。

1．创建浏览操作的宏

创建浏览首张卡片宏的具体操作步骤如下。

步骤 1：打开"录制新宏"对话框。在"开发工具"选项卡的"代码"命令组中，单击"录制宏"命令，系统弹出"录制新宏"对话框。

步骤 2：准备录制宏。将"宏名"文本框内容改为首张。因为主要通过命令按钮运行宏，所以不指定快捷键，如图 12-14 所示，然后单击"确定"按钮。

步骤 3：录制宏。单击 P4 单元格，输入 1，然后按【Enter】键，这时工作表中将显示序号为 1 的卡片。单击"代码"命令组中的"停止录制"命令。

至此，有关浏览首张卡片的宏录制完成。如果要查看或编辑刚刚录制的宏，可以在"开发工具"选项卡的"代码"命令组中，单击"Visual Basic"，打开 Microsoft Visual Basic 窗口，刚刚录制的宏代码如图 12-15 所示。

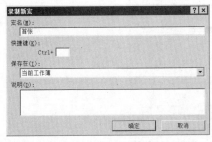

图 12-14　"录制新宏"对话框

图 12-15　录制的宏代码

从图 12-15 中可以看出，Excel 录制了以下 3 步操作。

- Range("P4").Select：将 P4 单元格设置为活动单元格。
- ActiveCell.FormulaR1C1 = "1"：将活动单元格（即 P4 单元格）的值设置为 1。
- Range("P5").Select：将 P5 单元格定义为活动单元格。

参照这个宏，可以直接编写出"末张""上一张"和"下一张"的宏。只需将第 2 条语句分别改为"ActiveCell.FormulaR1C1=Range("P2")""ActiveCell.FormulaR1C1 = ActiveCell.FormulaR1C1−1"和"ActiveCell.FormulaR1C1 = ActiveCell.FormulaR1C1 + 1"。这样几个宏就可以执行了，但是"上一张"和"下一张"对应的宏还有些问题。当 P4 的当前值已经是 1 时，如果再执行"上一张"的宏，将会出现 0 甚至是负数的序号；类似地，当 P4 单元格的当前值已经等于"销售情况表"最后一行时，如果再执行"下一张"的宏，将会出现超过现有序号的数。若要避免出现上述情况，需要进一步完善这两个宏，也就是在执行"+1"或"−1"操作前先进行判断，如果已经到达边界，就不再继续"+1"或"−1"操作。最后编写好的 4 个宏代码如图 12-16 所示。

图 12-16　编写好的宏代码

2．为按钮指定宏

下面可以将编制好的宏指定到相应的按钮上，具体操作步骤如下。

步骤 1：打开"指定宏"对话框。使用鼠标右键单击工作表上的"首张"按钮，在弹出的快捷菜单中选择"指定宏"命令，系统弹出"指定宏"对话框。

步骤 2：为"首张"按钮指定宏。在对话框的"宏名"列表框中选定"首张"，如图 12-17 所示。单击"确定"按钮。

图 12-17　"指定宏"对话框

步骤 3：为其他按钮指定宏。重复上述操作步骤，为"上一张""下一张"和"末张"按钮指定相应的宏。

12.4.4 修饰管理卡操作界面

为了更加美观实用，可以将工作表中无关的信息或窗口元素隐藏起来。

1. 隐藏无关数据

在"管理卡"工作表中，有些数据是为了公式引用方便而设置的，如 P2、P3 和 P4，不应显示在工作表中。隐藏的方法是将这 3 个单元格的字体颜色改为"白色"，这样在工作表中将看不到这些数据。也可以通过隐藏 P 列来隐藏 3 个单元格中的数据。

2. 隐藏窗口元素

可以将"管理卡"工作表中的网格线、行号、列标等元素隐藏起来，使得窗口更为简洁和清晰。其具体操作步骤如下。

步骤 1：打开"Excel 选项"对话框。

步骤 2：设置隐藏窗口元素。在对话框左侧选定"高级"，取消"此工作表的显示选项"区域中"显示行和列标题"和"显示网格线"复选框的选定，如图 12-18 所示。单击"确定"按钮。

图 12-18　隐藏窗口元素的设置

至此，带有命令按钮和滚动条的表单控件就设置完成了。用户可以通过单击相应的按钮快速地定位到第一张、上一张、下一张或最后一张卡片，也可以利用滚动条方便地浏览不同的卡片。最后完成的"管理卡"工作表如图 12-19 所示。

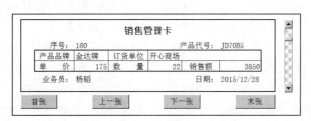

图 12-19　完成后的"管理卡"工作表

12.4.5　将宏放置到功能区

对于应用更为普遍的宏也可以将其直接作为命令放置到功能区中。例如，将已建立的4个宏放置到功能区中。

1．创建选项卡和命令组

设需要创建的选项卡和命令组名为"浏览"。其操作步骤如下。

步骤1：进入自定义功能区设置环境。

步骤2：创建新选项卡和新命令组。在打开的"Excel选项"对话框中，单击"主选项卡"列表框下方的"新建选项卡"命令按钮。这时在"主选项卡"列表框中新建一个自定义的主选项卡，并且在该主选项卡下自动建立一个命令组。

步骤3：命名"新建选项卡"和"新建组"。选择新建的主选项卡，单击"重命名"按钮，在弹出的"重命名"对话框的"显示名称"文本框中输入浏览。单击 "确定"按钮。使用相同方法将"新建组"命名为浏览。结果如图12-20所示。

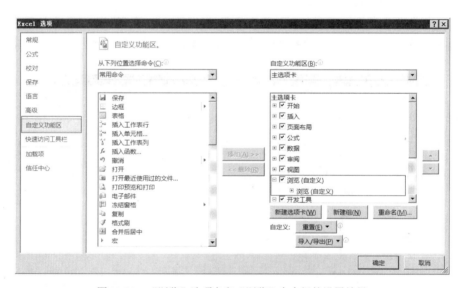

图12-20　"浏览"选项卡和"浏览"命令组的设置结果

2．为命令组添加宏

具体操作步骤如下。

步骤1：进入自定义功能区设置环境。

步骤2：选择放置宏的选项卡和命令组。在打开的"Excel选项"对话框中，单击"从下列位置选择命令"下拉箭头，从弹出的下拉列表中选定"宏"，此时其下方列表框中显示已定义的宏名称。在"主选项卡"列表框中选定"浏览"选项卡中的"浏览"命令组。

步骤3：为命令组添加宏。在"从下列位置选择命令"下拉列表框下方的列表框中选定"首张"宏，然后单击"添加"按钮，这时"首张"宏出现在"浏览"命令组中。再依次将"上一张""下一张"和"末张"3个宏添加到"浏览"命令组中。添加结果如图12-21所示。

步骤4：关闭对话框。单击"确定"按钮，关闭对话框。创建好的"浏览"选项卡及"浏览"命令组如图12-22所示。

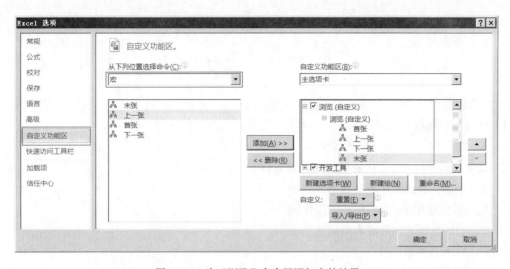

图 12-21　为"浏览"命令组添加宏的结果

图 12-22　创建好的"浏览"选项卡及"浏览"命令组

在命令组中添加运行宏的命令时，系统自动为每个命令指定一个图标。如果不满意，可以对其进行修改。例如，修改"浏览"命令组中各命令图标。其具体操作步骤如下。

步骤 1：打开"重命名"对话框。在图 12-21 所示窗口中，右键单击"首张"命令，从弹出的快捷菜单中选择"重命名"命令，系统弹出"重命名"对话框。

步骤 2：为命令指定图标。在对话框的"符号"列表框中选定所需图标，如图 12-23 所示，然后单击"确定"按钮。

步骤 3：为其他 3 个命令指定图标。重复上述操作步骤，为"上一张""下一张"和"末张"命令指定所需图标。结果如图 12-24 所示。

图 12-23　为宏命令设置图标　　　　　　　　　　　图 12-24　修饰后的"浏览"命令组

掌握了上述方法，就可以根据工作或学习的需要以及个人偏好来重新设置 Excel 的工作环境。将常用的操作命令以新的选项卡和新命令组形式放置在工作簿窗口的功能区中，而将不太常用的命令暂时从工作簿窗口中移除，以方便操作和提高工作效率。

习　题

一、选择题

1．既可以直接输入文字，又可以从列表中选择输入项的控件是（　　）。

　　A．组合框　　　　B．列表框　　　　　C．选项组　　　　　D．复选框

2．在 Excel 中，通过工作表中的控件来运行宏的前提条件是（　　）。

　　A．必须打开该工作表所在的工作簿

　　B．必须关闭该工作表所在的工作簿

　　C．必须使该工作表成为当前工作表

　　D．以上三种都可以

3．以下无法运行宏的方法是（　　）。

　　A．通过"执行对话框"命令来运行宏

　　B．通过"宏"对话框中的"执行"按钮来运行宏

　　C．通过按下已定义的 Ctrl 组合快捷键来运行宏

　　D．通过单击功能区上自定义组中的按钮来运行宏

4．在 Excel 中，欲直接调出自定义功能区的设置环境，其操作为（　　）。

　　A．在"文件"选项卡中，单击"选项"命令

　　B．在"视图"选项卡的"工作簿视图"命令组中，单击"自定义视图"命令

　　C．右键单击功能区，从弹出的快捷菜单中选择"自定义功能区"命令

　　D．单击快速访问工具栏右侧下拉箭头，从弹出的下拉菜单中选择"其他命令"

5．以下关于自定义功能区的叙述中，错误的是（　　）。

　　A．允许用户任意修改内置的命令组

　　B．允许删除和移动选项卡中命令组

　　C．自定义功能区时须打开"Excel 选项"对话框

　　D．允许将创建的宏以命令形式放到命令组中

6．一次操作将多个控件横向均匀分布，应使用"横向分布"命令，该命令属于的选项卡是（　　）。

　　A．视图　　　　　B．开发工具　　　　C．开始　　　　D．页面布局

7．复选框控件和选项按钮控件的主要区别是（　　）。

　　A．复选框控件用于二元选择，而选项按钮控件不是

　　B．选项按钮控件用于二元选择，而复选框控件不是

　　C．选项按钮控件用于单项选择，而复选框控件用于多项选择

　　D．复选框控件用于单项选择，而选项按钮控件用于多项选择

8．在"=VLOOKUP($D$3,销售情况表!$A$2:$I$181,3,FALSE)"公式中，第 3 个参数的含义是（　　）。

　　A．返回"3"值　　　　　　　　　　B．返回销售情况表中 D3 单元格的值

　　C．返回"假"值　　　　　　　　　　D．返回销售情况表中第 3 列的值

9．函数 INDIRECT(ref_text,a1)的功能是（　　）。

　　A．返回第 1 个参数指定的引用　　　　B．返回字符串"a1"

C．返回第 2 个参数指定的引用　　　　D．返回字符串"ref_text"

10．INDIRECT 函数适用的操作是（　　）。

A．查找指定的字符串时

B．统计单元格的个数时

C．当不需要更改公式中单元格的引用时

D．当需要更改公式中单元格的引用而不更改公式本身时

二、填空题

1．INDIRECT 函数的功能是返回文本字符串指定的_____。

2．滚动条控件可以实现用户单击控件中的滚动箭头或拖动滚动块来_____。

3．宏最大的优点是可以很方便地执行_____的操作。

4．在录制宏的过程中，如果出现操作错误，则错误的操作也将_____在宏中。

5．Excel 2010 只允许向_____命令组添加命令。

三、问答题

1．什么是宏？其主要作用是什么？

2．创建宏的方法有几种？各自的特点是什么？它们之间的联系是什么？

3．运行宏的方法有几种？各自的特点是什么？

4．使用表单控件的目的是什么？如何在工作表中添加一个控件？

5．如何自定义功能区？

实　　训

1．按以下要求，自定义 Excel 工作环境。

（1）在功能区中创建一个新选项卡，选项卡名为"常用命令"，内容包括"格式""插入"和"数据"三个命令组。将"字体""字号"和"字体颜色"命令添加到"格式"命令组中；将"图表"和"迷你图"命令移动到"插入"命令组中；将"排序和筛选"和"合并计算"命令添加到"数据"命令组中。

（2）在"开始"选项卡中添加"照相机"命令。

2．对第 4 章实训中设置完成的"办公信息调整"表（如图 4-22 所示）进行以下操作。

（1）在"办公信息调整"工作表中建立 4 个命令按钮，分别实现"行政部""技术部""销售部"和"客服部"办公信息的自动筛选。

（2）建立"办公信息管理卡"工作表，其格式和内容自行确定。要求能够根据输入的"序号"值，显示相关信息。

第13章 使用 Excel 的协同功能

内容提要

本章主要介绍使用 Excel 实现协同工作、共享信息的方法，包括超链接及其应用、Excel 与 Internet 交换信息、Excel 与 Office 组件共享信息、共享工作簿及追踪修订等。重点是通过 Excel 协同功能的介绍，掌握应用 Excel 进行协同工作、共享信息的方法。

主要知识点

- 超链接
- 创建和发布网页
- Web 查询
- 链接与嵌入
- 共享工作簿和追踪修订

随着网络应用的迅猛发展和办公信息化的不断深入，人们在工作中更加强调信息共享、强调团队与协作。Excel 不但可以与其他 Office 组件无缝链接，还可以帮助用户通过网络与其他用户进行协同工作，交换信息。

13.1 超链接

用户使用 Internet 浏览网页时，往往会通过单击网页中的图片或文字打开另一个网页，这就是超链接。在 Excel 中，可以创建具有这种跳转功能的超链接，能够使用户轻松地从一个工作表跳转到另一个工作表，或是另一个工作簿文件，也可以跳转到网页，还可以在其他 Office 组件创建的文档之间进行跳转。

13.1.1 创建超链接

可以利用图片或图形创建超链接，也可以在单元格中创建超链接。超链接要链接到的目的地，称为超链接目标，一般包括现有文件或网页、本文档中的位置、新建文档以及电子邮件地址等 4 种。

1. 创建链接到现有文件的超链接

现有文件是指本地计算机中已经存在的文件。如果超链接目标是本地计算机中某一个已经存在的文件或文件夹，则使用"现有文件或网页"选项来创建超链接。其具体操作步骤如下。

步骤 1：选定需要创建超链接的图形或单元格。

步骤 2：打开"插入超链接"对话框。在"插入"选项卡的"链接"命令组中，单击"超链接"命令，这时系统弹出"插入超链接"对话框。

步骤 3：设置超链接目标。单击"链接到"框中的"现有文件或网页"；单击"查找范围"下方的

"当前文件夹"。从"查找范围"下拉列表中找到文件所在文件夹，然后单击其下方显示的文件名，此时 Excel 会自动在"地址"下拉列表中显示出文件所在文件夹的完整路径，如图 13-1 所示。

图 13-1　创建链接到现有文件的超链接

步骤 4：执行创建操作。单击"确定"按钮，关闭"插入超链接"对话框。

此时回到工作表，单击建立了超链接的单元格或图形，Excel 会自动打开链接的文件。

2．创建链接到网页的超链接

如果超链接的目标是网页，则使用"现有文件或网页"选项来创建超链接。例如，创建链接到某学校主页的超链接。具体操作步骤如下。

步骤 1：打开"插入超链接"对话框。

步骤 2：设置超链接目标。单击"链接到"框中的"现有文件或网页"。

步骤 3：设置屏幕显示文字。在"要显示的文字"文本框中输入转到学校主页；单击"屏幕提示"按钮，在弹出的"设置超链接屏幕提示"对话框的"屏幕提示文字"文本框中输入单击单元格可以打开学校主页，单击"确定"按钮。

步骤 4：输入超链接地址。在"地址"框中输入网页地址 http://www.cueb.edu.cn，如图 13-2 所示。

图 13-2　创建链接到网页的超链接

步骤 5：执行创建操作。单击"确定"按钮，关闭"插入超链接"对话框。

这时包含超链接的单元格内将显示"转到学校主页"文字；当鼠标指向该文字上时，鼠标下方将显示 "单击单元格可以打开学校主页"提示信息；当单击该单元格时，Excel 将自动打开学校主页。

注意　如果使用空白单元格创建超链接，则可以在"插入超链接"对话框的"要显示的文字"文本框中输入相关文字来说明超链接，以明确超链接的内容。这种说明对任何链接目标均适用。

3. 创建链接到本文档其他位置的超链接

如果超链接的目标是本工作簿的单元格，例如在"销售管理"工作簿中创建超链接，链接目标为"2月业绩奖金表"的A1单元格，则可以使用"本文档中的位置"选项来创建超链接。其具体操作步骤如下。

步骤1：打开"插入超链接"对话框。

步骤2：设置超链接目标。单击"链接到"框中的"本文档中的位置"选项，在"或在此文档中选择一个位置"列表框中显示了当前工作簿的所有工作表名，选择要链接的工作表"2月业绩奖金表"，在"请输入单元格引用"文本框中输入要引用的单元格地址 A1，如图13-3所示。

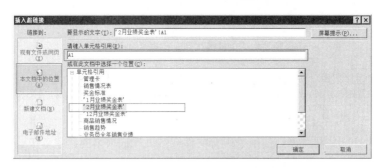

图13-3　创建链接到本文档其他位置的超链接

步骤3：执行创建操作。单击"确定"按钮，关闭"插入超链接"对话框。

此时返回到工作表，单击包含超链接的单元格或图形，Excel 将自动跳转到"2月业绩奖金表"工作表的A1单元格。

4. 创建链接到电子邮件地址的超链接

如果超链接的目标是电子邮件地址，则可以使用"电子邮件地址"选项来创建超链接。例如，创建链接到"mis@cueb.edu.cn"电子邮件地址的超链接。具体操作步骤如下。

步骤1：打开"插入超链接"对话框。

步骤2：设置超链接目标。单击"链接到"框中的"电子邮件地址"选项，在"电子邮件地址"文本框中输入 mis@cueb.edu.cn，这时 Excel 将自动在邮件地址前添加"mailto:"；在"主题"文本框中输入要发送的主题，如图13-4所示。

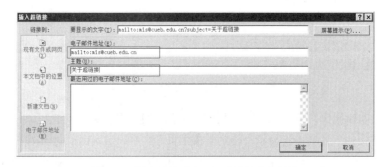

图13-4　创建链接到电子邮件地址的超链接

步骤3：执行创建操作。单击"确定"按钮，关闭"插入超链接"对话框。

此时单击包含超链接的单元格或图形，Excel 将自动使用当前系统默认的邮件客户端程序创建邮件。

13.1.2　修改超链接

创建超链接后，如果需要，可以对其进行修改。其具体操作步骤如下。

步骤 1：打开"编辑超链接"对话框。右键单击包含超链接的单元格或图形，在弹出的快捷菜单中选择"编辑超链接"命令；或者选定包含超链接的单元格或图形，在"插入"选项卡的"链接"命令组中，单击"超链接"命令。系统弹出"编辑超链接"对话框。

若要选定包含超链接的单元格，可以先选定超链接相邻的单元格，然后使用方向键移动到包含超链接的单元格上。若要选定包含超链接的图形或图片，可以按住【Ctrl】键再单击图形或图片。

步骤 2：修改超链接。"编辑超链接"对话框与"插入超链接"对话框一样，用户可以根据需要，先在"链接到"框中选择"现有文件或网页"选项，或"本文档中的位置"选项，或"新建文档"选项，或"电子邮件地址"选项，再输入所需的内容。然后单击"确定"按钮。

13.1.3　删除超链接

如果需要删除单元格或图形的超链接，可以使用以下方法。

（1）使用键盘。选定包含超链接的单元格或图形，按【Delete】键。

（2）使用快捷菜单命令。右键单击包含超链接的单元格或图形，从弹出的快捷菜单中选择"取消超链接"命令。

（3）使用功能区命令。选定包含超链接的单元格或图形，在"插入"选项卡的"链接"命令组中，单击"超链接"命令，然后单击"删除链接"按钮。

第一种方法将超链接和单元格中的文本全部删除，第二种和第三种方法只删除超链接，不删除单元格中的内容。

13.2　与 Internet 交换信息

随着 Internet 的飞速发展和广泛应用，越来越多的企事业单位将本企业的多种信息发布到网上，其中很多信息是发布在带有数据表格的网页中的。Excel 是一个电子表格处理软件，其结构就是表格。Excel 的这种结构优势，使得它成为创建、获取或处理此类网页数据的最佳工具之一。正因为如此，使用 Excel 可以将数据以网页形式发布到 Internet 上，也可以获取 Internet 上网页中的信息。换言之，通过网页可以实现 Excel 与 Internet 之间的信息交换。

13.2.1　发布网页

Excel 允许用户将工作簿文件保存为 html 格式。该格式的文件既有 html 文件特征，同时也保留了原始工作簿的部分特性。既可以使用浏览器来浏览，也可以被 Excel 识别，在其应用窗口中查看。

创建和发布网页的操作步骤如下。

步骤1：打开"另存为"对话框。单击"文件"→"另存为"命令，系统弹出"另存为"对话框。

步骤2：指定保存类型。在"另存为"对话框的"保存类型"下拉列表框中，有两种网页格式可以选择，一种是"单个文件网页"，另一种为"网页"。保存为"单个文件网页"时，保存的文件只有一个，其扩展名为.mht 或.mhtml；保存为"网页"时，除保存了一个扩展名为.htm 或.html的网页文件之外，在该文件同一文件夹下还增加了一个名称为"xxx.files"的文件夹（其中，xxx 为工作簿的文件名）。用户可以根据需要选择保存类型。

步骤3：指定保存位置。在对话框左窗格列表框中指定保存文档的位置。

步骤4：指定发布的数据范围。如果发布整个工作簿，则选定"整个工作簿"单选按钮；如果只发布当前工作表，则选定"选择工作表"单选按钮。

步骤5：指定文档名。在"文件名"框中输入待保存网页文档的名字。

步骤6：更改页标题。单击"更改标题"按钮，系统弹出"输入文字"对话框。在"页标题"文本框中输入所需文字，然后单击"确定"按钮，如图13-5 所示。

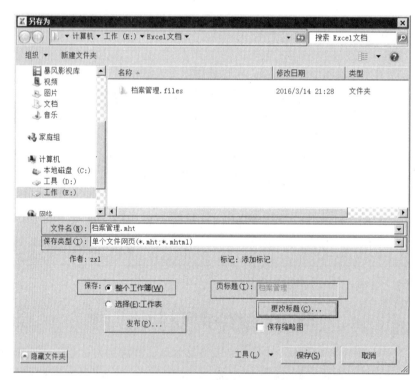

图13-5　保存网页的设置

步骤7：保存和发布网页。单击"保存"按钮，将完成.htm 文件的保存，之后可以直接在浏览器中打开。单击"发布"按钮，这时弹出"发布为网页"对话框，勾选"在浏览器中打开已发布网页"复选框，如图13-6 所示。单击"发布"按钮，即可以在浏览器中直接打开，如图13-7所示。

从图13-7 中可以看出，保存和发布的网页与常见的网页非常相似，没有 Excel 表格中的行号和列标。

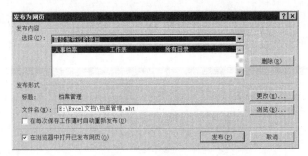

图 13-6　发布网页

人事档案表

序号	部门	姓名	性别	出生日期	职务	职称	学历	参加工作日期	婚姻状况	籍贯	联系电话	基本工资
7101	经理室	黄振华	男	1966/4/10	董事长	高级经济师	大专	1987/11/23	已婚	北京	13512341234	3430.00
7102	经理室	尹洪群	男	1958/9/18	总经理	高级工程师	大本	1981/4/18	已婚	山东	13512341235	2430.00
7104	经理室	扬灵	男	1973/3/19	副总经理	经济师	博士	2000/12/4	已婚	北京	13512341236	2260.00
7107	经理室	沈宁	女	1977/10/2	秘书	工程师	大专	1999/10/23	未婚	北京	13512341237	1360.00
7201	人事部	赵文	女	1967/12/30	部门主管	经济师	大本	1991/1/18	已婚	北京	13512341238	1360.00
7203	人事部	胡方	男	1960/4/8	业务员	高级经济师	大本	1982/12/24	已婚	四川	13512341239	2430.00
7204	人事部	郭新	女	1961/3/26	业务员	经济师	大本	1983/12/12	已婚	北京	13512341240	1360.00
7205	人事部	周晓明	女	1960/6/20	业务员	经济师	大专	1979/3/6	已婚	北京	13512341241	1360.00
7207	人事部	张淑纺	女	1968/11/9	统计	助理统计师	大专	2001/3/6	已婚	安徽	13512341242	1200.00
7301	财务部	李忠旗	男	1965/2/10	财务总监	高级会计师	大本	1987/1/1	已婚	北京	13512341243	2880.00
7302	财务部	焦戈	女	1970/2/26	成本主管	高级会计师	大专	1989/11/1	已婚	北京	13512341244	2430.00
7303	财务部	张进明	男	1974/10/27	会计	助理会计师	大本	1996/7/14	已婚	北京	13512341245	1200.00
7304	财务部	傅华	女	1972/11/29	会计	会计师	大专	1997/9/19	已婚	北京	13512341246	1360.00

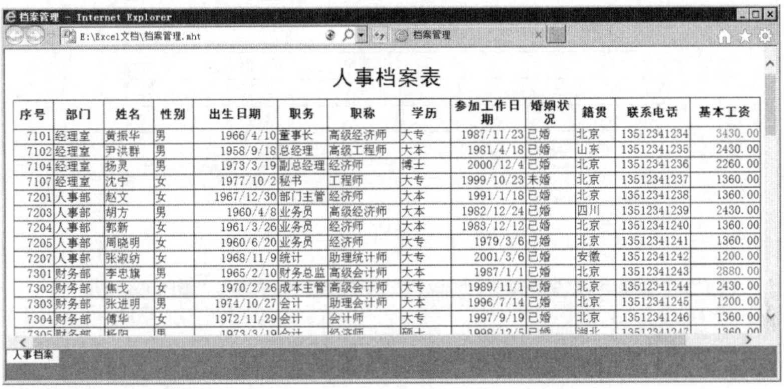

图 13-7　网页显示

13.2.2　Web 查询

Excel 用户不仅可以将工作簿保存为网页格式，而且还可以使用 Web 查询功能，浏览、复制网页上的数据，并且可以直接对这些数据进行各种操作处理。

1. 创建 Web 查询

网页上常常包含适合在 Excel 中进行分析的信息，如股票信息、各种统计信息等。如果需要将这些信息保存到 Excel 工作簿中，可以通过创建 Web 查询来实现。例如，将北京统计信息网“2015 年 1-4 季度地区生产总值”数据保存到当前工作簿中。具体操作步骤如下。

步骤 1：打开“新建 Web 查询”对话框。打开工作簿，在“数据”选项卡的“获取外部数据”命令组中，单击“自网络”命令，这时系统弹出“新建 Web 查询”对话框。

步骤 2：显示查询网页的数据。在该对话框的“地址”栏中输入欲查询的网页地址，此处输入 http://www.bjstats.gov.cn/tjsj/yjdsj/GDP/2015/201603/t20160317_339022.html（北京统计信息网“2015 年 1-4 季度地区生产总值”数据网页地址）。单击“转到”按钮，这时在该对话框中可以看到该网页的内容，如图 13-8 所示。

步骤 3：选择复制数据。从图 13-8 中可以看出，网页上的数据左侧显示一个黄底色的黑箭头，表示箭头指示的这部分数据是可以复制到 Excel 工作表中的。单击该箭头后，箭头变为蓝色的勾选符号，表明该部分数据已经被选定。这里需要复制“2015 年 1-4 季度地区生产总值”数据，因此单击“2015 年 1-4 季度”行左侧箭头，如图 13-9 所示。

步骤 4：导入数据。单击“导入”按钮，系统弹出“导入数据”对话框，在该对话框的“现有工作表”单选按钮下方的文本框中输入数据的导入位置，如图 13-10 所示，然后单击“确定”按钮，数据将被导入到 Excel 工作表中，如图 13-11 所示。用户可以对导入后的数据进行排序、筛选、数据透视等各种分析和操作。

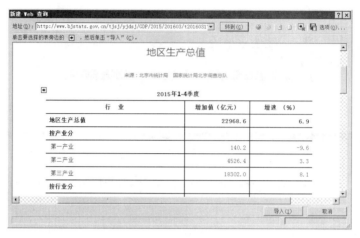

图 13-8　显示查询网页数据

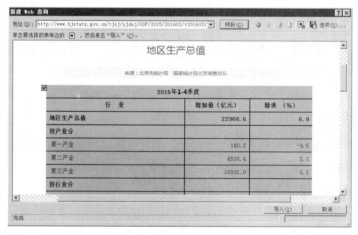

图 13-9　勾选需要复制的数据

图 13-10　输入数据导入位置　　　　　　　图 13-11　导入到工作表中的网页数据

注意   Web 查询只能从网页上导入表格形式的数据，而且要求网页结构固定。

2. 刷新查询数据

使用 Web 查询将网页上的数据导入到 Excel 工作表后，如果网页上的数据发生了改变，Excel 并不需要用户重新导入改变后的数据，而只要执行"全部刷新"的操作即可更新通过 Web 查询导入的数据。操作方法是：单击"数据"选项卡"连接"命令组中的"全部刷新"→"刷新"命令;或者是右键单击数据区域，从弹出的快捷菜单中选择"刷新"命令。

13.3 与其他应用程序共享信息

Microsoft Office 软件包含 Word、Excel、PowerPoint、Access 等多个组件。这些组件之间要实现信息共享，不仅可以使用最常用的复制和粘贴方法，还可以使用链接与嵌入的方法。

13.3.1 将 Excel 数据链接到 Word 文档中

所谓链接就是将一个文件中的数据插入到另一个文件中，同时两个文件保持着联系。创建数据的文件称为源文件，接收数据的文件称为目标文件。当源文件的数据发生改变时，目标文件中相应的数据将会自动更新。事实上，数据依然保存在原始文件中，在目标文件中显示的只是原始文件中数据的一个映像，目标文件中保存的是原始数据的位置信息。链接使目标文件的数据能够反映出原始数据的各种更改。由于数据依然保存在源文件中，因此目标文件可以节省空间。

对于经常需要更新的数据，可以使用链接的方法，在 Office 组件之间创建一个动态链接。在 Word 文档中链接 Excel 数据，具体的操作步骤如下。

步骤 1：复制数据。打开工作簿，选定要复制数据的单元格或单元格区域，按【Ctrl】+【C】组合键。

步骤 2：在 Word 中打开"选择性粘贴"对话框。打开 Word 文档，在"开始"选项卡的"剪贴板"命令组中，单击"粘贴"命令按钮下方的下拉箭头→"选择性粘贴"命令。这时系统弹出"选择性粘贴"对话框。

步骤 3：选择粘贴方式。在打开的对话框中选定"粘贴链接"单选按钮，并且根据需要在"形式"列表框中选定一种粘贴格式，然后单击"确定"按钮。

这样便将 Excel 工作表中的数据插入到 Word 文档中。可以根据需要在 Word 文档中对其进行修改编辑。不仅如此，当 Excel 的源工作表修改时，粘贴链接的内容也会随之改变，自动保持一致。而且每次打开该文档时，都会根据源文件中的数据自动更新。

同样，如果需要将数据以粘贴链接的方式从 Word 文档链接到 Excel 工作表中，则操作步骤类似，只不过此时的原始文件是 Word 文档，目标文件是 Excel 工作表。

13.3.2 将 Excel 数据嵌入到 Word 文档中

嵌入是指将在原始文件中创建的数据插入到目标文件中并成为目标文件的一部分。在数据被嵌入到目标文件后，嵌入数据与源文件中的原始数据没有链接关系，改变原始数据时并不自动改变目标文件中的相应数据。

由于数据被嵌入到目标文件，目标文件里存放的是数据本身，因此目标文件占用的存储空间比数据链接时占用的存储空间大。但嵌入的优点是：可以在目标文件中直接编辑嵌入的数据。将 Excel 数据嵌入到 Word 文档中的具体操作步骤如下。

步骤 1：复制数据。打开工作簿，选定要复制数据的单元格或单元格区域，按【Ctrl】+【C】组合键。

步骤 2：在 Word 中打开"选择性粘贴"对话框。

步骤 3：选择粘贴方式。在打开的对话框中选定"粘贴"单选按钮，并且根据需要在"形式"列表框中选择一种粘贴格式，然后单击"确定"按钮。

这样，在 Word 文档中就嵌入了这些数据。如果需要，可以对这些数据直接进行修改。

从上面的讨论可以看出，链接和嵌入的主要差别在于保存数据的内容以及将其置入目标文件后更新的方式。

13.4 使用 Excel 协同工作

目前在企业和组织中，团队协作正在成为主要的工作模式。在团队协作时，很多时候需要团队中的多名成员共同创建或修订一个文件。Excel 提供的共享工作簿和修订功能，能够帮助用户方便地进行团队的创建和修订。

13.4.1 共享工作簿

通过共享工作簿，可以实现创建、审阅、修订工作簿等操作。共享工作簿给用户带来了许多方便，使他们能够协同工作，共同处理某个工作簿，对其进行修改和查看。但同时也带来了一些麻烦，如不希望某些人查看或修改数据，有些修改可能会引起冲突。因此需要采取一些措施对工作簿进行保护。

1. 创建共享工作簿

以团队协作的方式对工作簿进行操作前，需要先创建共享工作簿。创建共享工作簿的具体操作方法请参见 1.3.5 小节。

如果要将共享工作簿复制到一个网络资源上，要确保该工作簿与其他工作簿或其他文档的任何链接都保持完整。

建立共享工作簿的同时也启用了冲突日志，使用冲突日志可以查看对共享工作簿的更改数据，以及在有冲突时修改的取舍情况。如果保留了冲突日志，在共享工作簿被更改后，还可以将共享工作簿的不同备份合并在一起。

能够访问保存有共享工作簿的网络资源的所有用户，都可以访问共享工作簿。如果希望阻止对共享工作簿的某些访问，可以通过保护共享工作簿和冲突日志来实现。

2. 设置共享工作簿

在创建共享工作簿时，可以对其进行一些设置，如设置工作簿的更新频率、保存修订日志等。

方法是：先在"共享工作簿"对话框中单击"高级"选项卡，然后根据需要修改或选定相应的选项，如图 13-12 所示。

（1）设置更新频率。

每一位用户可以独立地设置从其他用户接受更新的频率。如果选定"更新"区域中的"保存文件时"单选按钮，可使用户在每次保存共享工作簿时查看其他用户的更改；如果选定"自动更新间隔"单选按钮，在"分钟"框中输入时间间隔，并选定"查看其他人的更改"单选按钮，可以使用户经过一定的时间间隔后就能查看其他用户的修改；如果选定"保存本人的更改并查看其他用户的更改"单选按钮，可以在每次更新时保存共享工作簿，这样其他用户也能看到自己所作的修改。

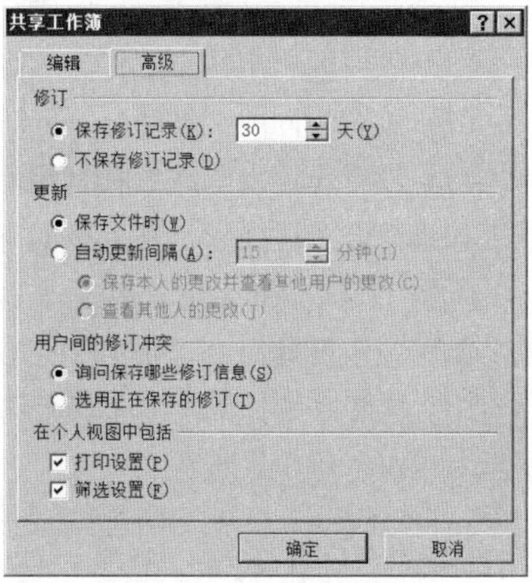

图 13-12　设置共享工作簿

（2）设置保存冲突日志。

每个用户都可以为工作簿保存冲突日志。如果在"修订"区域中选定"保存修订记录"单选按钮，并在右侧的微调框中输入天数，就可设置保留冲突日志的时间期限。如果选定"不保存修订记录"单选按钮，就不会保存冲突日志。

（3）设置修订冲突的处理。

每个用户对共享工作簿进行修改后，最终要将这些修改合并，合并时如果各自的修订发生冲突就要进行冲突的处理。如果在"用户间的修订冲突"区域中选定"询问保存哪些修订信息"单选按钮，就可以在修订发生冲突时弹出保存修订的提示，让用户做出选择。如果选定"选用正在保存的修订"单选按钮，将只保留用户自己所做的修订，且不显示冲突提示数据。

13.4.2　追踪修订

当团队多名成员共同审阅和修订某个工作簿文档时，首先应将被审阅和修订的工作簿设置为共享工作簿，然后对其进行修订。修订时可以记录并显示修订的详细信息，然后将修订的工作簿进行合并，最后确认审阅并确认是否接受修订。

1. 建立副本工作簿

修订前，团队成员应先通过网络访问共享的工作簿文件，并建立副本工作簿。方法是，打开共享工作簿，然后单击"文件"→"另存为"命令，在弹出的"另存为"对话框中，设置文件的保存位置和文件名，最后单击"确定"按钮。

注意　每名成员保存的副本文件应选择不同的文件名。

2. 修订工作簿

团队成员打开所建共享工作簿的副本，并对其进行修订。如果希望审阅或查看变更的数据，则需要突出显示修订记录。方法是：在"审阅"选项卡的"更改"命令组中，单击"修订"→"突出显示修订"命令，这时系统弹出"突出显示修订"对话框。在该对话框中勾选"时间"复选框，并在其右侧下拉列表中选择"全部"，如图 13-13 所示。单击"确定"按钮。

3．合并修订的工作簿

在合并修订的工作簿前，应确认合并的工作簿是否符合如下要求。

（1）来自同一个共享工作簿的副本。

（2）具有不同的文件名。

（3）没有设置密码或者具有相同的密码。

如果符合上述要求，则可按如下步骤进行合并操作。

步骤1：比较和合并工作簿。打开要合并的一个工作簿，执行"比较和合并工作簿"命令。如果功能区中没有此命令，可以按照12.1.1和12.2小节介绍的内容将该命令添加到功能区自定义的选项卡中。这时系统打开"将选定文件合并到当前工作簿"对话框，选定要合并的工作簿，如图13-14所示。单击"确定"按钮。

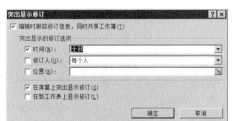

图13-13　突出显示修订　　　　　　　　图13-14　选定要合并的工作簿文件

步骤2：显示所有修订记录。在"审阅"选项卡的"更改"命令组中，单击"修订"→"突出显示修订"命令，这时系统弹出"突出显示修订"对话框。在该对话框中勾选"时间"复选框，并在其右侧下拉列表中选择"全部"；勾选"修订"复选框，并在其右侧下拉列表中选择"每个人"。然后单击"确定"按钮。

此时，在合并后的工作簿中所有变更了数据的单元格会显示标志。如果将鼠标指向被标志的单元格，将显示出更改的时间和内容。

4．审阅修订

用户可以对合并后的工作簿中的修订进行审阅，并逐一确认是否接受修订。接受或拒绝修订的方法是：在"审阅"选项卡的"更改"命令组中，单击"修订"→"接受或拒绝修订"命令，这时系统打开"接受或拒绝修订"对话框，如图13-15所示。在该对话框中可以按需要选择"接受""拒绝""全部接受"或者"全部拒绝"。

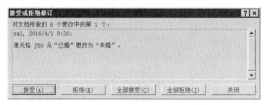

图13-15　"接受或拒绝修订"对话框

掌握了上述共享信息的方法，就可以在使用 Excel 的过程中根据工作的需要进行协同操作，以提高工作效率。

习　题

一、选择题

1. 在 Excel 中插入超链接，可以链接到（　　）。

　　A．Internet 上的某个网页　　　　　　B．本工作簿的某个单元格

　　C．本地硬盘上的某个文档　　　　　　D．以上均可

2. 以下关于链接和嵌入的叙述中，错误的是（　　）。

　　A．二者的主要差别在于保存数据的内容，以及将其置入目标文件后的更新方式

　　B．链接的信息存储在源文件中，嵌入的信息存储在目标文件中

　　C．链接的优点是目标文件可以节省存储空间

　　D．可以在目标文件中直接编辑嵌入的内容，而链接不可以编辑

3. 以下关于链接和嵌入的叙述中，错误的是（　　）。

　　A．可以将选定的 Word 文档中的内容链接或到嵌入到 Excel 工作表中

　　B．不能将选定的 Word 文档中的内容链接或到嵌入到 Excel 工作表中

　　C．可以将选定的 Excel 工作表中的内容链接到 Word 文档中

　　D．可以将选定的 Excel 工作表中的内容嵌入到 Word 文档中

4. 以下关于链接的叙述中，错误的是（　　）。

　　A．源文件的原始数据发生改变时，目标文件中相应的数据也会自动更新

　　B．链接的数据保存在源文件中

　　C．链接的数据保存在目标文件中

　　D．链接可使目标文件节省存储空间

5. 以下关于嵌入的叙述中，错误的是（　　）。

　　A．源文件的原始数据发生改变时，目标文件中相应的数据不会自动更新

　　B．嵌入的数据保存在源文件中

　　C．嵌入的数据保存在目标文件中

　　D．双击嵌入的数据可对其进行编辑

6. 创建 Web 查询的目的是（　　）。

　　A．复制网页中的数据　　　　　　　　B．查询网页中的数据

　　C．删除网页中的数据　　　　　　　　D．以上均不是

7. 合并修订的工作簿需满足合并要求，以下不符合合并要求的是（　　）。

　　A．应具有不同的文件名　　　　　　　B．应来自同一个共享工作簿的副本

　　C．应设置了冲突处理　　　　　　　　D．未设置密码或者具有相同的密码

8. 合并修订的工作簿，应使用的命令是（　　）。

　　A．比较工作簿　　　　　　　　　　　B．比较和合并工作簿

　　C．合并工作簿　　　　　　　　　　　D．共享工作簿

二、填空题

1．链接和嵌入的主要差别是保存数据的内容以及将其置入目标文件后_____的方式。

2．Excel_____用户将工作簿文件保存为 html 格式。

3．Web 查询只能从网页上导入_____形式的数据，而且要求网页结构固定。

4．网络上的共享工作簿应与其他工作簿或其他文档的任何链接保持_____。

5．当多名成员共同审阅和修订某个工作簿时，首先应将该工作簿设置为_____工作簿。

三、问答题

1．实现信息共享的方法有哪些？

2．创建 Web 查询的目的是什么？如何创建？

3．在"选择性粘贴"对话框中，"粘贴"和"粘贴链接"有何不同？

4．如何在 Excel 和其他 Office 组件之间共享信息？

5．共享工作簿的作用是什么？请举例说明。

实　　训

某酒店中餐厅年三十晚宴餐位管理平面图如图 13-16 所示，订餐情况表如图 13-17 所示。按要求完成以下操作。

1．建立图 13-16 和图 13-17 所示的"餐位管理平面图"和"订餐情况表"工作表。

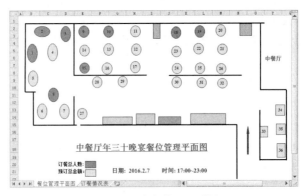

图 13-16　餐位管理平面图

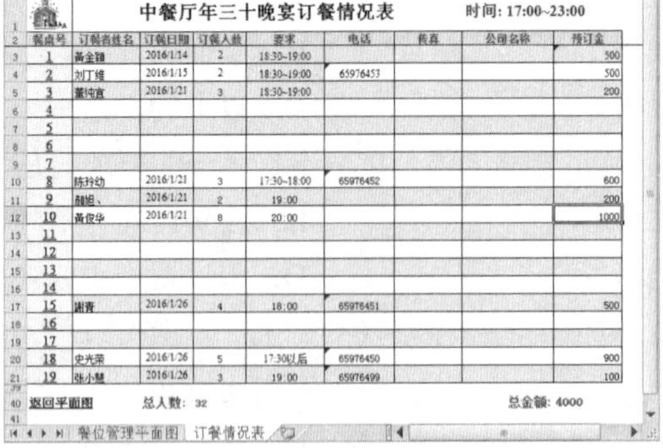

图 13-17　订餐情况表

2. 计算订餐总人数和总金额，将计算结果显示在"订餐情况表"工作表相应单元格中。

3. 建立"餐位管理平面图"和"订餐情况表"工作表之间超链接。要求：

（1）单击"餐位管理平面图"中的餐桌号图形时，可以显示"订餐情况表"中的具体订餐信息。

（2）单击"订餐情况表"中的"餐桌号"时，可以显示餐桌的位置。

（3）单击"餐位管理平面图"中"订餐总人数"和"预定总金额"右侧的矩形图形时，可以显示"订餐情况表"中的"总人数"和"总金额"。

参考文献

［1］Excel Home．Excel 2010 应用大全［M］．北京：人民邮电出版社，2011.

［2］Excel Home．Excel 2010 实战技巧精粹［M］．北京：人民邮电出版社，2013.

［3］Excel Home．Excel 2010 数据处理与分析实战技巧精粹［M］．北京：人民邮电出版社，2014.

［4］王建发，等．Excel 2010 操作与技巧［M］．北京：电子工业出版社，2014.

［5］陈国良，等．Excel 2010 函数与公式［M］．北京：电子工业出版社，2014.

［6］Excel Home．Excel 2010 图表实战技巧精粹［M］．北京：人民邮电出版社，2014.

［7］赵丹亚，等．计算机应用基础教程（第 2 版）［M］．北京：清华大学出版社，2013.

［8］赵春兰．Excel 2010 应用教程［M］．北京：人民邮电出版社，2015.

［9］华诚科技．Excel 2010 高效办公：公式、函数与数据处理［M］．北京：机械工业出版社，2010.

［10］刘万祥．Excel 图表之道：如何制作专业有效的商务图表［M］．北京：电子工业出版社，2010.